食品贮藏保鲜技术丛书

水产品贮运技术

蔡路昀 主 编
曹爱玲 副主编

中国轻工业出版社

图书在版编目（CIP）数据

水产品贮运技术/蔡路昀主编．—北京：中国轻工业出版社，2023.1
（食品贮藏保鲜技术丛书）
ISBN 978-7-5184-4142-6

Ⅰ.①水…　Ⅱ.①蔡…　Ⅲ.①水产品—食品贮藏②水产品—运输　Ⅳ.①S98

中国版本图书馆 CIP 数据核字（2022）第 175775 号

责任编辑：钟　雨　　策划编辑：钟　雨　　责任终审：李建华
整体设计：锋尚设计　　责任校对：朱燕春　　责任监印：张　可

出版发行：中国轻工业出版社（北京东长安街 6 号，邮编：100740）
印　　刷：北京君升印刷有限公司
经　　销：各地新华书店
版　　次：2023 年 1 月第 1 版第 1 次印刷
开　　本：720×1000　1/16　印张：22.25
字　　数：496 千字
书　　号：ISBN 978-7-5184-4142-6　定价：80.00 元
邮购电话：010-65241695
发行电话：010-85119835　传真：85113293
网　　址：http://www.chlip.com.cn
Email：club@chlip.com.cn
如发现图书残缺请与我社邮购联系调换
201064K1X101ZBW

前言

我国是世界渔业大国，水产品以其繁多的种类和数量、丰富的营养、鲜美的味道深受人们喜爱，在食品行业中占有重要地位。近年来，随着渔业供给侧结构调整和居民消费水平的提高，水产品的产量和流通量逐渐增加。由于渔业生产季节性强，水产品容易腐败变质，需要通过经济合理的贮运方法最大限度降低损耗并保持新鲜度。若水产品加工、贮藏、保鲜、运输与流通的设施落后、数量不足、技术薄弱，会导致食品资源的极大浪费和巨大的经济损失。加强对水产品贮运基础知识的认知，开展技术、装备的研发，是满足水产品流通精准需求，保障食品安全和促进消费升级，实现品质消费的重要举措。

目前，亟须一本可反映水产品贮运科学理论在现代水产品产业中的应用，并符合我国现今水产品生产实际和技术水平的工具书。鉴于此，为了更好地开发利用我国的水产资源，总结现代水产品贮运技术的新理论和研究成果，让我国从事食品加工的科研工作者了解和重视水产品的贮运技术研究开发工作，并促进这些科技成果的转化和产业的加快发展，我们在多年教学和科学研究的基础上，参阅近年来国内外有关文献和技术资料，编写了《水产品贮运技术》这本书，以满足教学、科研和生产的需要。

本书在国内外同行对水产品贮运技术研究成果的基础上，建立了一个比较完整的水产品贮运技术体系，共分十章：第一章“我国水产品贮运技术发展现状”介绍了发展水产品贮运技术的意义、现状和战略，并提出了冷链运输水产品的病毒防控政策；第二章“水产品品质基础”从色泽、风味、质地三方面介绍了水产品品质在贮运中的变化及品质动力学；第三章“渔获前因素对水产品贮藏特性的影响”介绍了遗传及生理特性因素、养殖技术因素、运输中的生态环境因素；第四章“水产品贮藏保鲜原理”介绍了水产品品质及保鲜技术的原理和研究进展；第五章“鲜度的检测方法和指标”介绍了传统和新型感官、化学物理等鲜度检测方法；第六章“水产品贮运危害因素控制”介绍了内源和外源性污染及控制方法；第七章“水产品捕捞及捕捞后商品处理”介绍了水产品的捕捞、检验、包装及保活运输；第八章“水产品的贮藏保鲜方式”介绍了水产品物理、化学、生物保鲜方法及新型贮藏方式；第九章“水产品的运输”介绍了运输的环境条件、包装设计、方式与工具和控温技术；第十章介绍了几种水产品的具体贮运方法。

此外，在本书编写过程中参考和引用了国内外同行的部分研究成果，在此一并致以衷心的感谢！

本书谬误疏漏之处，恳请读者批评指正。

主编

2022 年 8 月

目录

第一章

我国水产品贮运技术发展现状

据联合国粮食和农业组织（FAO）对未来水产品产量和水产品市场需求分析表明，未来几十年中世界水产品产量、总消费、水产品需求和人均食品消费将不断增加，人们对食物的多样性需求也提出了更高的要求，水产品因其营养丰富、味道鲜美，深受消费者的喜爱，人们对水产品的品质要求较高，既追求良好的新鲜程度，还要保持肉制品的适口性、营养不流失等，其中贮运作为关键环节，对于运输设备和运输工具要求较高，不仅要做到透气、洁净、无毒，还要及时采取物理降温、充氧等各项措施，以保证水产品的新鲜度。而在水产品加工保藏的各类研究中，低温保藏的研究和应用可以最大限度地保留大部分水产品的新鲜度，伴随时代科技的发展，新型的水产品化学贮藏技术如生物保鲜技术等逐渐在水产品的保藏中被应用，具有安全、天然、健康等特点的贮运方式也成了当下水产品行业的热点。

水产品贮运学是研究水产品贮藏与运输方法、条件和组织的一门应用科学。它主要涉及食品科学、生物化学、制冷技术及运输组织等学科领域。其目标是综合运用各种防腐保鲜措施，最大限度地保持易腐食品的原有品质，安全、迅速、经济、便利地将易腐货物送达消费者，以便更好地满足人民日益增长的生活需要，促进国家的经济发展。

随着市场经济的发展，水产品的生产、经营与流通也发生着深刻的变化，从过去的以国营大中型企业经营为主逐渐向专业户和合作户经营为主转化。这些专业户或合作户往往缺乏科学技术，导致水产品腐烂变质的情况更为严重，既造成了食品资源的极大浪费，又引起巨大的经济损失，并不利于物价的稳定。

第一节　发展水产品贮运技术的意义

随着我国人口的持续增长，水产品在确保我国食品安全和补充人体蛋白质中发挥越来越大的作用，预计 2030 年全球年人均水产品消费量将增加到 19~21kg。2020 年，我国年人均水产品消费量约为 13.6kg，存在很大的消费发展空间。近年来，我国居民膳食结构逐渐由温饱型向营养型转变，城乡居民人均水产品的消费量出现了持续快速上升的趋势，特别是随着疯牛病、口蹄疫、禽流感等疫情的不断发生，人们对水产食品也更加青睐，水产品在居民食物消费中的地位不断提高，已成为我国健康食品和优质蛋白质的重要来源。水产品的消费在21世纪仍以鲜销为主，但水产品易于腐烂变质，需要进行特殊处理才便于贮藏与运输，保活与保鲜的技术难题致使水产品不易被贮藏和流通，因此如何选择经济、合理、安全的贮运方法，是保证水产品质量的关键。

水产品的质量安全，直接关系到消费者的身心健康，如何提高水产品质量，防止水产品中出现威胁人体健康的因素，是亟须解决的问题。水产品流通环节是联系生产和消费的纽带，是水产品消费前的最后一个环节，控制好这一环节的质量与安全对于确保我国水产品质量安全、保障消费者生命健康以及提升水产品国际竞争力具有重要意义。

一、解决生产与消费时空矛盾

我国地处温带及亚热带，海域辽阔，有渤海、黄海、东海与南海，海域环境条件优越，资源丰富，水产种类繁多；此外，我国浅海滩涂、内陆水域也极为辽阔，湖、河、塘、水库遍布，发展淡水渔业及贝类养殖的潜力很大。我国现有鱼类3000余种，虾、蟹、贝类品种也很丰富，是世界上鱼贝品种较多的国家之一。

我国水产品的主要来源包括淡水养殖、海水养殖、海洋捕捞等，2019年，我国源自淡水养殖的水产品占据了水产品总量的47%；海水养殖和海洋捕捞分别占据了32%和15%。2019年中国海水养殖产量高的水产类主要为贝类，实现了1439万t的产量，占比达到了70%；其次是藻类，实现了253.8万t的产量，占比达到了12%；淡水养殖产量主要集中在鱼类，实现了2548万t的产量，占比达到了83%。海水产品主要分布在东南沿海，淡水产品主要在长江流域的西南、中南和华北地区以及东北的黑龙江、松花江流域。海产品主要由东南沿海往西北流向全国，淡水产品则由山东、湖北、湖南、黑龙江、河南、河北流向京、津，由江苏、浙江、安徽流向上海。

由于大部分水产品生产的地域性很强，没有足够的运输能力和科学的运输方法，水产品的生产势必受到限制，也会带来严重损失。通过发展水产品贮运技术，采用铁路、公路及水路等运输方式将大量产品从产地运往消费地，可以延长食品消费时间，扩大消费地域，满足人民的生活需要，丰富人民的“菜篮子”，并起到平抑物价、在空间和时间上调节市场的作用。

二、促进农村及国家经济发展

水产品贮运加工业的发展活跃了农村经济，增强了当地的经济实力。乡镇企业可根据当地实际情况因地制宜，对原料进行粗加工或深加工，这样既可降低生产成本，同时也可吸收剩余劳动力。水产品贮运是实现渔业产业化经营、优化渔业结构的重要内容，也是推进我国农业现代化、农村工业化、实现渔业增效、渔农增收和繁荣农村经济的重要途径。水产品经过贮藏保鲜后可减少损失、提高质量和商品档次，促进流通，提升出口创汇能力。不言而喻，水产品贮运加工业的发展，增加了税收，为国民经济的发展积累了大量的资金。

三、改善膳食结构、提高人民生活水平

目前，我国水产品消费市场主要有鲜活水产品和冷冻品、半成品、熟制干制品等加工水产品，根据我国人民的消费习惯和生活水平，鲜活水产品和冷冻水产品是家庭消费的主体。由于我国现有运输物流系统的建设发展，加上现代水产品保活与保鲜贮运物流技术体系的不断改善，近阶段仍以鲜活水产品消费为主，因此要将更有效和经济的水产品保活与保鲜技术应用于运输和贮藏，以满足消费者对鲜活水产品的消费需求。随着社会的发展进入现代化、科技化和网络化时代，越来越多的水产品交易方式由过去水产品交易市场或农贸市场的鲜活销售，拓展为超市、餐饮零售店和电子商务网络等多元化渠道。

水产品作为一种高蛋白、低脂肪、营养丰富和美味可口的健康食物，已成为老百姓“菜篮子”里优质动物蛋白的重要来源。随着我国人口数量的不断增加和人们对生活质量要求的不断提高，人们对优质蛋白的消费需求将更加旺

盛，而水产蛋白无疑是今后我国优质动物蛋白重要来源的组成部分。随着人民生活水平从温饱型向小康型转变，消费习惯和结构发生明显变化，消费追求从吃饱向安全健康转变，不同层次消费者对水产蛋白食品的要求也出现多样化、方便化和功能化的特点。水产品贮运技术就可以满足这些需求，对有效改善城乡居民的膳食结构、提高食用安全和营养、保障人体健康有越来越重要的作用。

四、推动渔业持续健康发展

近年来，我国水产养殖渔业发展迅猛，产量急剧上升，适合产业化的贮运技术可提高水产品附加值、调节市场供应、满足城乡消费需求，对整个水产品行业生产具有十分重要的作用。不同地域或不同时期水产品的鲜销有时出现供大于求的现象，一些地区出现水产品区域性、季节性过剩，价格波较大，严重制约了水产养殖业的持续发展；特别是水产品含水量高，捕获后易死亡，死后极易腐败变质，生鲜制品在贮藏过程中品质下降快，若不加工则难以保存其经济价值和利用性，造成资源的浪费。在一些水产养殖生产区主要依靠鲜活水产品消费，会使得水产品的消费区域和消费半径变小，使非产区水产品的消费受到限制；发展水产品贮运技术，可保障水产资源的有效供应，使水产品实现长期和广范围的销售，大幅拉动渔业的深度发展，提升水产养殖产业抵御风险能力和市场竞争力，对稳定水产养殖生产规模和发展渔业经济具有重要作用。

第二节　我国水产品贮藏及运输发展现状

根据水产品的特性和要求，进行科学的保鲜与贮运管理，不仅可以保持水产品的品质和食用安全性，还可以降低损耗并增加经济效益。受内因和外因的共同影响，水产品在贮运过程中会发生各种不良变化，造成食品的质量下降和数量损失，同时，由于各种污染而造成的卫生质量下降，人们食用后会危害身体健康。为了保证水产的质量，控制不良变化的发生，水产品贮运中可采用各种物理的、化学的和生物的技术措施来达到保鲜保质的目的。在水产品贮运的各种技术措施中，低温贮藏可抑制微生物和蛋白酶活性，是最重要、最有效、最安全和最普通的一种技术，其中，冷藏与冷冻是常见的贮藏方式，此外冰温保鲜、气调、化学保鲜剂等新型保鲜方式也能有效延缓其品质劣变的过程，减少水产品腐败变质带来的经济损失。

一、国内水产品贮运发展情况

1. 我国水产品产量

我国是水产品生产和消费大国，自 20 世纪 90 年代以来，水产品总产量就位居世界第一。中国已经成为水产品市场最大的国家，根据国家统计局的数据显示，2020 年全国水产品总量达到 6549. 02 万 t，比上年增长 1. 06%，其中养殖产量占量 5224. 20 万 t，同比增长 2. 86%，捕捞产量 1324. 82 万 t，同比降低 5. 46%，养殖产品与捕捞产品的产量比例为 79. 8 ∶ 20. 2。

我国水产品的生产量、消费量和贸易量在国际渔业中具有绝对优势，尤其是我国水产品养殖产量占世界养殖产量的 70%以上，养殖水域和渔业劳动力资源丰富，生产成本较低，在国际水产品市场上占有明显价格优势，具有发展水产品贸易的巨大优势，如表 1-1、表 1-2 所示。

表 1-1　2020 年全国水产养殖产量

指标	养殖产量/万 t	海水养殖		淡水养殖	
		产量/万 t	同比/%	产量/万 t	同比/%
全国总计	**5224. 20**	**2135. 31**	**26. 39**	**3088. 89**	**2. 49**
鱼类	2761. 36	174. 98	8. 97	2586. 38	1. 51
甲壳类	603. 29	177. 50	1. 79	425. 79	8. 33
贝类	1498. 71	1480. 08	2. 86	18. 63	-1. 75
藻类	262. 14	261. 51	3. 02	0. 62	14. 31
其他	98. 70	41. 24	9. 81	57. 47	8. 11

表1-2 2020年国内捕捞产量

指标	国内捕捞	海洋捕捞		淡水捕捞	
	产量/万t	产量/万t	同比/%	产量/万t	同比/%
全国总计	**1093.16**	**947.41**	**-5.27**	**145.75**	**-20.84**
鱼类	759.67	648.78	-4.99	110.89	-19.87
甲壳类	197.27	181.08	-5.59	16.18	-31.08
贝类	53.33	36.19	-12.14	17.14	-16.34
藻类	2.20	2.17	24.66	0.02	3314.29
头足类	56.49	56.49	-0.76		
其他	24.21	22.70	-11.41	1.52	-14.02

资料来源：数据来源于2021中国渔业统计年鉴。

我国水产品总产量由2013年的5744.22万t上升到2020年6549.02万t，达到历史最高水平。我国水产品产量已连续28年位居世界第一，占全球水产品产量的三分之一以上。同时，我国海水产品、淡水产品的产量由2013年的2992.35万t、2751.87万t分别上升到2020年的3082.72万t、3234.64万t，相应比例由2013年的52.09∶47.91变更为2020年的48.80∶51.20，整体上呈现海水产品和淡水产品平分秋色的格局。

有关研究报告《党的十八大以来中国水产品质量安全状况的研究报告》显示，2009—2018年间，73.96%的水产品及制品质量安全问题发生在加工制造与消费环节中。吕煜昕表示，我国是世界上唯一的养殖水产品总量超过捕捞水产品总量的渔业国家，养殖水产品产量占总产量的比例接近八成，且加工制造环节抽检合格率超过98%。其中也报告了有关水产品在养殖捕捞、加工制造、经营等环节中的质量安全方面的研究成果。

2. 我国水产品贮运量的发展

根据水产品的性质，要求从养殖捕捞起到销售消费的全过程中，要使水产品连续不断地保持在适宜的温度、湿度等条件下，并要快速运输。因此，水产品的生产采购、运输和销售各环节必须在运行上紧密衔接，在设备数量上互相协调，在质量管理上标准一致，从而形成一个完整的“冷藏链”。冷藏运输是冷藏链中的重要环节，现代的冷藏运输仅有100多年的历史。以铁路运输而言，我国的铁路冷藏运输始于1903年胶济铁路上出现的3辆鲜鱼冷藏车，经过约半个世纪到1949年新中国成立时，全路总共有89辆陈旧的杂牌冷藏车和一些隔热车。新中国成立前，我国的水产品的冷藏运输可以用三个字概括：少、偏、低——水产品的运量少、设备少；发展不平衡，业务和设备主要集中在沿海地区；运输技术水平、管理效率、运输质量低。

新中国成立后，水产品的运输发生了根本的变化。首先为运量迅速增长，铁路的易腐食品运量从1951年的不足100万t迅速发展到1992年的1227万t。其次是技术装备的根本改善，1993年底全国共有冷藏库450多万t库容，在沿海省市约1000艘渔船上推广了隔热舱保鲜技术，建造和进口了冷却海水保鲜船、冷藏运输船各十余艘，1992年远洋渔业公司投入了447艘装有制冷装置的渔船；公路建设和海运冷藏集装箱也有了一定的发展，有十多家能生产冷藏集装箱的厂家；20世纪末铁路运输的地面设施已基本配套成网，有21个加冰所，其中14个带有机器制冰厂，有5个机械保温车辆段，有一个冷藏车生产厂，年产冷藏车约600辆，截止1994年年底，共有铁路冷藏车约6000辆。第三是技术水平大大提高，如冷藏汽车的国产化，铁路冷藏车向国产化发展，冷藏集装箱的研制以及新冷源的研究与试验，这些方面均取得了可喜的进展。第四是在运输条件与运输组织方面积累了丰富的系统经验，如各种运输管理规章的建立，各种水产品运输条件的研究与完善，铁路快运列车的开行以及冷链运输各环节的协调配合等。所有这些都使得易腐食品的运输质量大为提高。

3. 我国水产品贮运技术的发展

由于水产品数量的迅速增加、水产加工业的快速发展以及人们食品消费水平的提高，水产品加工企业对原料的质量与安全性的要求已越来越高，广大消费者及国际市场对水产品卫生与质量的要求也在逐年提高，这些都迫使我们不但要重视水产品的养殖和加工，而且也必须重视水产品的贮藏保鲜及流通环境。除受国民经济持续健康发展的影响外，我国水产品贮运技术的快速发展也与食品贮藏加工业科研力量的不断增强密切相关。目前，我国从事食品贮藏保鲜的研发单位、大专院校及一批从事农产品及食品标准化检测和信息处理等工作的企事业单位，已基本形成了较为完善的研究开发体系，为我国水产品贮运技术的持续、健康发展提供了充足的人力和技术保证。

在这种社会背景下，我国水产品贮运技术近年已取得很大进步，建立了一系列适合于我国国情的贮运设施和相应的技术体系，2020 年我国水产品冷库数量达 8188 座，配套的装卸程控化、运输程控化，以及温控、气控设备相继投入水产品的贮运过程中。目前，一些先进的贮运技术及产品相继投入使用并取得显著效果。例如，开发了以鱼鳞和鱼皮蛋白酶解物为基料的可食性涂膜保鲜技术和等离子体臭氧杀菌、混合气体包装、冰温贮藏相结合的保鲜技术，通过数字模型及计算机控制技术控制产品质量等。通过高新技术与传统技术的综合配套使用，显著地降低了贮运成本，大大提高了贮运效果。

目前我国水产品贮运技术主要为保活运输技术与保鲜运输技术两类。其中，保活运输又可分为有水和无水保活运输技术，前者一般通过净水法、充氧法、麻醉法、低温法进行保活，后者为近年来的新兴技术，可使用化学麻醉法和污水生态冰温保活法。在山东省科技发展计划项目“水产品冰温无水保活运输关键技术研究”与国家“十二五”科技支撑计划项目“淡水水产品保活保鲜冷链物流关键技术研究”资助下，工程中心水产品物流集成技术创新团队通过冷驯化结合天然植物源休眠诱导剂、无水气调包装和目的地“唤醒”三大核心技术，先后开展了泥鳅、大菱鲆、牙鲆、半滑舌鳎、大西洋鲑、波士顿龙虾、黄颡鱼、鲟鱼、鲫鱼、鲤鱼等无水保活试验和生物学机制探索。确定了试验鱼“冷驯化”、贮运及“唤醒”过程的关键技术参数，开发出了天然植物源休眠诱导剂，并建立了无水保活物流技术流程。该项成果以冷链技术、物流信息技术“休眠”及“唤醒”技术为依托，通过技术的集成和成果推广，大大降低了物流过程中的产品损耗，提高了物流间接经济效益，促进了水产品冷链运输和市场配套销售体系的优化和发展。因此，在运输业、包装业、销售业和运输设备制造业等方面，该技术都将产生较大的拉动作用，带动创造较高的经济效益。2014 年 7 月 26 日，纽约时报杂志《以中国低温业十个里程碑》（*Ten Landmarks of the Chinese Cryosphere*）为标题报道了该项技术科研人员在水产品无水保活运输技术领域所取得的相关研究成果。

中国水产科学研究院以氯化钠、丙二醇和聚丙烯酸钠为基质，制备出了冰点温度低、融化速度缓慢的适合食品微冻保鲜用的冰，解决了冷链物流中普通冰冰点温度高、融化时间短、不利用于长距离冷链运输的问题，可给食品在长距离冷链运输过程中营造冰温贮藏环境，并保持运输过程温度的稳定性。

通过研究水产品物流过程品种劣变规律开发出的新型冰保鲜技术，集成创新生物保鲜剂保鲜，冰温贮藏、气调包装等技术，可以显著延长保质期。一种具有新型冷库节能控温系统以及新型融霜模式的冷链装置，能够显著降低能耗，结合水产品流通中品质动态评价技术、保质期 RFID 无限传输指示设备，实现低温流通中实时监控水产品品质与安全的目的。这一系列关键技术的应用和新产品的制造为企业带来了良好的直接经济效益，累计新增产值 26268.2 万元、新增利润 5687.1 万元、节支 2835 万元。

在贮运期间，由于环境的影响导致水产品代谢情况发生变化，普遍存在由于蛋白质水解氧化、脂质水解氧化引起的水产品品质下降的情况。通过代谢组学对贮运期间代谢物的分析可以更好地了解水产品品质变化情况，不仅可以筛选出相关生物标记物作为监控水产品贮运保鲜情况的指标，同时在了解代谢路径后，能够从机制上解释水产品的腐败变质的原因，为贮运期间品质与安全的调控提供了更加科学有效的思路与方法，降低了水产品在运输贮藏方面的损耗，保证了产品质量。高通量蛋白质分离与鉴定技术已成为水产品贮藏、加工等方面最具前景的检测技术，该技术因具有耗时短、灵敏度高且可同时对一种或多种样品进行多组分检测与鉴定等优点，已成为目前蛋白质组学研究的常用技术。因此，将基于高通量蛋白质分离与鉴定的蛋白质组学技术应用于水产品领域，有利于在分子水平分析不同因素对水产品品质的影响机制。

二、国外水产品贮运发展情况

在食品贮藏保鲜技术的长期发展过程中，对于人类饮食文化产生深刻影响的有两次重大技术改革。一次是 19 世纪的罐藏、人工干燥和冷冻三大主要贮藏技术的出现和应用；另一次是 20 世纪以来速冻、气调贮藏、减压贮藏、辐射保鲜、基因工程、纳米技术等新技术的出现和发展。

19 世纪上半期，由于冷媒的出现使食品贮藏技术取得了划时代的发展。1834 年英国人 Jocob Ferking 发明了以乙醚为制冷剂的压缩式制冷机；1860 年法国人 Carre 发明了以氨为制冷剂、以水为吸热剂的吸收式制冷机；1872 年，美国人 David 和 Boyle 发明了以氨为制冷剂的压缩式制冷机。从此，人工冷源逐渐取代了天然冷源，使食品贮藏技术发生了根本性的变革。100 多年来，食品冷藏技术在世界范围内得到了快速发展，不仅用于陆地贮藏食品，如宾馆、饭店、超市、家庭贮藏食品等，而且用于陆地、海上和空中运输食品。

气调贮藏是继机械冷藏以后食品贮藏的又一重大革新，是当今世界最先进的食品贮藏保鲜方式。1819 年，法国人 Berard 最早开始有意识地研究贮藏环境中的低浓度 O_2 和高浓度 CO_2 对水果后熟的影响，100 年后英国科学家 Kidd 和 West 在 1916—1920 年的系统研究奠定了现代食品气调贮藏的理论基础。其后，世界各国也陆续开展了这方面的研究，逐渐形成了气调与冷藏相结合的气调贮藏法。进入 20 世纪 50 年代，气调贮藏技术开始应用于苹果的贮藏保鲜，随后扩大到多种水果和蔬菜的贮藏保鲜。目前，气调贮藏已推广应用于水产品的贮藏和水产品流通中的保鲜保质。进入 20 世纪 80 年代，随着生物技术的发展，以基因工程技术为核心的生物保鲜技术已成为水产品贮藏保鲜研究的新领域。

水产加工业在日本、美国、欧盟及北欧等渔业发达国家发展较早，他们注重渔业环境保护和资源的合理有效利用，强调精深加工，实现多重增值，未经加工处理的水产品基本不允许直接进入超市。随着人们生活质量的日益提高，人们对鲜活水产品的需求量也在不断增加。从目前国内外市场看，鲜度较好的水产品不仅价格高，且销势也旺。因此，不论高档还是低值水产品，其鲜活度是最主要的质量指标，也是决定其价格的主要因素。因此，充分发挥包装的保鲜功能，提升水产品的经济价值，是当前水产业所面临的重要课题。

近年来，国际上对水产品保鲜包装的研发十分重视，新技术不断涌现。美国发明了一种鱼类保鲜新技术，其方法是将刚捕的鱼装入塑料袋，袋内注入混合气体（其中二氧化碳 60%，体积分数、氧气 21%、氮气 19%，体积分数），密封包装后，放在普通仓库内 4 个星期鱼类都不会变质。日本市场上推出了一种海鱼罐头，其制作方法是将活鱼用一种麻醉液浸泡至昏迷状态后装入罐头，两周之内鱼都不会死。烹调前只要取出罐头将鱼放入清水中，10min 左右鱼就会苏醒，该活鱼罐头携带方便、清洁卫生、味道鲜美。日本一家企业研制出一种运送活虾的专用包装容器，该容器用聚乙烯作外层，在两层之间放入碎冰防止碰损，在活虾活动的聚乙烯槽里，装入杀菌消毒的活水，然后用盖封严即可运送，采用此法即使在 40℃的高温下，24h 内活虾存活率还可保持在 90%以上。

三、我国水产品贮运存在问题与差距

长期以来，由于全社会对水产品的贮藏、流通重视不够，我国食品的贮运设施基础比较薄弱，技术装备比较落后，尚未建立先进的水产品物流与保鲜技术体系，导致水产品变质损失非常严重。我国人口多，水产品数量基数巨大，政府和社会应重视食品贮藏保鲜工作，加大食品贮运设施建设的力度，提高贮藏保鲜技术和管理水平。

在水产品生产发展的同时也存在许多问题，各种产品不同程度地存在“一流原料、二流加工、三流包装、四流贮运、五流价格”的状况。除了管理与监控方面的问题外，一个重要的原因是产品加工、贮藏、保鲜、运输与流通的设施落后、数量不足、技术薄弱。目前，我国水产品加工量仅占总产量的34%（发达国家一般在70%）。这些因素导致水产品大量损耗、品质下降和市场供应期短。加之产地缺乏产品预冷包装站、销售地缺乏周转冷库及适宜的作业场所，以及许多水产品贮运条件处置不当，致使水产品在运输中的腐损率高达30%左右。尽管我国的水产品贮运技术已取得了明显的进步和发展，但与世界发达国家相比，尚存在很大差距，主要体现在以下几个方面。

1. 运输组织工作复杂

我国气候的一个重要特点是，夏季南北各地普遍高温，冬季则气温悬殊。因此，同一地区在不同季节采用的运输方法不同，并且同一季节在车辆经过不同地区时所需要的运输条件也不同，在一次运程中可能兼有冷藏、保温和加温等多种方法。由于水产品生产存在地域性，所以其运输的流向极不均衡，造成车辆空驶率较大；又由于生产具有季节性，使得其运量在季节上波动较大，因此对运输设备要求有较大的后备能力。此外，平均运程较长，以铁路而言，平均运程在1500~2000km，最长达3000~4000km，但由于其具有易腐性，要求尽快送达目的地，以最大限度地保持其原有品质，因此给行车组织带来了很大的困难。由于缺少统筹规划，东中西部、南北方和城乡间冷链物流基础设施分布不均，地域上存在结构性失衡；冷链物流企业用地难、融资难、车辆通行难等问题较为突出；冷链物流监管制度不全、有效监管不足，全链条监管体系有待完善。

2. 运输成本高

一方面是因为车辆造价高，一般冷藏车要比普通货车的造价高数倍甚至十余倍，因此其折旧和大修费用也高得多；另一方面与运输配套的地面设施多，因此其投资及分摊的折旧与运营费也较高；此外，运输的技术要求高，需要采取特殊的运输条件（如冷藏、加温等）；第四，运行组织困难，需要采取快速编挂、快速取送、快速运行等特殊措施以加快其运送速度。

3. 水产品全产业链的构建不完善

我国水产品贮运的主体还是组织化和规模化程度很低的分散经营的小农户和小企业，他们的硬件设施和技术投入相对不足，很难满足各类水产贮运的技术要求。加之市场信息系统和服务体系不健全，广大食品生产者和经营者的市场观念较为薄弱，盲目生产、凭经验贮藏、自找市场的现象非常普遍，往往使大量水产品因缺乏市场信息或信息不准而物流不畅。在我国，食品贮运的冷链系统尚未完全建立，水产品的产贮运销各环节在设备数量上和作业组织上不协调，如产地预冷、冷藏和配套分拣加工等设施建设滞后；冷链运输设施设备和作业专业化水平有待提升，新能源冷藏车发展相对滞后；大中城市冷链物流体系不健全，传统农产品批发市场冷链设施短板突出等。生产者片面追求产量而忽视质量及流通性，会导致产品的质量低、贮藏性差、保质期短、市场竞争力不强。

4. 产品质量不高、监管不力

在国外，有关农畜产品的质量监督与管理一般归属于农业部，而我国则分散于农业、商业、经贸、卫生、轻工业、技术监督、工商管理等部（局），造成职能分割，影响质量监督的进行。此外，水产品的质量标准体系不够完整，标准结构和内容尚欠完善，标准的制定和实施之间也不协调。在水产品国际贸易发展的同时，人们对水产品的安全问题也更加关注，美国、日本、欧洲等发达国家和地区更是制定了严格的卫生要求和检验标准。我国每年因水产品安全质量不合格、抗生素和鱼药残留超标等原因被拒货的情况较多，造成重大经济损失。

5. 研究基础薄弱，创新能力不强

在我国，水产品贮运技术研究基础薄弱，更缺乏该领域的理论与应用基础研究，鲜见引领产业发展的原创性成果，加之技术集成创新和引进消化吸收再创新不够，导致创新能力不足，研发成果不能满足产业化生产需求。冷链物流企业专业化、规模化、网络化发展程度不高，国际竞争力不强；信息化、自动化技术应用不够广泛；冷链物流标准体系有待完善，强制性标准少，推荐性标准多，标准间衔接不够紧密，部分领域标准缺失，标准统筹协调和实施力度有待加强；冷链专业人才培养不足，制约行业发展。

第三节　水产品贮运技术现状及发展战略

水产品生产具有明显的周期性、季节性、区域性等特点，但人们对水产品的需求是不间断且不分地域的。现代水产品物流必须构建起冷链系统，并逐步改善渠道上下游的延伸冷链，才能有力保障水产品的安全，改善城乡居民生活质量，满足人民日益增长的美好生活需要。2021 年 11 月 26 日，国务院办公厅印发《“十四五”冷链物流发展规划》（以下简称《规划》），本《规划》的颁布为水产品贮运技术尤其是现代冷链体系发展指明了方向，具有重要的指导意义。

一、我国水产品技术发展的主要成就

近几年是我国渔业发展最好的时期之一，渔业渔政工作取得显著成效。主要体现在：渔业经济规模扩大、产业结构进一步优化、基础设施和装备条件显著提升、科技支撑力增强、渔业资源环境保护工作力度不断加大。这得益于党中央、国务院的高度重视，得益于坚持和发展了一条正确的发展道路，得益于坚持以市场为导向，得益于坚持“走出去”战略，得益于坚持把强化物质装备、科技进步、管理手段作为现代渔业建设的强大支撑。这一时期主要取得了以下五个方面的成就。

1. 行业规模显著扩大

近年来，我国冷链物流市场规模快速增长，国家骨干冷链物流基地、产地销地冷链设施建设稳步推进，冷链装备水平显著提升。2020 年，冷链物流市场规模超过 3800 亿元，冷库库容近 1.8 亿 m^3，冷藏车保有量约 28.7 万辆，分

别是“十二五”期末的2.4倍、2倍和2.6倍左右。

2. 发展质量不断提升

初步形成了产地与销地衔接、运输与仓配一体、物流与产业融合的冷链物流服务体系。冷链物流设施服务功能不断拓展，全链条温控、全流程追溯能力持续提升。冷链甩挂运输、多式联运加快发展。冷链物流口岸通关效率大幅提高，国际冷链物流组织能力显著增强。

3. 创新步伐明显加快

数字化、标准化、绿色化冷链物流设施装备研发应用加快推进，新型保鲜制冷、节能环保等技术加速应用。冷链物流追溯监管平台功能持续完善。冷链快递、冷链共同配送、“生鲜电商+冷链宅配”“中央厨房+食材冷链配送”等新业态新模式日益普及，冷链物流跨界融合、集成创新能力显著提升。

4. 市场主体不断壮大

冷链物流企业加速成长，网络化发展趋势明显，行业发展生态不断完善。市场集中度日益提高，冷链仓储、运输、配送、装备制造等领域形成了一批龙头企业，不断延伸采购、分销、信息等供应链服务功能，资源整合能力和市场竞争力显著提升。

5. 基础作用日益凸显

冷链物流衔接生产消费、服务社会民生、保障消费安全能力不断增强，在调节农产品跨季节供需、稳定市场供应、平抑价格波动、减少流通损耗中发挥了重要作用。特别是在抗击新冠肺炎疫情中，冷链物流对保障疫苗等医药产品运输、贮存、配送全过程安全作出了重要贡献。

二、主要的保鲜技术

水产品易腐败变质，运输过程容易受到各种污染，近年来，水产品在膳食结构中的比例不断增加，以3%年均消费量的速度增长，由于人们对其品质具有较高要求，水产品保鲜技术作为养殖、捕捞的延续，一直在不断发展。

1. 目前我国常用的贮藏保鲜技术

（1）物理保鲜技术　根据温度的不同，低温保鲜技术可分为冷藏、冰温、微冻、冻藏技术。保藏温度对水产品品质而言是关键因素。其优缺点见表1-3。

表1-3　低温保鲜技术的优缺点

贮藏方式	温度范围	方法	优点	缺点
冷藏	0~4℃	将水产品放入冰或冷海水中进行冷藏。主要有撒冰法和水冰法两种	适合渔船运输中暂时贮藏。能清洗鱼体表面，防止氧化及干燥	鱼与冰接触不良、下层鱼易压烂，对于鱼体造成机械损伤
冰温	-2~0℃	将温度降为0℃到生物体冻结温度之间。目前流行的有超冰温技术和冰膜储藏技术	适用于成熟度较高及冰点较低的鱼体，维持鱼体活体性质保持原有的风味	极小的温度波动会生成较大、不均匀的冰晶，损伤肌原纤维，需要精确控温
微冻	-3~-2℃	将水产品的温度降至略低于其细胞质液的冻结点，并在该温度下进行保藏	避免了冷冻中冰晶对组织结构的机械损伤，保质期较长	需要精确控温，对设备要求较高
冷冻	-18℃	主要采用空气冻结、盐水浸冻结和平板冻结	分为快速冻结和缓慢冻结，适用于长期保藏。可使用液氮或干冰	快速冻结生成分布均匀、数量多的细小冰晶。成本较高，主要用于名贵水产品保鲜

气调保藏或气调包装（modified atmosphere packaging，MAP）是将一种或几种混合气体填充到食品包装袋内，抑制产品的腐败，延长食品保鲜

期的方法。经气调包装的食品，包装袋内初始比例固定的气体会自发的变化或被控制不变。气调保鲜气体一般由二氧化碳、氮气、氧气，按比例混合而成。其保鲜效果直接受到贮藏环境、气体组成成分、包装材料等因素的影响。

冷杀菌保鲜，冷杀菌技术能在保持水产品原本色泽、风味和品质的同时起到很好的保鲜效果，主要有超高压保鲜技术和辐照保鲜技术。超高压处理是在密闭容器中将100~1000MPa的压力通过静态液体（通常是水）传压介质直接或间接的加压方式施加于食品物料上并保持一定的时间，起到杀菌、破坏酶以及改善物料结构和特性作用的方法。

超高压处理后的食品，其微生物和寄生虫大部分被杀灭。辐照保鲜技术是利用物理射线（主要为^{60}Co-γ射线和高能电子束等）破坏微生物DNA和细菌细胞膜的功能，从而达到杀菌保鲜目的的技术。

（2）化学保鲜技术　化学方法保鲜就是在水产品生产和贮藏过程中添加化学试剂，以提高水产品的耐藏性或达到某种特定加工目的的技术方法。按照保藏机制的不同，可以分为3类，即防腐剂、抗氧化剂和保鲜剂。目前常见的化学保鲜方式主要有盐腌、糖渍、酸渍及烟熏等。保鲜剂又分为防腐剂、抗氧化剂、水产品加工助剂和抗冻剂等，化学保鲜剂虽然杀菌效率高、较为简便，但化学残留易造成环境污染，危害人体健康。

盐藏是利用食盐溶液的渗透脱水作用使鱼体水分降低，通过破坏鱼体微生物和酶活力来达到延长保质期目的的方法，盐藏保鲜的方法主要有干腌法、湿腌法和混合腌法。烟熏保鲜是对水产品进行烟熏，利用熏烟中的醇、醛、酚和有机酸等多种具有防腐作用的化合物，结合加热处理杀灭鱼体中的微生物，从而达到保鲜目的的方法。这两种方法已经改变了水产品的风味质地及营养功能，通常应用于水产品加工中。

（3）生物保鲜技术　生物保鲜剂是从动物、植物和微生物中提取的天然保鲜剂或利用生物工程技术改造而得的保鲜剂。按来源主要分为植物源保鲜剂、动物源保鲜剂、微生物源保鲜剂和酶类保鲜剂等。生物保鲜剂安全性高、专一性强，常与多种生物或化学保鲜剂复配，应用前景广阔。

2. 水产品活鱼运输方式

水产品因肉质鲜美，一直是餐桌上必不可少的重要食材，长期以来，中国的消费者喜食鲜活水产品，但是长时间地保鲜保活也一直是鱼类养殖业的难题，现如今，国内外市场对鲜活水产品的需求与日俱增，但相对落后的运输技术不但影响了鲜活水产品的成活率，也加大了市场成本，活鱼的销售价格通常是冷藏或冷冻鱼类价格的2~5倍。

目前，国际上鱼类保活运输有两大策略：有水保活运输和无水保活运输。有水保活运输是一种传统的活鱼运输策略，又分为封闭系统活运和开放系统活运。封闭系统是采用尼龙袋、聚乙烯袋或一种内部带有生命支持系统（自动控制水质、温度、盐度、溶氧等）的密封容器（水箱或运输车等）进行的活鱼运输方法。开放系统是由装满水的容器（水箱或运输车等）组成，鱼的生存条件（例如水质、温度、盐度、溶氧等）由外部设备连续提供。无水保活运输是利用生态冰温或者麻醉剂使鱼类处于休眠状态，降低鱼的新陈代谢和氧气的消耗，从而增加运输密度，提高活鱼运输量和存活率的方法。表1-4列举了鱼类保活运输策略和方法的优点和缺点。

表1-4　鱼类保活运输策略和方法的优点和缺点

策略	方法	优点	缺点
有水保活运输	装袋装箱封闭运输	操作简单、成本低	运输量少、运输距离短、不能调节水质和观察鱼体、存活率低不能观察鱼体状态、成本偏高
	循环水封闭运输	运输方便、运输距离远、能调节水质、提高运输量和存活率	
	装袋装箱开放运输	操作简单、成本低、能观察鱼体状态	运输量少、运输距离短、不能调节水质，存活率低
	循环水开放运输	运输方便、运输距离远、能调节水质、能观察鱼体状态、存活率较高	运输量小、成本偏高

续表

策略	方法	优点	缺点
无水保活运输	麻醉剂麻醉运输	运输量大、存活率高、成本低、麻醉效果好、复苏时间短	麻醉剂有残留，需暂养后销售；CO_2 麻醉对部分鱼有效，剂量难控制
	生态冰温麻醉运输	运输量大、存活率高、运输成本低	不同品种生态冰温区的温度区间不同，技术尚有待完善

3. 鱼类保活运输关键技术

（1）鱼类暂养技术　从养殖区捕捞的鱼不宜直接运输，需暂养一段时间再运输。暂养环境条件由鱼的品种及其生活习性和生理特征、运输方式等决定。暂养是鱼类保活运前的必备环节，影响保活运输时间长短，停饵暂养可以加速鱼体内代谢物的排泄，减少新陈代谢和耗氧量，减少捕捞导致的应激反应，延长保活时间，提高存活率。

（2）低温休眠技术　鱼类属于冷血动物，需区分其生死的临界温度，由临界温度到结冰点的温度范围称为生态冰温区。对于有水保活法而言，适当降低水体温度（临界温度以上）可以降低鱼类呼吸频率和新陈代谢水平，延长其存活时间。对于无水保活而言，可以将水体温度降低至鱼类的生态冰温区使其处于休眠状态，然后在无水或者雾态下进行保活运输。

（3）人工麻醉技术　在保活运输之前和流通过程中，用麻醉剂将活鱼麻醉，可以抑制鱼类对外界的反射和活动能力，降低其呼吸和代谢强度，并减少其应激反应，方便操作处理，能提高运输密度和存活率，从而增加经济效益。

（4）鱼类运输装备　鱼类运输装备是实现活鱼流通的关键，运输工具与活鱼流通成活率和成本都密切相关，而且直接影响活鱼的销售价格，选择合适的运输装备对于运输鱼类品种、运输距离及时间都是非常重要的。

现代化的活鱼运输专用车通常用集成制冷机组控制水体低温并设计有保温隔热措施，用制氧机或者液氧罐以微小气泡增加水体溶氧，用微生物或活性炭吸附净化水质、集成泡沫分离技术降低水体的CO_2浓度和化学需氧量，用循环水泵实现箱内水体连续循环，使运输车具有自动控温、增氧、杀菌、过滤、循环等功能。目前，中型或大型活鱼运输专用车用于长距离、大批量的活鱼运输，配备有增氧、制冷、加温、过滤等设备；小型水产专用运输三轮车用于短距离、小批量的活鱼运输，主要配备有增氧设备；塑料袋、泡沫箱等包装运输主要用于同城配送。随着冷链物流业的发展，循环水封闭式活鱼运输专用车以及无水保活运输专用车将是未来重点发展方向，虽然设备的一次性投资成本较高，但是活鱼运输效率高、成活率高。

（5）无水包装技术　该技术主要是针对无水保活运输而言的。无水包装是实现活鱼无水保活运输的关键环节之一，是保障高效运输的前提条件。无水保活运输就是将冷驯化后进入休眠状态的活鱼从暂养池中捞出来，进行无水包装（将活鱼装入专用无水运输盒或垫中，再放入塑料薄膜袋或泡沫箱等密闭容器中，然后再充入纯氧气后密封）。活鱼无水包装与普通包装不同，需要向包装袋内充入纯氧然后密封。无水状态下活鱼对空气中氧气的吸收利用率比较低，充入纯氧的目的是保证鱼类能正常呼吸代谢。无水包装材料主要有塑料薄膜袋、橡胶袋、无水运输垫、泡沫箱、聚苯乙烯箱等。

（6）环境控制技术　虽然活鱼经过暂养、休眠或麻醉处理降低了呼吸和代谢强度，但在运输过程中也必须维持其基本的生存环境，因为活鱼运输时间的长短和存活率的高低直接受到运输环境的影响。对有水保活运输来讲，运输环境主要是指水温、溶氧、水质、运输密度等，影响无水保活运输环境的因素相对较少，主要有温度、湿度、氧气量。

（7）运输监控技术　传统的活鱼运输策略和落后的运输工具不能对运输环境（水温、水质、溶氧、密度等）进行有效监测和控制，这使得活鱼运输存活率偏低，制约了活鱼运输行业的发展。建立自动化、智能化运输过程环境精准监控系统是活鱼运输未来的发展方向，通过创新设计新型的运输装备，使运输环境得到了有效监测和控制。

（8）鱼类“唤醒”技术　“唤醒”是诱导休眠的逆过程，是指鱼类运输到目的地之后，先将休眠状态的鱼转入生态冰温范围区内的暂养池中，采用梯度升温使其慢慢恢复正常活动状态的过程。“唤醒”技术的关键控制点是初始水温与升温速率。

三、发展战略

现代水产品贮运技术是建立在现代科学理论基础上的多学科和多产业协同的系统工程，因此我们必须根据我国的实际情况，找准解决问题的关键，积极采取对策，从根本上提高我国水产品贮运保鲜的水平和产品的质量。根据我国水产品贮运技术现有研究基础、产业现状和实际情况，下列发展方向值得考虑。

1. 重视“冷藏链”的建设

我国有关部门曾立项对此进行研究，国家铁路局也多次立项研究发展冷藏链的问题。但这是一个牵涉面很广、投资需要量很大的系统工程，需要有关部门的重视和协调配合才能有较大的发展。2016 年，我国从事冷链物流的企业法人单位数量约为 3500 家，冷链物流岗位吸纳的从业人员超过 12 万人。但是由于冷（制冷技术）、链（供应链）、物（生物学）、流（贮、运、配）学科的交叉性和边缘性，现有的企业人员岗位设置和知识结构不足以支撑和服务我国巨大市场需求。知识、人才和产业标准体系建设严重滞后，并制约着产业的快速发展。冷链物流三大标准体系的构建，也是一个“政产学研用”五位一体相结合，一、二、三产业融合发展和复合型人才培养的过程，对实现国家农业、食品产业供应链战略有着重要的意义和作用。

《中华人民共和国国民经济和社会发展第十四个五年规划纲要》提出，要建设现代物流体系，加快发展冷链物流，统筹物流枢纽设施、骨干线路、区域分拨中心和末端配送节点建设，完善国家物流枢纽、骨干冷链物流基地设施条件，健全县乡村三级物流配送体系，发展高铁快运等铁路快捷货运产品，加强国际航空货运能力建设，提升国际海运竞争力。水产品对保鲜技术及冷链物流要求高，建设现代物流体系将加快冷链物流发展，也将推动水产贮运技术发展。

2. 发展保鲜运输

一般认为，鲜活水产品只要是处在“冷藏链”中就基本能保证质量。但随着人民对食品要求的提高，更加注意食品的营养价值、风味口感、外观特征及食用方便安全等，因此，人们更喜欢未冷冻的鲜活食品。这就要求综合运用各种保鲜方法，使鲜活易腐食品处在“鲜活”状态之中，即必须具有鲜活水产品的“保鲜链”。所谓“保鲜链”是指综合运用各种适宜的保鲜方法与手段，使鲜活易腐食品在生产、加工、贮运和销售的各环节，最大限度地保持其鲜活特性和品质的系统。这是一个比“冷藏链”更广泛、内涵更丰富的概念，可以说，冷藏链只是保鲜链的一个子系统，即在运输过程中综合利用各种保鲜手段，最大限度地保持食品原有品质的系统，如运用各种保鲜防腐剂及气调技术并结合冷藏，进行多元保鲜运输。

3. 加工产品结构合理化

水产品在结构上出现了三种转变。第一，由腌制、干制、熏制等传统加工方法向鲜、活产品的转变，特别在沿海开放地区，产品供应大多以鲜、活为主，深受消费者青睐；第二，大包装向小包装，大冻块向小冻块，块冻向条冻、单冻的转变；第三，初级加工向精加工、深加工发展。开发生产适合国内消费需求的保鲜水产品，利用精细分割、调理配方和保鲜等技术，生产适合家庭、宾馆、餐饮服务业的快速、方便、卫生和安全需求的系列易加工食用的新鲜、营养保鲜类调理水产食品。

4. 完善水产贮运产业链

强化水产品产地保鲜加工设施建设。完善鱼塘、渔船、渔港预冷保鲜设施装备，建设速冻、冷藏、低温暂养等配套设施。推动建设一批冷藏加工一体化的水产品产地冷链集配中心，引导水产品就近加工。完善覆盖养殖捕捞、到岸装卸、加工包装、仓储运输、质量管控等环节的冷链物流设施装备，支持冷链全链条无缝对接和安全温控数据共享。

建立以产地为基础，以水产品贮藏及批发市场为中枢，以集贸市场、超市、配送等零售为网络的现代物流体系的市场流通体系，建立以资产为纽带，按照利益共享、风险共担的机制，实行跨地区、跨部门的有效联合，实现产前、产中及产后的全程技术服务、配套生产资料的供应以及产品的生产服务体系，组建区域性、全国性或国际性的专业合作组织或专业协会。健全支撑水产品消费的冷链物流体系，加强水产品产地销地冷链物流对接，加快提升销地冷链分拨配送能力，推动沿海、重要江河流域等优势产区构建辐射全国的冷链物流网络。鼓励活鱼纯氧高密度冷链等鲜活水产品冷链配送技术创新，适应和满足持续扩大的高品质水产品消费需求。完善水产品进口相关冷链配套设施，提高进口水产品冷链物流服务与快速检验检测检疫能力。支持口岸机场建设具有国际货运、冷链仓储、报关、检验检测检疫等功能的水产品航空货运冷链物流服务通道。

5. 提升产品的质量与安全

食品安全直接关系到人类的健康、国际贸易以及社会稳定。近年来，随着食品安全事件的不断暴发，以及各国为了本国利益对进口水产品所设置的各种技术壁垒，使得水产品的质量与安全日益成为各国研究的重点。参照国际相关标准，结合我国实际制（修）订并实施了水产品生产、贮藏、加工、流通等技术标准体系，重视实施绿色贮藏保鲜战略，保证产品食用安全，从而可提高产品质量。在贮运过程中，建立或者引入符合国际要求的水产品质量安全体系，例如 HACCP 质量管理体系，实施关键控制点控制，预防减少安全风险的发生，同时完善相应的检测体系，从而实现检测、管理、控制、预防一体化。对水产品的生物危害和农药残留、药物残留等化学危害的预防、控制和消除等，建立有效控制产品品质、安全及生产成本的产业化质量控制技术体系，成为渔业今后的一项重要任务。

6. 重视水产品贮运技术的研究和科技人才的培养

随着生鲜电商的不断发展，目前，多数农产品已经实现了 O2O 的商业模式，但是在鲜活鱼类产品中至今尚未实现，主要是受到快递技术、成本等方面的制约。传统的水产品有水物流方式，不易于开展干线运输、快递及配送业务，采用新型的无水物流方式代替有水物流，实现终端销售流通是电商发展的必经之路。

开展超高压技术、超临界萃取、微波技术、欧姆加热杀菌、高压脉冲等高新技术在水产品贮运中的应用研究，进一步推动了传统贮运技术的提升改造，提升了产业技术水平和核心竞争力。加强对贮藏及运输相关学科的基础理论研究和高新技术在食品贮运中的应用研究，加强与国外专家在贮运领域的国际协作和交流，在重点领域进行技术引进、消化和联合协同攻关。同时培养一批高素质的专业技术人才，增强贮运技术的科学性和有效性。

第四节　常态化疫情防控中冷链运输水产品的病毒防控政策

新冠肺炎疫情对全球经济和人类的健康造成了巨大的影响，疫情已经两年有余，全球范围内的疫情并未得到有效的控制。在全球疫情凶险的整个大环境下，冷链运输的海鲜等产品频繁检测出新冠肺炎病毒阳性案例，使消费者对冷链食品产生了各种信任危机。为了增强消费者对产品的安全信任度，促进相关方面经济的复苏，在常态化疫情防控的背景下维持其销量的稳定性，海鲜等产品的生产供应链都应该采取周密可视、可溯源的防控措施。冷链物流行业的发展离不开国家层面对其的支持，不仅需要相关的国家政策，更需要从多维度加快冷链物流行业的健康发展。

一、冷链物流中新冠病毒的传播原理

1. 冷链物流中新冠病毒的存活能力

新冠病毒在冷链产品表面的存活能力很强，持续低温和潮湿的低温环境为新冠病毒的存活提供了有利的条件。有研究表明，在0~4℃或者-20℃的条件下，冷链产品中新冠病毒的感染性可持续21d。有实验表明，在21~23℃温度下，新冠病毒在平整物体表明放置24h仍具有一定的传染性。

2. 存在新冠病毒的冷链产品感染人的可能机制

新冠病毒污染冷链水产品后会被固定在表面的冰层中，随着产品到达目的地，当这些冷冻货物被相关工作人员接触时，含有新冠病毒的冰层转变为水层，直接吸附到了被接触物体表面，其中包括用来转移货物的运输机器、搬运工人的衣物或体表，通过口腔、鼻腔和眼睛黏膜感染病毒，造成首发病例感

染；并经由“人传人”引发社区聚集性疫情。

由此可见，新冠病毒污染的冷链产品可以成为隐匿的病毒来源之一，国际快速物流则成为污染了新冠病毒物品的“搬运工”。新冠病毒可以通过污染冷链食品的国际贸易被重新传入无疫情国家和地区。

二、由冷链引入导致的我国新冠肺炎疫情分析

我国发生了多起冷链引入病毒导致新冠肺炎疫情的案例，2020 年 4 月，我国疫情被阻断传播之后，各地陆续发生多起本土新冠聚集性疫情，中国疾病预防控制中心（CDC）和省地市 CDC 专家通过现场流行病学调查分析、新冠病毒基因组分子溯源、新冠病毒 Ig M 和 Ig G 血清学动态检测等技术，迅速锁定了 7 起本土聚集性疫情的源头，证实了是由新冠病毒污染进口冷链产品导致冷链从业人员感染引起的，系统夯实了冷链作为新冠病毒传播载体的科学证据。

2020 年 6 月北京新发地疫情溯源，病毒来源指向进口冷链产品；

2020 年 7 月辽宁大连疫情溯源，锁定了污染进口鳕鱼外包装的新冠病毒基因组是大连凯洋工厂疫情病毒基因组的父代病毒；

2020 年 9 月山东青岛疫情溯源，在鳕鱼外包装上发现两例码头工人感染病毒基因组的父代病毒，并且中国疾控中心病毒病所科学家分离到新冠活病毒，这是在国际范围内首次从进口污染新冠病毒的冷链产品外包装上分离到新冠活病毒，形成了被新冠病毒污染的冷链产品通过境外输入引入并造成重点人群感染的证据链（物传人）；

2020 年 11 月天津疫情溯源发现新冠病毒污染的进口冷链产品引起的两条独立传播链，其中一条传播链由海联冷库搬运工接触某国家进口的污染了新冠病毒的猪头引起，另一条链为物流装卸工接触另一个国家进口的污染了新冠病毒的冷冻带鱼引起；

2020 年 11 月山东青岛再次出现聚集性疫情，证实是水产公司从业人员接触污染了新冠病毒的进口冷链产品导致；

2020 年 12 月辽宁大连再次出现疫情，由码头工人搬运俄罗斯货轮冷链货物导致；

引起 2021 年 5 月营口—安徽疫情的病毒与 2020 年 6 月入境的进口冷冻

鳕鱼外包装的病毒序列高度同源，冷库搬运工在搬运被污染的鳕鱼过程中感染病毒并造成了后续的聚集性疫情，提示冷链可以是新冠病毒“静默传播”的载体，即病毒在冷库存放数月或数年后仍具感染性，导致“老病毒”再次传播。

三、冷链物流中新型冠状病毒的防控政策

冷链物流是指在生产、仓储、运输、配送、销售和到最终消费者端等各个环节中始终处于规定的温度环境下的一项特殊物流活动。如图 1-1 所示。

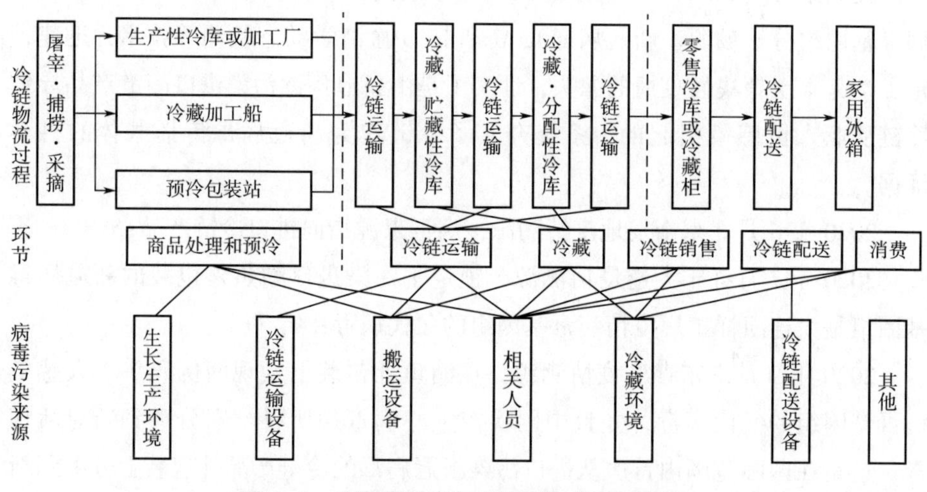

图 1-1　冷链物流全程病毒污染来源示意图

1. 防控政策——病毒灭活政策

（1）热失活　热失活是指通过加热的方式使微生物中的蛋白质和核酸物质变性，从而有效杀灭各种病原体的方法，是一种十分便捷有效的灭活病毒策略。一般微生物繁殖的适宜温度范围为-10～90℃，而对于新型冠状病毒，在 56℃下持续加热 30min 即可完成灭活。

（2）消毒剂灭活　消毒剂灭活是指利用消毒剂中有效成分的化学性质对病毒等进行灭杀的过程。如表 1-5 所示。

表 1-5　常用的消毒剂对比

消毒剂类型	举例		针对病原体	适用范围	注意事情
醇类	70%~75%（体积分数）的乙醇消毒剂		大部分致病菌（除芽孢）	手部或物体	易燃
	乙醇-醋酸氯消毒剂		肠道病菌、致病性酵母、化脓性球菌	手部（医护人员	—
酸类	过氧化酸		病毒、细菌、真菌及芽孢	环境、空气、物品、餐具运输工具等	—
强氧化剂类	高锰酸钾、过氧化氢	高浓度	肠道致病菌、化脓性球菌	受病毒感染严重的工业与公共场所	有强腐蚀性
		低浓度		医疗类和食品级的消杀作业	—

（3）臭氧灭活　臭氧消毒是指利用在密闭空间内使用一定浓度的臭氧气体，利用臭氧的化学性质进行灭活的方法。

（4）紫外线照射灭活　紫外线照射灭活是指利用波长 220~300nm 的紫外线破坏微生物机体细胞中的 DNA 或 RNA 的分子结构，将各种细菌、病毒、寄生虫以及其他病原体直接杀死的方法。

（5）耦合灭活　耦合灭活是指结合多种灭活策略以提高杀灭效率，减少二次污染的方法，如紫外线联合臭氧催化技术的室内杀菌消毒效果优异，具有很好应用前景，如表 1-6 所示。

表 1-6　各病毒灭活策略对比

灭活策略	适用范围	冷链物流中的应用对象	特点
热失活	耐热的容器、物品	托盘、周转箱等耐热小型装备和耐热包装材料	便捷有效；适用范围有限

续表

灭活策略	适用范围	冷链物流中的应用对象	特点
消毒剂灭活	环境、空气、皮肤、物体表面	车间、冷库、设备、相关人员	经济有效，快速便捷，适用范围广；使用后存在异味
臭氧灭活	密闭空间环境、物体表面	冷藏车车厢、高价值商品冷库	广谱有效；仅封闭空间内可使用，后续需要考虑臭氧吸收问题
紫外线照射灭活	密闭空间环境、物体表面	封闭空间	经济便捷；需要在无人的封闭空间中使用，消毒效果受外部因素影响大
抗病毒新材料	使用新材料的物体表面	冷藏箱、快递柜、包装	便捷有效无污染；适用范围有限，受成本因素影响大

2. 冷链物流全过程病毒防控策略

冷链物流全过程病毒的防控策略，如表 1–7 所示。

表 1–7　冷链物流全过程病毒防控策略表

防控主体	策略
产地	1. 严防输入，严格管理，完善原产地检疫合格证书；2. 使用抗病毒新材料进行包装
冷藏车车体	每装车卸货一次，使用含氯消毒液配制成 250～500mg/L 的擦拭液喷洒擦拭车门等需接触表面

续表

防控主体	策略
冷藏车驾驶室终端快递点冷链物流中心常温区域	1. 喷洒浓度为 5g/L、喷雾量为 20mL/m^3 的过氧乙酸溶液，并保持空间密闭 30min 以上；2. 无人时，开启紫外线照射灯消毒 60min 以上
加工车间预冷车间冷库	1. 喷洒浓度为 5g/L、喷雾量为 20mL/m^3 的过氧乙酸溶液，并保持空间密闭 30min 以上；2. 涉及高价值或对环境有极高要求的商品，可以使用臭氧消杀
冷柜家用冰箱冷藏车车厢	1. 在车厢内喷洒 250mg/L 的含氯消毒剂，消毒 20min；2. 在出风口使用 500mg/L 的有效氯消毒剂或 20g/L 的季铵盐喷剂进行处理，每次消毒处理时间 30min 以上；3. 喷洒浓度为 5g/L、喷雾量为 20mL/m^3 的过氧乙酸溶液，并保持空间密闭 30min 以上；4. 使用 500~1000mg/L 的二嗅海因溶液、浓度为 2~5g/L 的过氧乙酸溶液或 1000~2000mg/L 含氯消毒剂溶液进行喷雾处理，将表面全部湿润并静置 60min 以后再将表面擦拭干净
预冷设备叉车输送机	1. 使用 500~1000mg/L 的二嗅海因溶液、质量分数 0.2%~0.5% 的过氧乙酸溶液或 1000~2000mg/L 含氯消毒剂溶液进行喷雾处理，将表面全部湿润并静置 60min 以后再将表面擦拭干净；2. 对于高精密设备或不耐腐蚀设备，可使用质量分数 2%的戊二醛进行擦拭处理
保温箱冷藏箱快递柜	使用 500~1000mg/L 的二嗅海因溶液、浓度为 2~5g/L 的过氧乙酸溶液或 1000~2000mg/L 含氯消毒剂溶液进行喷雾处理，将表面全部湿润并静置 60min 以后再将表面擦拭干净
工作人员司机消费者	1. 完善人员健康信息体系，密切关注工作人员、司机健康状况，发现有传播风险的疾病立刻采取隔离措施；2. 制定严密的作业规定，进入作业区需整齐穿着工作服，进行作业前清洁双手，严格遵守相关卫生规定；3. 与不明旅居史的人员接触时做好防护；4. 消费者需养成“先杀再拆”的取件习惯，常备乙醇、含氯消毒剂对进门快件等物品进行消杀

四、国际水产品贸易冷链病毒防控政策

1. 前阶段

（1）提高冷链物流从业行业者基本职业素质与素养　进口冷链冻品行业是一项关乎国计民生的行业，人类对于食品安全的需要等同于人类对于自己生命健康权的保障。提高行业从业者基本行业素养和道德素养，不仅对于防范食品安全风险具有重大意义，更能实现海关与企业达成新型合作关系建设，如AEO认证等，既可以弱化海关风险安全准入风险压力，也可以提高海关对于整体国家安全等职能工作的能力。

（2）健全落实企业责任制，明确行业主体责任　在上文所提到的加强行业素养同时，落实好企业责任制的实施与执行，对于出现问题的企业实行“谁出事谁担责”的惩罚机制，不仅能够提高企业的社会责任感，同时能保障企业良好运转，维护行业良好风气与氛围。进口商应当建立境外出口商、境外生产企业审核制度，对于审核不合格的产品不得进口。

2. 中阶段

此阶段是对于海关依法查验、检验进口冷链冻品的相关建议。

（1）根据进口冷链物流的特点　为了切实加强冷链环节疫情的常态化精准防控，充分发挥消毒对新型冠状病毒的杀灭作用，有效防范输入风险，同时提升口岸通关效率，避免货物积压滞港，保障产业链供应链稳定运行，相关部门在完成新型冠状病毒检测采样工作后，必须按照职责分工，在进口冷链食品首次与我境内人员接触前的各个环节，严格实施预防性全面消毒处理，通过关口前移，阻断可能的传播链条，把风险控制在最低水平。同时，完善标准体系，建立一套应对风险事故可预警系统的标准，保障检验的针对性和准确性。

（2）口岸环节　加强海关监管，要求企业进行如实申报进口冷链冻品相关信息，并做好销售记录和流向记录；海关部门要进一步加大检测力度，对进口冷链食品应检尽检。检测结果为阳性的，按规定做退运或销毁处理；检测结果为阴性的，海关指导督促对冷链集装箱内壁、货物外包装等实施全面消毒。

（3）在入市环节　加强同市场监督管理总局的协同合作，提高两部门或

多部门联合排查工作能力，保证在冷链货物交接过程中不产生遗漏，同时强调主体责任制，可以做到“有源可溯、有弊可除”。

综上所述，针对近期进口冷链食品出现的问题，海关总署已加强了源头管控，采取关口前移、开展远程视频检查、暂停产品进口等措施，进一步严格口岸检验检疫，全方位实施风险监测；对发现问题的相关企业，根据风险等级，采取了暂停其在华注册资格，暂停相关产品进口，对暂扣的货物实施退运销毁等处理措施，坚决拒绝带“毒”入关。

3. 后阶段

冷链冻品进口后，在进入市场销售后，如何保障食品安全也是处于冷链物流链的压轴端。

（1）进口冷链冻品溯源技术建设　据媒体报道，湖北、江苏、浙江等地接连出现涉疫牛肉流入市场，对进口冷链食品安全提出挑战。目前北京各企业对冷链食品严格执行日常防控，响应北京相关部门要求已接入“北京市冷链食品追溯平台”。消费者无论在线上平台还是到门店购物，均可扫码了解进口冷链食品的“来龙去脉”。

（2）对于冷链物流　根据国际印制相关病毒、病菌消杀防疫手册、规则进行二次防疫消杀工作，对于冷链物流配送人员，定期进行身体检查，保障好自身安全后才能做到对他人负责；提升物流运输效率，根据上文可知冷链冻品物流风险不仅有病毒、病菌等危害，还由于冷链技术不达标、偷工减料等因素，对于冷链物流技术，做到尽可能保证货物处于恒温、持久的低温环境，做好制冷技术，同时提升配送效率。

（3）对于消费者　购买各种冷冻食品，特别是各类进口冷冻动物产品，一定要选择正规的市场和超市，并看其是否经过消毒、检测和检验，有无核酸检测报告、检验检疫标志及相关消毒证明，不要购买来源信息不明的冷链食品。

冷链冷冻水产品的安全不仅是海关的工作，更需要多方配合才能达成保障水产品安全的目标，需要使尽可能多的冷链物流环节如生产环节一样，通过在公众平台上公开设施场所的消杀作业情况，建立并展示“物联网+网技术”下的食品冷链应急物流信息共享平台，建立全链路食品质控和可追溯平台。

参考文献

[1] 李会鹏，庞道睿，廖森泰，邹宇晓，刘凡，黎尔纳．水产品保鲜技术的应用研究进展［A］．广东省食品学会．现代食品工程与营养健康学术研讨会暨2020年广东省食品学会年会论文集．广东省食品学会：广东省食品学会，2020：35-40.

[2] 吴锁连，康怀彬，李冬姣．水产品保鲜技术研究现状及应用进展［J］．安徽农业科学，2019，47（22）：4-6+33.

[3] 王红，王少华，熊光权，白婵，廖涛．水产品保鲜技术研究及发展趋势［J］．湖北农业科学，2019，58（12）：15-18.

[4] 吕凯波．冰温气调保鲜对黄鳝片品质及其菌相的影响［D］．武汉：华中农业大学，2007.

[5] 胡玥．带鱼微冻保鲜技术研究［D］．杭州：浙江大学，2016.

[6] 孙丽霞．气调包装结合生物保鲜剂对冷藏大黄鱼品质及菌相的研究［D］．杭州：浙江工商大学，2014.

[7] 李娜，谢晶．组合保鲜方式应用于水产品保鲜的研究进展［J］．食品与机械，2017，33（11）：204-207+220.

[8] Hugo M-P，Valdez-F A，Samson C T，et al. High-Pressure Processing Technologies for the Pasteurization and Sterilization of Foods［J］. *Food and Bioprocess Technology*，2011，4（6）：969-985.

[9] DIEHL J F. Food irradiation-past，present and future［J］. *Radiation physics and chemistry*，2002，63（3-6）：211-215.

[10] 张坤，刘书成，范秀萍，魏帅，孙钦秀，夏秋瑜，吉宏武，郝记明，邓楚津．鱼类保活运输策略与关键技术研究进展［J］．广东海洋大学学报，2021，41（05）：137-144.

[11] Yongjun Zhang，Wensheng Wang，Liu Yan，et al. Development and evaluation of an intelligent traceability system for waterless live fish transportation［J］. *Food Control*，2019，95：283-297.

[12] 聂小宝，张玉晗，孙小迪，等．活鱼运输的关键技术及其工艺方法［J］．渔业现代化，2014，41（4）：34-39.

[13] BERKA R. The transport of live fish：a review［M］. *Rome*：*Food and Agriculture Organization of the United Nations*，1986.

[14] 刘骁，谢晶，黄硕琳．鱼类保活运输的研究进展［J］. 食品与发酵工业，2015，41（8）：255-260.

[15] 聂小宝，章艳，张长峰，等．水产品低温保活运输研究进展［J］. 食品研究与开发，2012，33（12）：218-223.

[16] RABIE M，SIMON-SARKADI L，SILIHA H，et al. Changes in free amino acids and biogenic amines of Egyptian salted-fermented fish（Feseekh）during ripening and storage［J］. *Food Chemistry*，2009，115（2）：635-638.

[17] 汪之和，张饮江，李勇军．水产品保活运输技术［J］. 渔业现代化，2001，28（2）：31-34；37.

[18] HE R，SU Y，WANG A，et al. Survival and serum biochemical responses of spotted sea bass Lateolabrax maculatus during simulated waterless live transportation［J］. *Aquaculture Research*，2020，51（9）：3495-3505.

[19] AYUNINGTYASA B K，FAQIHB A R，MAIMUNAHB Y. Survival rate evaluation of different filler medium of waterless live fish transportation of African Catfish（Clarias sp.）broodstock［J］. Journal of Aquaculture Development and Environment，2018，1（1）：10-16.

[20] HONG J W，CHEN X，LIU S X，et al. Impact of fish density on water quality and physiological response of golden pompano（Trachinotus ovatus）flingerlings during transportation［J］. *Aquaculture*，2019，507：260-265.

[21] 谢如鹤，欧阳仲志，李绍荣等编．易腐食品贮运技术［M］. 北京：中国铁道出版社．1998：280.

[22] 张秀娟主编．食品保鲜与贮运管理［M］. 北京：对外经济贸易大学出版社．013：279.

[23] 田龙宾主编．农产品贮运与加工技术［M］. 北京：中国农业科技出版社．1998：272.

[24] 夏文水，罗永康，熊善柏，许艳顺主编．大宗淡水鱼贮运保鲜与加工技术［M］. 北京：中国农业科技出版社，2014：337.

[25] 吴佳静，杨悦，许启军，等．水产品保活运输技术研究进展［J］. 农产品加工，2016（16）：55-56+60.

[26] 郝淑贤，袁小敏，李来好，等．一种食品微冻保鲜用的冰：CN106665791A［P］. 2016-12-06.

[27] 李锐，孙祖莉，杨贤庆，等．代谢组学在水产品品质与安全中的研究进展［J］. 生物技术通报，2020，36（11）：155-163.

[28] 相悦，孙承锋，杨贤庆，等．鱼类贮运过程中蛋白质相关品质变化机制的研究进展［J］. 中国渔业质量与标准，2019，9（05）：8-16.

[29] 成黎，谭锋．中国水产品质量安全现状及改善和控制措施［J］. 食品科学，2009，30（23）：465-469.

第二章

水产品品质基础

水产品是海洋和淡水渔业生产的水产动植物产品及其加工产品的总称。包括：捕捞和养殖生产的鱼、虾、蟹、贝、藻类等鲜活品；经过冷冻、腌制、干制、熏制、熟制、罐装和综合利用的加工产品。水产食品营养丰富，风味各异。

水产及其制品经过加工处理后呈现出特殊的海鲜味、鱼香味等，深受广大消费者的喜爱。水产品品质对于水产品的消费起着至关重要的作用，其品质主要包括色泽、风味、质地等。水产制品的变色、褪色、失色不仅会影响产品的质量品质，也会影响消费者对产品的青睐和接受程度。影响色泽的因素包括肌肉内部的生化反应、加工条件和环境因素，因此，国内外学者纷纷对其进行研究。

水产品在贮藏运输过程中，由于环境的不同，水产肉类的蛋白质、脂质和感官都会发生变化，包括蛋白质的变性、脂质的氧化和水解。而通过水产品动力学拟合数学模型，可以对水产品在冻藏过程中的品质变化规律进行定量分析，能更好地控制品质。水产品动力学模型主要包括动力学预测模型、微生物生长预测模型以及其他新模型，通过这些模型可以很好地预测水产品的品质。

第一节　水产品的色泽

水产品的颜色变化会受环境、性别、年龄和健康状况的影响。一般通过观察水产品色泽可判断水产品的各类信息，本节主要阐述各类水产品的颜色、组成成分及成色原理。

鱼体的体色由存在于皮肤的真皮或鳞周围的色素胞和存在于真皮深处结合组织周围的光彩胞组成，色素胞和光彩胞的排列收缩和扩张使鱼体呈现不同的颜色。表2-1所示为色素胞和光彩胞的种类及主要成分。色素细胞内色素颗粒的扩散与集中会导致鱼体颜色的变化，鱼的体色在一定程度上可以保护自己、迷惑对方，这对鱼类的生存有着特殊的意义。肌红蛋白、血红蛋白、类胡萝卜素、胆汁色素等都可以影响鱼的体色。

表 2-1　色素胞和光彩胞的种类及主要成分

种类		主成分
色素胞	黑色色素胞	黑色素、类胡萝卜素
	黄色色素胞	叶黄质、类胡萝卜素
	红色色素胞	虾黄质、类胡萝卜素
光彩胞	银白光彩胞 蓝青光彩胞 绿青光彩胞	鸟嘌呤、腺嘌呤、嘌呤

虾的虾壳里含有虾青素和虾红素，虾在活着的时候色素都有活性，所以显示出青黑色，虾青素不稳定，一遇热就会被破坏，但虾红素非常稳定，所以虾煮后会显出虾红素的红色，螃蟹煮后显红色也是这个道理。藻类植物中的叶绿素对藻类的呈色也是极其重要的。

一、血红蛋白、肌红蛋白

血红蛋白（hemoglobin，Hb）和肌红蛋白（myoglobin，Mb）都是由血红素和珠蛋白构成的色素蛋白质。

1. 血红蛋白

血红蛋白是由 4 条多肽链组成的，这些多肽链被称为珠蛋白，相对分子质量大约为 68000。血红蛋白的四条珠蛋白链可以形成一个稳定的四聚体，这个四聚体由两条 α 链和两条 β 链组成，分别含有 141 个氨基酸残基和 146 个氨基酸残基，肽链相互盘绕，折叠成球形，每条链都含有一个铁卟啉血红素基团，血红素是铁原子和原卟啉构成的复合物，亚铁离子位于卟啉环的中心，有 6 个配位键，卟啉中 4 个吡咯环上的氮原子与亚铁离子配位结合，在卟啉环平面的两侧，铁原子一边结合组氨酸，一边结合氧分子，它允许 4 个氧分子以可逆的形式结合：$Hb+4O_2=Hb(O_2)_4$（氧合血红蛋白）。

目前为止，经过研究的鱼类的血红蛋白都是同一种。绝大多数鱼类的血红蛋白是对称的，即两对相同的珠蛋白链，而有些鱼类含有不对称血红蛋白，这就导致在单个血红蛋白分子中至少表现出三种不同的珠蛋白链。例如，在鲤鱼血红蛋白中，可观察到不同血红蛋白之间的二聚体发生交换，这一变化可以显著增加亚型的数量。不同血红蛋白的相对量的变化，可能代表着对周围环境变化的适应。鲁特效应（Root effect）是鱼类特有的血红蛋白的功能特性，目前只在硬骨鱼中发现，是指当鱼类血液中 $p(CO_2)$ 升高时，pH 随其值降低，Hb 对 O_2 的亲和力下降，氧分压升高时，血红蛋白的氧亲和力急剧下降，从而导致氧输送能力下降，会使肉色深暗。鲣鱼的鲁特效应特别明显。

2. 肌红蛋白

肌红蛋白和毛细管中的血红蛋白有关，肌红蛋白是一种相对分子质量相对较小（16700）但密度较大的蛋白质，由一条含 153 个氨基酸残基的多肽链组成。它含有与血红蛋白相同的铁卟啉血红素基团，并且像血红蛋白一样能够进行可逆的氧合和脱氧，具有转运和贮存氧的作用。

肌红蛋白一般有脱氧肌红蛋白、氧合肌红蛋白、高铁肌红蛋白三种形式，这三种蛋白的比例最终决定了肉的颜色。在鱼贝类刚死亡的时候，肌红蛋白处于还原状态，显示为紫红色；随后在贮藏初期，氧气充足的情况下，肌红蛋白会变成氧合肌红蛋白，显示为鲜红色，可见吸收光谱在 540nm 和 570nm 附近有两个最大吸收峰；最后随着贮藏时间的延长，氧合肌红蛋白会变成棕色的高铁肌红蛋白。肌红蛋白的变化受到诸多因素的影响，如 pH、温度、贮藏时间、致死方式、脂质的过氧化程度、氧分压、离子与化学物质等，这些因素主要通过改变高铁肌红蛋白还原酶活性和肌红蛋白结合氧能力等方式，影响肌红蛋白在不同形态间的转化。

二、类胡萝卜素

类胡萝卜素（carotenoids）是一类广泛存在的天然脂溶性色素，其结构是基于 C_{40} 异戊二烯主链，有两种存在状态，无环或者是一端或两端修饰成环。类胡萝卜素按其化学结构分为两大类：①由碳、氢组成的胡萝卜素，主要有番茄红素（lycopene）、α-胡萝卜素（α-carotene）、β-胡萝卜素（β-carotene）；②由碳、氢和氧组成的叶黄素，主要有 β-玉米黄质（β-cryptoxanthin）、叶黄素（lutein）、玉米黄质（zeaxanthin）。

下面的分子结构是虾、蟹等水产品中类胡萝卜素的结构。类胡萝卜素主链上的 C ═C 共轭双键是水产品颜色变化和抗氧化的主要原因。

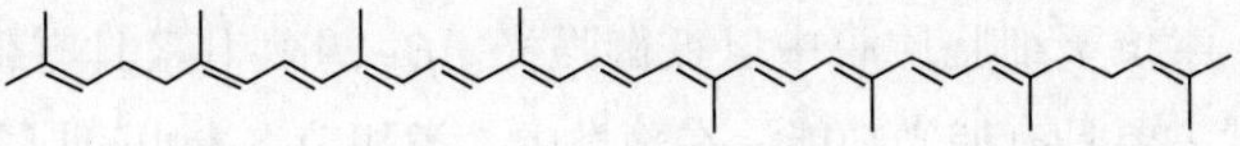

番茄红素

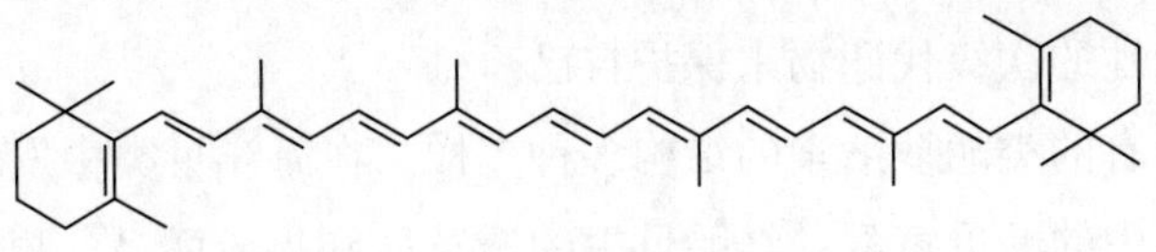

β-胡萝卜素

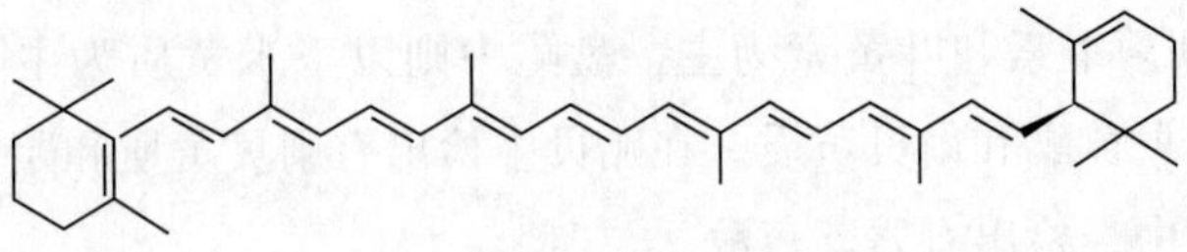

α-胡萝卜素

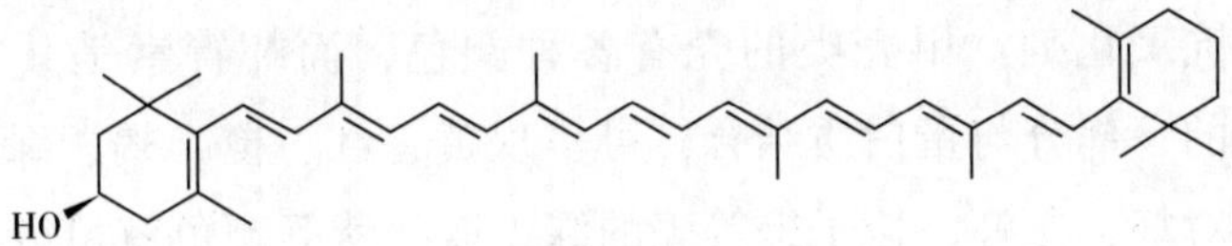

β-玉米黄质

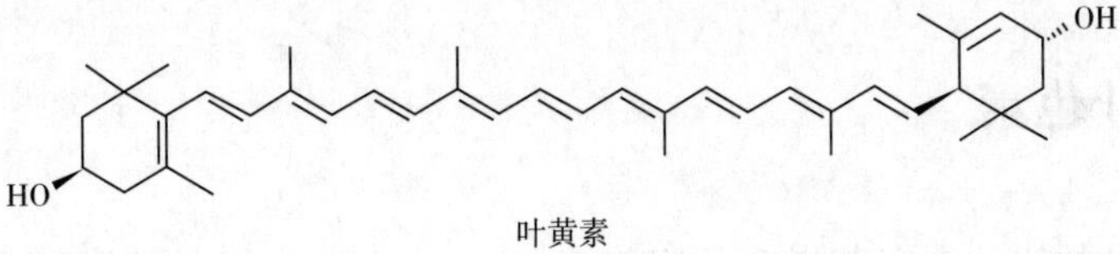

叶黄素

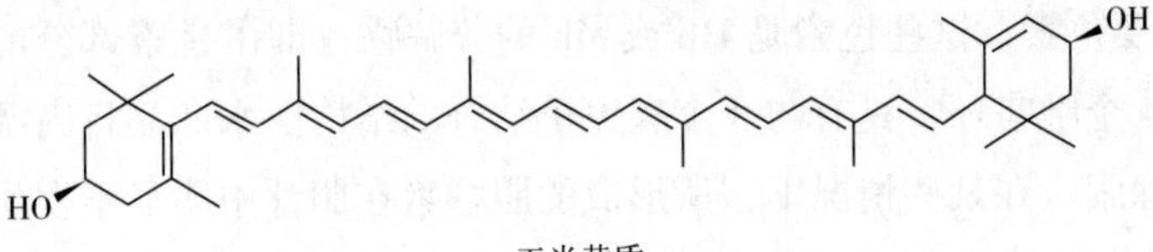

玉米黄质

藻类作为光合生物可以自身合成类胡萝卜素。红藻中有α-胡萝卜素和β-胡萝卜素以及它们的羟基化衍生物。在吡咯类植物中，主要的色素是橄榄蛋白、二噁黄质和岩藻黄质。金藻可积累环氧类胡萝卜素、烯丙基类胡萝卜素和乙酰类胡萝卜素，并在它们之间积累岩藻黄质和二乙酰黄质。

藻类中的类胡萝卜素主要是在光阶段发挥辅助捕光功能的，通过清除活性氧（如单线态氧和自由基）来保护光合组织免受过度光损伤。光合作用时，类胡萝卜素必须与肽结合形成位于类囊体膜中的色素-蛋白质复合物。蓝藻中，类胡萝卜素位于细胞质膜中以抵御强光。β-胡萝卜素具有保护作用，其他类胡萝卜素主要具有捕光功能。在藻类中，类胡萝卜素也可以起到向光性和趋光性的作用。此外，一些微藻在光照、高温等环境下，能够通过胡萝卜素的生成产生有活性的次级代谢物来保护自己。

贝类中含有的类胡萝卜素的结构多种多样。在海洋贝类中发现的类胡萝卜素包括紫贻贝中的贻贝黄素；红贻贝中的透黄质和果胶醇 A、果胶醇 B；巨牡蛎中的牡蛎黄质 A 和牡蛎黄质 B 等。贝类肌肉中的类胡萝卜素因种类而异，蝾螺中以β-胡萝卜素和叶黄素为主，盘鲍中则以玉米黄质为主。在双贝壳的魁蚶中检出扇贝黄酮和扇贝黄质。在贻贝中检出有扇贝黄质和贻贝黄质，在蛤仔和中国蛤蜊中，检出有岩藻黄醇。

甲壳类水生动物中含有类胡萝卜素，类胡萝卜素功能通常是作为维生素 A 的来源和抗氧化剂。甲壳类的壳有各种颜色，而虾青素是其主要颜色来源，虾青素的一部分与蛋白质结合，可呈现黄、红、橙、褐、绿、青、紫等各种颜色。对虾、龙虾、梭子蟹等壳的绿、蓝、紫等颜色就可以充分说明这一点。

三、胆汁色素

水产品的胆汁含有黄褐色的胆红素（bilirubin）和绿色的胆绿素（biliverdin）等主要色素。这些色素是 Hb 或 Mb 的分解物，即由色素部分的血红素开环而形成 4 个吡咯环，具有与 3 个碳原子结合的结构。水产品将内源性血红素代谢成胆绿素。在某些情况下，所形成的胆绿素在胆汁中明显不发生变化。然而，有些水产生物则合成一种底物特异性酶——胆绿素还原酶，通过还原吡啶核苷酸催化胆绿素还原为胆红素。

四、血蓝蛋白

虾、蟹等甲壳类、乌贼、章鱼等软体动物含有蓝色色素蛋白——血蓝蛋白，是具有运送氧功能的呼吸色素蛋白质，2个铜原子和1个氧分子可逆结合，没有结合氧的血蓝蛋白无色，结合氧后呈蓝色。捕捞后，缺氧状态的乌贼、蟹的体液为无色，死后逐渐吸收空气中的氧而带有蓝色。

五、黑色素

水产品的黑色素是由黑色素细胞产生的。黑色素（melanin）是自然界广泛分布的褐色乃至黑色的色素，溶于温浓硫酸或浓碱，不溶于一般溶剂，是非常稳定的高分子物质，以酪氨酸为出发点，经多巴、吲哚醌聚合而成。鱼类色彩的浓淡与这些黑色素细胞产生的色素颗粒的移动、集中与扩散有关。鱼皮中的黑色素起吸收过量光线的作用。栖息在较深水域的真鲷，如放在浅水域内养殖，鱼皮内就会合成大量的黑色素，可以防止强烈的阳光照射。养殖真鲷比天然真鲷黑的原因就在于此。过剩的黑色素还可以沉积在肌肉毛细血管壁上，使养殖的真鲷的肌肉变黑。

六、眼色素

章鱼、乌贼、枪乌贼等头足类生物的皮肤中含有一种称为眼色素（ommochrome）的色素。眼色素不是肌肉色素，呈黄、橙、红、褐及紫褐色，是一种类似于黑色素的色素，它是由色氨酸转变为犬鸟氨酸后生成的，分为奥玛丁和奥明。鱿鱼和金乌贼的体表色素被认为是奥明。

七、叶绿素

高等植物、藻类和蓝藻含有叶绿素，厌氧光合细菌也含有细菌叶绿素。叶绿素是一种在需要光合作用的生物体中发现的绿色色素，属于含脂色素家族。叶绿素溶于极性有机溶剂，如乙醇、醚、丙酮，不溶于水。结构不稳定，光、酸、碱、氧化剂等都能使其分解。不仅是植物，大多数进行光合作用的生物都含有某种形式的叶绿素。叶绿素主要包括叶绿素a、叶绿素b、叶绿素c、叶绿素d、叶绿素f、原始叶绿素和细菌叶绿素，如表2-2所示。

表 2-2 各种叶绿素的分布及最大吸收光带

叶绿素	分布	最大吸收光带及主要吸收光的波长
叶绿素 a	所有绿色植物中	红光和蓝紫光，420~663nm
叶绿素 b	高等植物、绿藻、眼虫藻、管藻	红光和蓝紫光，460~645nm
叶绿素 c	硅藻、甲藻、褐藻、鹿角藻	红光和蓝紫光，620~640nm
叶绿素 d	红藻、蓝藻	红光和蓝紫光，700~750nm
叶绿素 f	藻青菌	红外光波段，700~800nm
细菌叶绿素	各种厌氧光合细菌	红光和蓝紫光，715~1050nm

叶绿素（chlorophyll）是含镁的四吡咯衍生物，其基本结构与卟啉化合物血红素相似，它们都是由原卟啉Ⅸ通过生物合成形成的。其分子由两部分组成：核心部分是起到吸收光能作用的卟啉环，叶绿素依靠卟啉中的单键和双键的改变来吸收可见光；另一部分是被称为叶绿醇的长脂肪烃侧链，叶绿素可利用这种侧链插入类囊体膜中。与含铁的血红素不同的是，叶绿素中的卟啉环以镁原子作为替代物。虽然各叶绿素之间的结构差异很小，但却导致形成了不同的吸收光谱（表 2-2），并进一步影响含有该种叶绿素生物的生存与进化。

1. 叶绿素 a

叶绿素 a（$C_{55}H_{72}O_5N_4Mg$）的分子结构由 4 个吡咯环通过 4 个甲烯基（═CH─）连接形成环状结构（即卟啉），卟啉环中央结合着 1 个镁原子。在光合作用中，绝大部分叶绿素 a 的作用是吸收及传递光能，仅极少数叶绿素 a 分子起转换光能的作用。它们大都与类囊体膜上蛋白质结合在一起。虽然叶绿素 a 的吸收光谱主要集中在蓝紫光和红光，而最新的研究发现在某些藻类或突变的藻类中存在一些具有新特征的叶绿素 a，其共同点都是最大吸收光谱的红移，即波长向长波方向移动。

在酸性环境中，卟啉环中的镁可被 H 取代称为去镁叶绿素，呈褐色，当用铜或锌取代 H 时，其颜色又变为绿色。此种色素稳定，在光照下不褪色，也不被酸所破坏。在当今生态学研究中，普遍采用以叶绿素 a 浓度作为浮游藻类分布的指示剂及衡量水体初级生产力、富营养化和污染程度的基本指标田。特别是作为富营养化的参数指标，被认为比总磷或总氮含量更具有参考意义。

2. 叶绿素 c

在绿色光合成细菌的绿色体中，如硅藻和褐藻中，不存在叶绿素 b，取而代之的是叶绿素 c（叶绿素 c1：$C_{35}H_{30}O_5N_4Mg$，叶绿素 c2：$C_{35}H_{28}O_5N_4Mg$），叶绿素 c 在这些生物中是一种非常重要的吸收光的色素。叶绿素 c 还可细分为 C_1、C_2 和 C_3 三个亚型，主要存在于低等藻类植物中。

3. 叶绿素 d

叶绿素 d（$C_{54}H_{70}O_6N_4Mg$）与叶绿素 a 在结构上相似，但 I 环上的乙烯基被甲酰基取代，它的 C3 团是—CHO。主要存在于蓝藻中，例如深海单细胞蓝藻 Acaryochlorismarina 以叶绿素 d 为主要的捕光色素，基本替代叶绿素 a，能利用叶绿素 a，叶绿素 b，叶绿素 c 所不能利用的近红外光，波长范围为 700～750nm，能适应阴暗的生存环境。

日本科学家曾在 *Science* 上发表称叶绿素 d 在地球海洋与湖泊中广泛存在的论文，这种叶绿素可能是地球上碳循环的驱动之一。他们估计，若将全球范围内叶绿素 d 吸收的二氧化碳换算成碳，每年可能约有 10 亿 t，约相当于大气中平均每年二氧化碳增加量的 1/4。

4. 叶绿素 f

2010 年，陈敏在西澳大利亚鲨鱼湾的一种藻青菌菌落中偶然提取到这种叶绿素，将其命名为叶绿素 f。叶绿素 f 与叶绿素 a、叶绿素 b、叶绿素 d 在结构上有细微的差别。这种色素分子的特殊之处在于 C2 上甲酰基有替换，而叶绿素 d 的 C3 上有一个甲酰基，叶绿素 b 上也有一个。正是这个微小的化学修饰显著地改变了它的光学性质，使得叶绿素 f 的吸收波长大约为 760nm，比叶绿素 d 的红外波长宽了 20nm 左右。

第二节　水产品的风味

新鲜水产品通常具有柔和、浅淡、令人愉快的风味，其挥发性风味成分主要包括醛、酮、醇、酸、酯和烃类化合物等。但在贮藏过程中会逐渐发生腐败变质，气味也会发生相应的变化，主要是由于产生了挥发性含硫化合物、醛、酮、醇、酸类以及胺类化合物等，这些物质会使水产品产生酸臭味、发酵臭味、腥味、硫臭味等腐败气味。

水产品一般都有海腥味，主要是由挥发性盐类、挥发性低级脂肪酸、挥发性羰基化合物、挥发性含硫化合物、挥发性非羰基化合物等物质造成的，如表 2-3 所示。

表 2-3 水产品腥臭成分的化学分类及其特征

化学分类	化合物	主要来源	生成因素	特征
挥发性盐基类	氨	氨基酸、核苷酸关联化合物	细菌	腥臭味
	三甲胺	氧化三甲胺	酶	腥臭味
	二甲胺		酶、加热	腥臭味
	各种胺类	氨基酸	细菌的脱羧作用	腥臭味
挥发性酸	甲酸	氨基酸	细菌的脱氨作用	酸刺激臭
	乙酸	不饱和脂肪酸	加热分解	酸败臭
	丙酸	不饱和脂肪酸	氧化分解	如酪酸败臭
	戊酸	醛类	醛类的氧化	C5 最强烈汗臭、肥皂臭，C5 以上无臭
挥发性羰基挥发物	$C_1 \sim C_2$ 醛	脂质	脂质氧化分解	油烘臭
	$C_3 \sim C_5$ 醛		脂质加热分解	油烘臭
	$C_6 \sim C_8$ 醛	氨基酸	氨基酸的加热分解	刺激臭
	丙酮	氨基酸	斯特雷克尔分解	刺激臭
挥发性含硫化合物	硫化氢	胱氨酸	细菌	不快臭
	甲硫醇	胱酸、蛋氨酸	加热	烂洋葱
	二甲基硫醚		酶	不快臭

一、新鲜水产品的气味

活鱼和新鲜生鱼片具有令人愉快、柔和、浅淡的芳香气味，部分特殊的鱼类，如香鱼、胡瓜鱼具有类似青瓜或香瓜的芳香气味。一般认为，与新鲜鱼香味相关的物质主要包括挥发性羰基化合物、醇类、挥发性含硫化合物、溴苯酚以及碳氢化合物。

鱼含有大量的不饱和脂肪酸，不饱和脂肪酸在氧气的作用下发生氧化降解而生成短链饱和及不饱和醛，包括己醛和（*E*）-2-己烯醛，能产生清香的气味。含有（*E*）-2-戊烯醛、（*E*,*Z*）-2,6-壬二烯醛等九碳化合物也被认为是新鲜鱼类具有黄瓜香气和类蜜瓜香气的原因。另外，由二十二碳六烯酸和二十碳五烯酸氧化降解产生的风味挥发物有1,5-辛二烯-3-醇、(*E*,*Z*)-2,6-壬二烯醛、2,5-二辛烯-1-醇、3,6-壬二烯-1-醇，花生四烯酸降解产生的风味挥发物有（*E*）-2-辛烯醛、1辛烯-3-醇、(*E*)-2-壬烯醛、(*E*)-2辛烯醇和（*Z*）-3-辛烯醇。普遍认为，这些成分都是通过鱼体内酶促氧化反应产生的。此外，某些新鲜海味可能是由于含有硫化物引起的，其中已知二甲基硫产生新鲜海味中令人愉快的类似海滨的气味。较低浓度的二甲基硫可产生一种类蟹香，但较高浓度时却呈一种异常气味。

大多数新鲜的甲壳类水产品如虾、蟹等具有的气味，主要是由链长小于10个碳的不饱和醇和醛产生的甜的、似植物的、铁腥的气味，这些气味相对比较平淡。与鱼类不同的是，虾、蟹海产品的香味属于加热反应的香气，即虾、蟹肌肉中前体物质参与反应的结果。在进行加热蒸煮等处理时，蛋白质、脂肪、糖原、胡萝卜素、游离氨基酸、核苷酸、有机碱等物质之间的反应产生的挥发性风味化合形成了浓厚的特征香味，包括醇、醛、酮、呋喃、含氮化合物、含硫化合物、烃类化合物等。

二、鲜度稍差水产品的气味

当鱼的新鲜度降低时，其臭腥感增强，呈现一种极为特殊的气味，这是由鱼体表面的腥气和由鱼肌肉、脂肪所产生的气味（包括三甲胺、挥发性酸及羰基化合物等）共同组成的一种臭腥味。鱼腥气主要是由存在于鱼皮黏液和血液内的δ-氨基戊酸、δ-氨基戊醛和六氢吡啶类化合物共同形成的，这些腥气特征化合物的前体物质主要是碱性氨基酸。虾蟹新鲜度降低时，会发出刺鼻的恶臭，类似氨水的味道，气味呛人。

三、腐败水产品的气味

水产品的腐败臭气是由于鱼表皮黏液和体内含有的各种蛋白质、脂质等在微生物的繁殖作用下，生成了硫化氢、氨、甲硫醇、腐胺、尸胺、吲哚、四氢吡咯、六氢吡啶等化合物而形成的。

鱼肉中的蛋白质（肌原纤维蛋白、肌浆蛋白等）含量很高，蛋白质对水产品的风味起着至关重要的作用，主要体现在两方面。①在微生物和内源蛋白酶的作用下，蛋白质会被分解成小分子类物质，如醛、酮、酸、胺类化合物、含硫化合物等。这类小分子物质越积越多，最终会导致水产品品质劣变；②蛋白质会与风味物质相结合，这会导致风味物质的结构发生改变，改变风味物质的存在状态，会影响水产品的品质。

脂质的变化也是风味劣变的一个重要原因。鱼类等水产品在死后，体内的脂质会发生氧化水解，而肌肉组织的破坏程度、脂肪酸组成、温度、水分活度、氧气、内源酶等因素都会影响脂肪的氧化水解。有些研究者认为脂肪氧合酶催化脂肪酸氧化的速度最快，在这个过程中会散发出强烈的鱼腥味，脂肪酸被血红蛋白催化氧合则会产生哈喇味。

健康的水产品体内是无菌的，而水产品死后，体表或外界的微生物会通过腮等呼吸器官或表皮破损处进入机体组织。水产品死后，随着贮藏时间的延长，微生物的生长和代谢作用也逐渐活跃，尤其是一些腐败优势菌（SSO）可通过代谢作用产生各种蛋白酶、酯酶，进一步分解鱼体内的蛋白质、脂质等营养成分使其发生腐败变质，逐渐生成醛、酮、胺类、硫化物等挥发性物质，并在体内不断积累，从而产生令人不愉快的腐臭味。

四、加热产生的风味

水产品加热过程产生的重要化合物有：二甲基硫醚、N,N-二甲基-2-苯基乙胺、(*Z*,*Z*,*Z*)-5,6,10-十四碳三烯2酮、(*E*,*Z*,*Z*)-5,8,11-十四碳三烯-2-酮和2-甲基3-呋喃硫醇等。二甲基硫醚是炖蛤和牡蛎的重要风味成分，也存在于其他水产品中。在煮虾中鉴定出的重要风味化合物有*N*,*N*-二甲基-2-苯基乙胺、类胡萝卜素加热转化产物2,2,6-三甲基-2-环己烯1,4-二酮以及美拉德反应产物2-乙酰基噻唑。在烤虾的风味物质中发现有2,3,5-三甲基吡嗪、二氢-2,4,6-三甲基-(4H)-1,3,5-噻嗪(噻啶)以及其他吡嗪和噻嗪等。和鲜鱼相比，熟鱼的嗅感成分中，挥发性酸、含氮化合物和羰基化合物的含量都有所增加，能产生诱人的香气。在鱼肉的热加工处理中，香味的形成途径与畜禽类受热后的变化类似，主要通过美拉德反应、氨基酸及硫胺素的热降解、脂肪的热氧化降解等反应途径而生成。

五、水产品的主要呈味物质

水产品用热水浸提或经适当的除蛋白处理，将生成的沉淀除去后可得到水产品的提取物溶液，一般不包含脂肪、色素等，主要包括两大类，一类是含氮成分，即非蛋白氮，另一类是非含氮成分，前者含量远高于后者。这些可萃取成分包括游离氨基酸、低肽、核苷酸、有机碱、有机酸、糖类及无机盐等。

1. 游离氨基酸

游离氨基酸及相关化合物是鱼贝类提取物的含氮成分，是重要的呈味物质，也是香味前体物质。氨基酸及其衍生物的风味与氨基酸的种类及其立体结构有关。例如甘氨酸具有爽快的甜味，对鱼、虾、蟹呈现给人的鲜美感有一定贡献；丙氨酸呈略带苦味的甜味，赋予了扇贝以甜鲜的美味；缬氨酸、蛋氨酸则引发海胆的苦味，是形成海胆独特风味不可缺少的呈味成分。

鱼类中的游离氨基酸总含量比贝类及甲壳类中的游离氨基酸总含量要低，但鱼类中的某些游离氨基酸浓度足够高时会对鱼肉的风味起作用。如表2-4所示。

表 2-4 水产品中的氨基酸组成

种类	氨基酸组成
鲐、鲣、黄鳍金枪鱼	组氨酸
真第、牙鲜、紫色东方纯	牛磺酸
贝类	甘氨酸、谷氨酸、精氨酸、丙氨酸和牛磺酸等
甲壳类	精氨酸、甘氨酸和脯氨酸，还含有丙氨酸、谷氨酸和牛磺酸等
蟹肉	甘氨酸、精氨酸、脯氨酸和牛磺酸
虾肉	牛磺酸和甘氨酸
中国对虾、太湖青虾和太湖白虾	甘氨酸、精氨酸、丙氨酸、精氨酸及牛磺酸

2. 肽类

鱼贝类的浸出物中含有低分子肽，这类成分对呈味也有一定的贡献。鱼类中含肽较多，而贝类含肽较少，从鱼肉提取物中鉴定出的肽类有肌肽（β-丙氨酰基组氨酸）、鹅肌肽（β-丙氨酰基-1-甲基组氨酸）和鲸肌肽（β-丙氨酰基-3-甲基组氨酸）（表 2-5）。在乌贼、章鱼等无脊椎动物的肌肉中几乎没有检出肌肽、鹅肌肽及鲸肌肽。这些肽类在中性 pH 环境中具有很强的缓冲能力，可使滋味变得浓厚。此外，这些肽类分子能与其他成分反应，进一步形成各种风味物质。例如，谷氨酸羧基端与亲水性氨基酸的二肽、三肽连接后形成具有鲜味的风味物质，若与疏水性氨基酸相连则产生具有苦味的风味物质。

表 2-5 鱼贝类中的肽类组成

种类	肽类组成
鳗、鲣	肌肽
金枪鱼、鲣和某些品种的鲨鱼	鹅肌肽
鲸	鲸肌肽

3. 核苷酸及其关联化合物

核苷酸及其关联化合物是鱼贝类及甲壳类中已知能产生鲜美滋味的重要化合物。在鱼类和甲壳类生物的肌肉中，90%以上的核苷酸是嘌呤的衍生物。鱼贝类死亡后，肌肉中的三磷酸腺苷（ATP）在酶的催化下降解。如下所示：

$$ATP \rightarrow ADP \rightarrow AMP \xrightarrow{\text{AMP 脱氨基酶}} IMP \xrightarrow{\text{IMP 磷酸酯酶}} \text{次黄嘌呤核苷} \rightarrow \text{次黄嘌呤} + \text{核糖}$$

对于鱼肉来说，一磷酸肌苷（IMP）含量显著增加；虾蟹肌肉中的磷酸肌苷（IMP）和一磷酸腺苷（AMP）都显著增加；乌贼、贝类等软体动物肌肉中的 AMP 显著增加。此外，5′-核糖核苷酸、AMP、IMP、一磷酸鸟苷（CMP）可与谷氨酸钠结合产生强的特征性鲜味。

当其浓度降低时，鱼的风味就逐渐变得不可接受，与 IMP 所产生的理想的甜味或咸味相反，核苷酸降解的最终产物——次黄嘌呤会产生令人难以接受的苦味。

4. 其他含氮成分

鱼肉中主要的有机碱是脲、氧化三甲胺及甘氨酸甜菜碱等，它们对鱼肉的风味有特殊贡献。①一般情况下，脲在鱼肉组织中含量较少，而在海产软骨鱼中的含量相对较高（1%~2.5%）。脲没有风味，但能够在细菌脲酶的催化作用下分解为氨和二氧化碳，氨的刺鼻气味会使鱼肉味道令人难以接受；②氧化三甲胺存在于海产的真骨鱼和软骨鱼中，具有甜味。鱼腐败后变味，主要来源于氧化后的三甲胺分解产物，具有一种强烈的气味；③甘氨酸甜菜碱在无脊椎水产动物的肌肉及腺体等组织中含量丰富，可以呈现轻快的甜味并可增强味觉的丰度和后味。通过蟹类加工研究发现，甘氨酸甜菜碱是水煮液滋味的主要来源之一。研究鱼贝类中的有机碱主要是甜菜碱，甘氨酸甜菜碱占其比例最高，此外还含有 β-丙氨酸甜菜碱、肉毒碱、龙虾肌碱及葫芦巴碱等。

5. 非氮化合物

鱼贝类肌肉浸出物中含有的非氮化合物主要是有机酸、糖类和无机物。

（1）有机酸有乙酸、丙酸、乳酸、丙酮酸、琥珀酸、草酸等，其中最主要的是丙酮酸、乳酸和琥珀酸。琥珀酸及其钠盐是贝类的主要呈味成分；乳酸是较敏捷的鱼，如金枪鱼和鲣体内主要的酸，可提高缓冲能力并增强呈味。

（2）鱼贝类中的糖类可分为游离糖和磷酸糖。游离糖中最主要的成分是葡萄糖，主要来自肌肉中糖原的分解；浸出物中还含有次黄嘌呤核苷游离成的核糖。磷酸糖是糖酵解途径和磷酸戊糖循环的中间产物，主要有葡萄糖-1-磷酸、葡萄糖-6-磷酸、果糖-6-磷酸、果糖-1,6-二磷酸、核糖-5-磷酸等。

（3）浸出物中含有的无机盐主要是 Na^+、K^+、Ca^{2+}、Mg^{2+}、Cl^-、PO_4^{3-}等，对鱼贝类的呈味有重要作用。

水产品良好的风味不是单一物质作用的结果，而是多种不同组分在数量上微妙平衡的结果。新鲜水产品的风味是非常精美的，同时也容易受到破坏，加工贮运过程会对水产品的风味产生影响，合理的贮运及加工，会使水产品产生理想的风味，而在另外一些不良条件下，水产品则可能产生不理想的风味，因此，我们要探讨合适的贮运及加工条件，避免不良风味的产生。

第三节　水产品的质地

质地是水产品最重要的食用品质指标之一，其在很大程度上影响着消费者对水产品品质和口感的满意程度。由水产品化学组成可知，水产品中结缔组织含量相对较少，肌原纤维蛋白在质地品质上发挥主导作用，其次是结缔组织。目前有利用蛋白组学确定水产品鲜度指示蛋白的研究，然而因水产品具有鲜嫩多汁的特点，我们更应控制其品质。

一、鱼肉离水后的生理变化

鱼肉具有柔软细腻的组织，刚死的鱼体，其肉柔软而富有弹性，放置一段时间后，肌肉会收缩变硬，失去伸展性或弹性，这种现象称为死后僵直。鱼的僵直程度是判断鱼新鲜度是否良好的重要标志。鱼体死后从新鲜到腐败的变化过程，一般分为僵硬期、自溶和解僵、腐败三个阶段。僵直时间即为从开始僵硬到最硬之间的时间，鱼的最佳食用时间应是僵硬期结束之前的时间。随着贮藏时间的延长，内源性自溶酶对鱼蛋白质不断降解以及微生物的污染，导致鱼肉硬度不断下降。鱼体死后，随着肌肉中 ATP 的分解、消失，粗丝肌球蛋白和细丝肌动球蛋白之间发生滑动，使肌节缩短，肌肉发生收缩，引起僵硬，僵硬的测定可采用鱼体僵硬指数（R_I）测定法。将鱼体前半部（1/2）平放在特制木架水平板上，使尾部下垂，测定其尾部与水平板构成的最初下垂距离 L_0 和在僵硬开始一定时间后的下垂距离 L，鱼体僵硬指数为 $R_I = (L_0 - L) / L_0 \times 100\%$。$R_I$ 由 0 上升到 20%、70%所需的时间分别为达到初僵时间和全僵时间。R_I 由 0 上升到最高后又降到 70%所需的时间为达到解僵时间。

在死后僵硬期间，原料的鲜度基本不变，当僵硬结束后，才开始出现自溶和腐败的一系列变化。如果在渔获后能推迟开始僵硬的时间，并延长僵硬持续的时间，对原料新鲜度的保持具有重要作用。鱼体僵硬速度取决于鱼肉中 ATP 浓度的降低速度，从鱼体死后到开始僵硬时间以及到僵硬期结束的时间长短，主要与以下因素有关。

1. 鱼种及栖息水温

一般来讲，中上层洄游性鱼类，例如鲐、鲅等，由于体内所含的酶类活性较强，僵硬开始的时间早，并且持续的时间短；而活动性较弱的底层鱼类，例如鲆、鲽等，僵硬开始时间较迟，持续的时间较长。此外，鱼体死前生活的水温越低，其死后僵硬所需的时间越长，越有利于保鲜。

2. 生理条件及致死方法

同一种鱼，死前的营养及生理状况不同，僵硬期长短也有所不同。鱼在捕获前，如果未能获得充分的营养，若肌肉中贮存的能量较少，在死后就会立即开始变硬。鱼类捕获后剧烈挣扎、疲劳而死的鱼，因体内糖原消耗多，比捕获后迅速致死的鱼进入僵硬期早，而且持续时间较短。同样，捕获后处理不当，例如强烈的翻弄或使鱼体损伤，或窒息死去的鱼，进入僵硬期均较早。因此，鱼体捕获后应予以立即致死或低温冷藏处理，从而降低挣扎和能量消耗带来的不利影响。

3. 保鲜温度

鱼死后的贮藏温度是支配其开始僵硬时间及持续僵硬时间的最重要的因

素。保鲜温度越低，僵硬开始的时间越迟，持续的时间也越长。因此，要保持渔获物的新鲜就应立即将其冷却、降温。一般在夏季，僵硬期维持在数小时以内；在冬季或冰藏的条件下，可维持数日。

鱼体死后进入僵硬阶段，达到最大限度僵硬后，其僵硬又缓慢的解除，肌肉重新变得柔软，称为解僵。僵硬现象解除后，各种酶的作用可使鱼肉蛋白质逐渐分解，鱼体变软的现象称为自溶。解僵和自溶是肌肉中的内源性蛋白酶或来自腐败菌的外源性蛋白酶作用的结果，一般认为是由肌肉中组织蛋白酶类对蛋白质分解所造成的。此外，参加蛋白质分解作用的酶类除有自溶酶类外，还可能有来自消化道的胃蛋白酶、胰蛋白酶等消化酶类，以及细菌繁殖过程产生的胞外酶。因此，鱼类死后的自溶作用引起的蛋白质的分解不同于纯蛋白质由特定蛋白酶分解的情况，在鱼体解僵和自溶阶段，各种蛋白酶的作用一方面造成肌原纤维中Z线脆弱、断裂，组织中胶原分子结构的改变，结缔组织发生变化，胶原纤维变得脆弱，肌肉组织变软；另一方面也使肌肉中的蛋白质分解产生多肽和游离氨基酸。值得注意的是，自溶阶段标志着鱼体新鲜度的下降，但自溶作用的本身不是腐败分解，因为自溶作用并非无限制地进行，在使肌肉组织中的蛋白质分解成氨基酸和可溶性的含氮物后，自溶即达到平衡状态，不易分解至最终产物。氨基酸类物质的生成为腐败微生物的繁殖提供了有利条件。

二、几种处理方式对水产品品质质地的影响

蛋白质是组成鱼类肌肉的主要成分，按形态、溶解度、存在位置可以分为肌浆蛋白、肌原纤维蛋白、肌基质蛋白。肌浆蛋白由肌原纤维细胞质中存在的白蛋白及代谢中的各种蛋白酶以及色素蛋白等构成，易溶于水，热稳定性较高，不易受外界因素的影响而变性；含肌浆蛋白少的鱼肉在煮熟过程中易解体，含量多的则煮熟后易变硬。肌原纤维蛋白占肌肉总蛋白质的60%~75%，主要包括肌动蛋白和肌球蛋白，分别形成肌原纤维粗丝和细丝。肌基质蛋白是由胶原蛋白、弹性硬蛋白及连接蛋白构成的结缔组织蛋白，存在于肌纤维的间隙内，构成了肌纤维外围的肌内膜。鱼肉的组成与哺乳动物的横纹肌接近，只是各部分的比例有所不同，畜肉中肌基质蛋白含量约为15%，而鱼肉中肌基质蛋白含量只有10%，这是鱼肉口感比

畜肉鲜嫩的原因之一。

1. 保鲜冷冻

鱼肉在保鲜冷冻过程中，随着温度的下降，鱼肉中的水分开始冻结，肉质随之变硬。鱼肉在冻结温度以下保藏时，其组织中的水分逐渐冻结成冰晶，随着冻藏过程的继续，肌肉顺着肌纤维的方向缩短，从而横向变粗，造成冷收缩；同时冰晶不断膨胀，破坏肌肉组织细胞，加剧了冻结过程中蛋白质的变性，使得肉质硬化。有研究者对冰藏及冰盐条件下团头鲂的肌肉硬度做了测定，结果发现鱼体死后其肌肉随着僵硬的进行，硬度逐渐增加，达到最高值后，呈现出逐渐降低的趋势。还有学者对冰冻的鲑鱼进行测试，研究冰冻对肌肉蛋白质和质地的影响，结果发现蛙鱼在5d和14d时的硬度不存在显著差异，这与之前利用大量的新鲜鲑鱼测定所获得的结果不同（在冰冻11d时其硬度值显著下降）。

2. 加热

加热是食品加工的重要手段，鱼肉经过加热后，组织收缩，含水量下降，硬度会明显增加，但受热后鱼肉并不会持续变硬，超过一定的温度和时间，由于胶原蛋白部分地溶解成明胶可使鱼肉再次软化。王鸿等比较了不同加热条件下白鲢的质地，研究发现随加热温度增高，白鲢鱼肉的硬度呈现先增后逐渐减小的趋势；新鲜鲢肌肉从20.3℃开始被加热，肌肉硬度逐渐增大，40℃时达到最大，此后开始减小，95℃时鲢肌肉硬度值降低到新鲜时的1/3。对于不同的品种，加热所致的鱼肉硬度变化存在差异性，如金枪鱼、鲣鱼等红色肉鱼类的肌肉加热后的硬度变化大于鳕、鲷等白色肉鱼类；同一种鱼的普通肉和暗色肉的硬度变化也稍有不同，加热后暗色肉的硬度明显大于普通肉。有研究者比较了不同加热条件下白鲢的质地，研究发现随加热温度增高，白鲢鱼肉的硬度呈现先增后逐渐减小的趋势；新鲜鲢肌肉从20.3℃开始被加热，肌肉硬度逐渐增大，40℃时达到最大，此后开始减小，95℃鲢肌肉硬度值降低到新鲜时的1/3。对于不同的鱼种，加热所致的鱼肉硬度变化存在差异性，如金枪鱼、鲤鱼等红色肉鱼类的肌肉加热后的硬度变化大于鳕、鲷等白色肉鱼类；同一种鱼的普通肉和暗色肉的硬度变化也稍有不同，加热后暗色肉的硬度明显大于普通肉。

3. 盐渍

鱼肉盐渍时，食盐逐渐渗入鱼肉，导致肉中水分向外迁移，肌肉组织大量脱水使一部分肌浆蛋白溶出，肌肉组织网络结构发生变化，表现为鱼体肌肉组织收缩并变得坚韧。鱼肉盐渍加工中，食盐浓度、温度、盐渍方法、食盐的纯度、原料鱼的脂肪含量、新鲜度等因素直接影响到食盐渗入鱼肉的速率和最高渗入量。一般来说，随着盐水浓度的增加，鱼肉硬度呈上升趋势。鱼肉内部盐溶液浓度增大，使更多的蛋白质变性（盐分的渗入导致肌原纤维蛋白快速的失水），结果致使鱼肉质地发生变化，肉的持水力下降，硬度上升。有研究者用10%、15%、20%和25%盐溶液22h浸渍处理鲢鱼肉，研究发现，随盐溶液浓度增高，鲢肌肉的剪切力、硬度均增大。与新鲜鲢肌肉比较，经10%、15%两种浓度盐溶液浸渍的鱼肉的硬度较小，而经20%、25%两种浓度盐溶液浸渍的样品硬度较大。有研究者研究了等静超高压对草鱼肌肉超微结构与质构特性的影响，并与猪肌肉作对照。结果表明：加压处理的草鱼肌肉，其超微结构中出现较明显的变化，如肌原纤维中A带和I带的细丝均被破坏，粗丝相互聚集，出现间隙Z线变粗、不连续，H带和M线消失等，但肌原纤维的外形仍保持完整。加压处理的草鱼肌肉，其外观无显著变化，色泽稍白，略有汁液流出，但质构特性与处理前无明显差别。还有研究者将鳕鱼分别在0MPa，200MPa，400MPa，600MPa和800MPa下处理后，用直径38mm的柱型探头对硬度、弹性、黏附性、黏性、黏着性和咀嚼性进行了测定，得出在0~200MPa下黏附性、黏性、黏着性增加，在400~800MPa下硬度和黏附性下降。

4. 烟熏

烟熏是指鱼制品用木材不完全燃烧时生成的挥发性物质进行熏制的过程。鱼制品烟熏的目的是使鱼制品脱水，赋予产品特殊的香味，改善肉的颜色，并且有一定的杀菌防腐和抗氧化作用，延长鱼制品的保质期。鱼制品烟熏的目的是使鱼制品脱水，赋予产品特殊的香味，改善肉的颜色，并且有一定的杀菌防腐和抗氧化作用，以延长鱼制品的保质期。有研究者以大西洋鲑鱼为材料研究不同的盐渍、熏制过程对鱼肉质地的影响。实验分别采用盐水浸泡和干腌两种前处理，在20℃、30℃下以传统方式熏制

30min，以及在12℃下电熏15min，发现熏制后的鱼片与处理前相比硬度显著增加，干腌与盐水腌制相比会导致更多的肌纤维收缩。还有研究者使用物性分析仪对熏鱼和熏鱼用鱼的鱼片进行了分析，并与感官评定的结果做了比较。发现对熏鱼感官硬度评定的结果与用仪器测定的熏鱼用鱼的数据有高度的相关性。

5. 高压处理

高压处理是近十几年来兴起的一种新技术，经高压处理的鱼类制品在不影响其营养和风味的前提下可延长制品的贮藏期、改善组织结构、调节酶活力和提高肌肉蛋白的凝胶特性等，因此其应用越来越广泛。对于压力处理过程中鱼类的组织结构变化，很多学者已经进行了研究，部分研究甚至发现压力能导致肌肉变硬。

6. 醋渍

醋不但能起到杀灭微生物的作用，还能使蛋白质发生变性，使鱼片口感柔韧适中，非常适合生食，而且醋渍过程还能使具有挥发性的盐基氮被浸出，降低其含量，所以采用醋渍的方法生产的生食制品不但扩大了生食制品的品种，还降低了对原料鱼的鲜度要求。醋渍处理水产品不仅结合了醋和水产品的营养成分、食疗作用，而且在醋可以防止微生物对原料的污染，一定程度上也有利于产品的保藏。另外，在醋渍处理过程中蛋白质发生适度酸变性，表现为鱼肉的持水能力降低、肌肉硬度的增加等，对于改善养殖鱼水分含量高、肉质嫩软等不良肌肉质地有一定的改良作用。

随着人们生活水平的提高和食品加工业的发展，鱼制品的组织质地状况也越来越引起人们的重视。鱼制品质地包含多种特性，如硬度（又称韧性）、弹性、咀嚼性、黏聚性、回弹性等，其中硬度对消费者来说是最重要的，它决定了鱼制品的商业价值。然而与其他肉类不同的是，生产者和消费者均不需要对其进行“嫩化”，养殖鱼类存在质地肉质疏松、水分含量高、体脂肪多等不足，质地与野生鱼类存在一定的差距。目前许多研究者开展了养殖鱼质地改良技术攻关，以更好地满足消费者的需要。

第四节　水产品品质在贮运中的变化

近年来，随着人们生活质量的不断提高，人们对于水产品的消费需求也越来越大，大部分水产品在捕捞后需要经过运输、贮藏等环节才能到达消费者手中。水产品在贮运过程中，蛋白质、脂质和感官品质等都会发生一系列变化，而这些变化会直接影响到水产品的品质。

一、蛋白质变化

1. 冷冻蛋白变性

冷冻变性蛋白质的变性是指其立体结构发生了改变和生理机能的丧失，该反应大多为不可逆的。目前国内外对水产品的贮存多以冷冻为主，鱼贝类在冷冻贮藏过程中，其肉质存在不同程度的变化，保水性降低，凝胶形成能力下降，口感和质地也随之下降。这些变化都是由于肌原纤维蛋白质的变性所引起的，而肌浆蛋白和肌基质蛋白的变化很小。

肌原纤维蛋白质是鱼贝类肌肉蛋白质的主体，鱼贝类蛋白质冷冻变性以肌原纤维蛋白的变性为主。鱼类在冷冻贮藏过程中，肌原纤维蛋白的变性以肌球蛋白类的不溶性变化为主要特征，并伴随有物理、生化指标的变化，包括 ATP 酶的活性、巯基数、疏水性、黏度、凝胶能力等。在冷藏过程中，肌原纤维分子之间氢键、疏水键、二硫键的形成而聚集变性，导致肌原纤维蛋白盐溶性下降，且冷藏温度越低变性越缓慢。随着冻藏期的延长，冻结温度越高，肌动球蛋白的溶出量越低。

2. 肌原纤维蛋白 ATP 酶活的变化

肌原纤维蛋白 ATP 酶活性的变化，鱼肉肌原纤维蛋白具有 ATP 酶的活性，在冻藏过程中，随着蛋白质的变性会引起该酶活性的变化。因此，肌原纤维蛋白的 ATP 酶活性被广泛用来作为鱼肉或鱼糜蛋白变性的指标。肌原纤维 ATP 酶包括 Ca^{2+}-ATP 酶、Mg^{2+}-ATP 酶、Ca^{2+}-Mg^{2+}-ATP 酶、Mg^{2+}-EGTA-ATP 酶

[EGTA 为乙二醇-双-（乙氨基乙醚）四乙酸]，其中 Ca^{2+}-ATP 酶是反映肌球蛋白分子完整性的良好指标，Mg^{2+}-ATP 酶和 Ca^{2+}-Mg^{2+}-ATP 酶分别反映内源或外源 Ca^{2+}存在下肌动球蛋白完整性的指标，而 Mg^{2+}-EGTA-ATP 酶则是反映肌钙蛋白原肌球蛋白复合物完整性的指标。

3. 肌原纤准蛋白活性巯基、总巯基和二硫键含量的变化

肌原纤准蛋白活性巯基、总巯基和二硫键含量的变化，肌球蛋白分子中含有活性巯基，这些巯基可分为 SH_1、SH_2 及 SH_a 三类，其中 SH_1、SH_2 分布于肌球蛋白的头部，与肌球蛋白的 Ca^{2+}-ATP 酶活性密切相关；而 SH_a 位于轻酶解肌球蛋白部分，与肌球蛋白重链的氧化及二聚物的形成密切相关。另外，还有一些巯基隐藏在肌球蛋白分子内部，总巯基包括活性巯基和隐藏的巯基。在冻藏过程中，活性巯基容易被氧化成二硫键，因此，肌原纤维蛋白质冷冻变性会使其活性巯基或总巯基含量减少，而二硫键含量上升。

4. 肌原纤维蛋白表面疏水性和黏度的变化

肌原纤维蛋白表面疏水性和黏度的变化，鱼贝类蛋白质在冻藏过程中，由于链的展开导致肌原纤维蛋白质变性，一些本来位于分子内部的疏水性氨基酸暴露在蛋白质分子的表面。因此，肌原纤维蛋白表面疏水性会随着冻藏时间的延长而增加，而黏度会由于疏水基团的暴露等因素而逐渐下降。

5. 肌原纤维蛋白凝胶能力的变化

肌原纤维蛋白凝胶能力的变化，肌原纤维蛋白在冷冻变性时所引起的物理变化最终会导致其凝胶能力下降。凝胶能力是反映鱼糜蛋白在冻藏过程中是否发生变化及变性程度的最直接的指标。

鱼类肌肉蛋白质的加热变性和畜肉相似，但比畜肉的稳定性差，和畜肉一样发生汁液分离、体积收缩、胶原蛋白水解成明胶等。蛋白质受热后，分子运动加剧，其空间构象也会发生位移，造成 ATP 酶失去活性。鱼类普通肌动蛋白的热变性速度，常以其 Ca^{2+}-ATP 酶活性为指标进行测定。越是栖息在低温的鱼种，其肌动球蛋白发生热变性的温度越低。

6. 可溶性胶原蛋白的凝胶化

鱼类等可溶性胶原蛋白在某一温度下加热，将失去胶原分子特有的三螺旋结构，变成无规则状态，旋光度和黏度急剧变化，生成明胶。肌动球蛋白被加热时，其高级结构开始松散，分子间产生架桥形成了三维网状结构。由于加热的作用，网状结构中的自由水被封锁在网中不能流动，从而形成了具有弹性的凝胶物，这种变化称为凝胶化。凝胶化的形成即使在室温下也能发生，而温度越高，其凝胶化速度越快。凝胶的形成情况是判断鱼是否适合做鱼糜制品的重要特征。生产鱼糜制品时，在鱼肉中加入2%~3%的食盐进行擂溃，鱼肉会变成非常黏稠的肉糊，这主要是由于肌动蛋白和肌球蛋白盐溶作用而形成的。在加热条件下，两者之间发生交联，蛋白质之间相互缠绕聚集，形成空间网状结构，游离水被封闭于网络结构中，从而形成富有弹性的凝胶。不同鱼种的凝胶形成能力各异，表现指标有凝胶化速度和凝胶化强度。擂溃鱼糜的凝胶化强度和凝胶化速度之间并无相关性。虽然不同鱼种的凝胶强度有高低之分，但可以采用一些提高凝胶强度的措施来提高鱼糜制品的弹性。除在鱼糜加工过程中进行漂洗、低温冻藏、添加抗冻剂等方法外，还可以通过添加凝胶增强剂、改变鱼肉擂溃方式等方法提高鱼糜制品的弹性。常见的凝胶增强剂有谷氨酰胺转氨酶（TGase）、淀粉、明胶、植物蛋白等。在擂溃过程中应控制擂溃时间、擂溃温度、加盐量等参数，以保证鱼糜制品的弹性。

7. 蛋白质的热稳定性

蛋白质的热稳定性通过化学修饰得到提高，对热变性有显著抑制效果的糖类可以稳定被水分子包围的蛋白质结构。以 Ca^{2+}-ATP 酶活性为指标，考察各种糖类对蛋白质热变性的抑制效果，结果显示抑制效果与糖类的浓度成正比，并且与该化合物分子中所含有的羟基数大致成正比，以半乳糖的抑制效果最好。另外，氨基酸也对蛋白质的热变性有一定的抑制作用，特别是谷氨酸和天冬氨酸最为显著。但是，糖类与氨基酸并不存在附加的相乘作用。

8. 蛋白质的盐渍变性

鱼肉蛋白质的盐渍变性是指在提高温度和盐分的情况下，蛋白质分子的结构排列发生变化，导致其不溶的现象。咸鱼和鲜鱼的肉质相差较大，高盐渍鱼肉质较硬，这种变化与组织收缩及蛋白质变性有关，构成肌原纤维的蛋白质在盐渍中变性的程度最大，一般为盐浓度达到7%~8%时，蛋白质呈现盐析的效果。盐渍鱼肉蛋白质变性的直接原因是鱼肉内的盐浓度，鱼种不同，蛋白质变性时所需的盐浓度也不同。

9. 蛋白质脱水变形

含蛋白质较多的鱼贝类干制品复水后，其外观、含水量及硬度等均不能恢复到新鲜时的状态，这主要是由蛋白质脱水变性引起的。蛋白质在干燥过程中的变性机制主要有两个方面：一是热变性；二是由于脱水作用使组织中溶液的盐浓度增加，蛋白质因盐析作用而变性导致的。蛋白质在干燥过程中的变化程度主要取决于干燥温度、时间、水分活度、pH、脂肪含量及干燥方法等因素，其中干燥温度起重要作用。一般情况下，温度越高，蛋白质变性速度越快。干燥时间也是影响蛋白质变性的主要因素之一。一般情况下，干燥初期蛋白质的变性速率慢，而后期较快。此外，干燥的方式对蛋白质的变性也有明显的影响，与普通干燥法相比，冷冻干燥法引起蛋白质变性的程度要轻微得多。

10. 蛋白质其他变性因素

采用超高压处理鱼肉时，压力可使体系体积减小，水分子的分子间距变小，在蛋白质的氨基酸支链周围配位的水分子的位置会发生一定变化，从而导致蛋白质三级结构、四级结构变化，即变性、凝固。当压力不大时，蛋白质的变性是短暂的、可逆的，一旦释压后，蛋白质则恢复到未变性状态；而高压处理时，蛋白质的变性为永久性的、不可逆的。

此外，脂质的氧化也会促进蛋白质的变性，通常认为脂质对蛋白质的稳定性有一定的保护作用，但脂质氧化的产物将促进蛋白质的变性。

二、脂质的变化

水产品的脂质变化包括氧化和水解两种。一方面，脂肪是由甘油和脂肪酸等组成的，脂肪酸中的双键特别容易和空气中的氧结合从而使脂肪酸被氧化；另一方面，鱼贝类的肌肉和内脏器官中含有脂肪水解酶和磷脂酶，在贮藏过程中这些酶对脂质发生作用，引起脂质的水解。因此，脂质的劣化反应包括两方面的因素，一方面是纯化学反应，另一方面是酶的作用。

1. 脂质的氧化

脂质氧化过程中会产生一些低分子的脂肪酸、羰基化合物（醛）、醇等，会产生不愉快的刺激性臭味、涩味和酸味，所以这一过程也称为酸败。多脂鱼类的干制品、熏制品、盐藏品、冷冻品等在长期贮存时，会随着脂质的氧化，发生内部强烈褐变，引起油烧现象。脂质的氧化受温度、水分活度、加工方法等影响。实验证明-25℃仍不能完全防止脂肪氧化，需降低到-40℃以下氧化反应才能被有效抑制。一般来说，水产品中脂质的氧化速率在水分极度缺少的情况下最快，真空冻结干燥水产品由于水分含量少而且肉质呈多孔质，表面积很大，所以脂质的氧化特别快。虽然干制品的水分活度较低，脂酶及脂肪氧化酶的活性受到抑制，但是由于缺乏水分的保护作用，因而极易发生脂质的自动氧化，导致干制品的变质。高压对脂质的氧化有一定的影响。采用高压处理沙丁鱼碎肉后，在5℃贮藏过程中，过氧化物值（POV）随处理压力的增加而增高，当压力高于200MPa时，脂质会发生氧化。这可能是由于高压造成蛋白质变性所导致的，组织中的其他成分和变性的蛋白质共同促进了脂质的氧化。

辐照对脂质的氧化也有一定的影响，例如鱼类脂质在被辐照时由于高度不饱和脂肪酸被氧化而产生异味。辐照对脂质的主要作用是在脂肪酸长链中C—C键处断裂而产生正烷类化合物，又因存在次级反应，所以化合物进一步转化为正烯类，在有氧存在时，烷自由基发生反应而形成过氧化物及氢过氧化物，该反应与常规脂类的自动氧化过程相似，最后导致醛、酮等化合物的生成。

2. 脂质的水解

油脂在有水存在的情况下以及在热、酸、碱、脂解酶的作用下，发生水解反应，使脂肪酸游离出来。在活体鱼类的脂肪组织中不存在游离脂肪酸（FFA），鱼类死亡后，在体内脂解酶的作用下，将产生FFA。因FFA具有酸的口感，且对氧比甘油酯更为敏感，所以会导致油脂更快酸败。鱼类在油炸过程中，组织中的水分会进入到油中，油脂水解释放出FFA，导致油的发烟点降低，并且随着FFA含量的增高，油的发烟点不断降低。因此，水解反应导致油品质降低，风味变差。水解产生不稳定的游离脂肪酸，还能进一步促进蛋白质的变性，造成鱼类产品质量下降。低脂鱼的水解主要是以磷脂为主，多脂鱼的水解多以甘油三酯为主。即使在低温贮藏条件下，鱼体中的脂肪分解酶的活力仍然很强。

三、感官变化——色泽变化

色泽变化，水产品及其制品在加工、贮藏过程中，常因自然色素物质被破坏或新的变色物质的产生发生颜色的改变，对制品的外观、商品价值产生重要影响。常见的有肌肉色素和血液色素引起的色变，主要包括肌红蛋白引起的变色、类胡萝卜素的褪色等，还包括非酶和酶促褐变、微生物和金属离子引起的变色等。

1. 肌肉色素和血液色素引起的色变

肌红蛋白的分布、含量和稳定性显著影响鱼肉颜色的变化，而血红蛋白由于在加工处理和贮藏过程中极易被氧化，所以肌红蛋白的变化是影响鱼肉颜色的最主要原因。新鲜的红色肉鱼，肉色呈鲜红色或暗红色，此时肌红蛋白为还原型。在加工和贮藏过程中，当鱼肉切开接触空气时，若在切断面补充氧气，还原型的肌红蛋白与氧结合成为氧合肌红蛋白可使肉质呈鲜红色，再持续一段时间后，鱼肉颜色会逐渐变成褐色，这是鱼肉色素中肌红蛋白氧化的结果，即肌红蛋白的血红素中 Fe^{2+} 被氧化成 Fe^{3+}，产生褐色的氧化肌红蛋白，血红蛋白的自动氧化与温度、pH、盐类浓度、氧分压、不饱和脂质等因素有关，其中温度是最显著的因素。例如金枪鱼肉在-20℃下冻藏 2 个月以上，其肉色变化过程为：红色—深红色—红褐色—褐色，而金枪鱼在捕获后及时去头、去尾、放血，控制肉质的盐浓度，采用隔氧包装等方法保存，在-35℃以下贮藏可以有效地防止肉质变色。

（1）加热因素　加热的红色肉鱼类的肉色有时显红、粉红、暗褐色等各种色调，出现这种现象主要是因原料的种类而异。这是由于肉中的肌红蛋白因加热而使珠蛋白部分变性，以致加热前与水分子结合的血红素铁的配位键被肉中微量存在的尼克酰胺等基所取代。此时生成色素中的铁是二价的，称为红色的血色原，三价铁的称为褐色的高铁血色原。

此外，蟹肉罐头的蓝变通常在罐头制造加热处理过程中产生，呈淡蓝色至黑蓝色。人们发现蟹肉罐头中所使用的某些部位的蟹肉（如肩肉和近关节的棒肉两端或血管部分）会有浓蓝色斑点，这是由含铜的血蓝蛋白形成的。

（2）冷冻因素　有些鱼肉在冷冻贮存过程中出现绿色，如冷冻旗鱼肉，这种变色常在皮下部位出现，稍带异臭。这是因为鱼类鲜度下降后，微生物繁殖产生了硫化氢，在氯的存在下，与鱼肉中的肌红蛋白产生了绿色的硫肌红蛋白，从而使鱼肉绿变。同样，在鱼肉罐头中有时也会出现鱼肉变成淡绿色或灰绿色的情况，这是由于鱼体中含有的氧化三甲胺与肌红蛋白、半胱氨酸在隔绝氧气加热条件下生成绿色色素所致。

2. 类胡萝卜素的褪色引发的色变

鲷、鲑、鳟等体表有红色素的鱼类在冻藏、腌制及罐头制造过程中，常发生肉色褪色现象。同样，虾、龙虾等也能看到变黄和褪色现象，这都与类胡萝卜素（主要是虾青素）有关。由于类胡萝卜素具有多个共轭双键，易于发生异构化和氧化，因此引起最大吸收带的波长向短波侧移动和吸光值下降。类胡萝卜素为脂溶性色素，能透过组织中的油脂，渗透到其他不含此色素的组织中。鲱、鲭等多脂鱼，与鱼皮相接部分的肌肉在冷冻贮藏中也会产生黄变现象，这是由于存在于鱼皮中的黄色类胡萝卜素，在贮藏中逐渐向肌肉扩散，溶解于鱼肉中的脂质中。罐装牡蛎的黄变也是类似的原理，牡蛎水煮罐头在室温下长期贮藏，因牡蛎肝脏中含有类胡萝卜素，能转移到肌肉中，从而导致原来白色肉部分变为橙黄色。

添加抗氧化剂可以防止盐藏大麻哈鱼褪色，这说明氧化与褪色有关。将捕获后的新鲜鱼避光贮藏，迅速冻结，应采用阻隔紫外光的包装，使用适当浓度的抗坏血酸钠、脂溶性抗氧化剂等处理方法可防止这种褪色现象。

3. 酶促褐变

酶促褐变是指在分子态氧存在下多酚氧化酶氧化酚类物质生成醌，醌再自动氧化最终生成黑色素的现象。

水产品典型的酶促褐变为酪氨酸酶促氧化造成虾的黑变，在外观上的主要表现为从新鲜的正常青色逐渐失去光泽而变为红色甚至黑色，特别是头、胸、足、关节处容易变黑。虾的黑变使其商品价值降低。这种现象与苹果、马铃薯的切口在空气中容易发生褐变的现象本上是相同的。虾类黑变过程中血蓝蛋白起到重要作用，被启动的血蓝蛋白具有多酚氧化酶的活性，催化酪氨酸氧化成多巴、多巴醌，多巴色素在血蓝蛋白和黑变协同因子（melanosis collaborating factor，MCF）共同作用下转化5，6-二羟基吲哚，最后形成黑色素。虾类黑变的程度与酶的活力、局部的氧浓度、温度、游离酪氨酸的含量有关。在加工过程中为了防止冻虾黑变，采取去头、去内脏、洗去血液后冻结的方法。在冻藏过程中，有的虾类采用真空包装来进行贮藏，另外有的虾类用水溶性抗氧化剂溶液浸渍后冻结，再用此溶液包冰衣后贮藏，有较好的防黑变效果。

4. 非酶促褐变

水产品中除了酶促褐变可使鱼贝类发生褐变外，还存在着美拉德反应（Maillard reaction）和油烧（rusting）等非酶促褐变。美拉德反应也称为羰氨反应，通常由还原糖与氨基酸等含氨基化合物反应，以荧光物质为中间体，最终生成褐色的类黑精。美拉德反应是鳕等白色肉在冷冻贮藏过程中发生褐变的主要原因。鳕鱼在死亡后，核酸系物质的分解产物核糖与蛋白质分解产物反应导致褐变。此外，冷冻扇贝柱的黄色变化、鲣罐头的橙色肉等都是由美拉德反应引起的变色。

美拉德反应与反应时间、温度、pH、脂质氧化程度等因素有关，也与参与反应的糖类（包括单糖、寡糖和多糖）、氨基酸、蛋白质等有很大关系。贮藏温度越高，美拉德反应越快，一般冻鱼在-30℃以下冻藏能够防止美拉德反应的发生；pH为中性或酸性时可抑制美拉德反应，而pH偏碱性则有利于美拉德反应，冻鱼在pH 6.5以下贮藏可减少褐变的发生；脂质氧化程度较大时，由于产生的羰基化合物较多，非酶褐变速率较快。目前国际上冷冻鱼类的冻藏温度多在-29℃以下，这就延缓或防止了冻鱼的变色。另外向冷冻产品中添加一些无机盐（亚硫酸氢钠等）可以阻断和减弱美拉德反应。

油烧是脂质在贮藏、加工中被氧化而成羰基化合物，再与含氮化合物反应产生红褐色物质的变色现象。对于多脂鱼而言，油烧是引起褐变的主要原因。多脂鱼类富含高度不饱和脂肪酸，且主要分布在皮下靠近侧线的暗色肉中，即使在低温下也能保持液态，冻藏时冰晶的压力作用和干制过程因脱水而引起的脂肪游离，使高度不饱和脂肪酸转移到鱼体表层。这些鱼油仅仅因氧化并不变色，当与氨相互作用时，可生成大量的复杂化合物，使制品颜色变成橙红或褐色，并伴随产生特有的苦涩味和酸败气味，造成严重的色、香、味劣化。

5. 微生物引起的变色

许多微生物繁殖时会产生色素，导致鱼和贝类制品的色泽发生变化。常见的有腌藏鱼和鱼糜制品的突变，它们分别是由嗜盐菌和赛氏杆菌引起的。嗜渗性霉菌也会在盐渍鱼表面形成褐色斑点，而圆酵母则会使冷冻牡蛎产生红斑。低温低湿对防止产品发红有效，可在盐渍用盐中添加乙酸和苯甲酸，也可在加工中使用其他防腐剂，如山梨酸等。嗜盐细菌对淡水抵抗能力弱，使用充足的淡水洗涤极为有效，嗜盐细菌红变色素生成的适宜温度为45~48℃，在25℃要产生同样的红变，需要3倍时间。

6. 金属离子引起的变色

铁、铜离子会促进脂肪和类胡萝卜素的氧化、活化酚酶和催化美拉德反应的进行。除间接参加的反应外，金属离子自身也能发生各种反应引起变色。常见的有罐藏虾、蟹、墨鱼等罐壁因硫化腐蚀变黑，蟹罐头中的蟹肉常会在蟹的肩部、接近关节等处出现蓝到蓝灰色甚至黑色的“蓝斑”，一般认为这与血蓝蛋白所含的铜有关。同时，含硫的氨基酸受热后，能生成硫化氢，与锡、铁反应，分别生成硫化锡和硫化铁，使罐头内壁出现黑色的硫斑，是蟹罐头黑变的原因。鱼类罐头的黑变，主要是含硫氨基酸与铁产生硫化铁而引起的。贝类含有胱氨酸、半胱氨酸等含硫氨基酸，它们分解产生的含硫化合物与罐中存在的金属离子形成黑色的金属硫化物，从而导致贝类罐头变黑。一般使用鲜度低的原料时易发生此种黑变现象，这是由于低鲜度原料的pH呈碱性，促进了硫化氢的产生。

7. 其他的变色现象

新鲜的鱿鱼、乌贼等软体动物的体表上分布着均匀的色泽，随着贮藏期的延长和新鲜度的降低，此类产品的体表逐渐变成了白色。原因是新鲜时的色素细胞松弛，黑褐色斑点均匀分布在体表面。若贮藏过程中鲜度下降，色素细胞收缩，此时体表变成白色，随着鲜度继续降低，当pH达到6.5以上时，色素细胞中的眼色素溶出细胞并扩散，使肉中褐色斑点消失，造成体表颜色发白，所以根据颜色的变化可以判断软体动物的鲜度。

此外，水产原料干制品的表面往往会析出一些白色粉末，这些是具有一定营养性或生理活性的物质。干海带、干裙带菜等表面的白色粉末主要是甘露醇，也是一种重要的生理活性物质。

鉴于以上在贮藏过程中，水产品品质发生质变的各种原因，在日常生产中，我们应该把控各种因素来控制水产品的质变，利用其原理，把握其有利的质变方向，避免其不利的质变。

第五节　水产品品质动力学

在贮运过程中，在外源微生物和内源酶的共同作用，水产品的品质会迅速下降，从而影响其食用价值和加工适性。通过检测水产品的理化和微生物指标，可以了解水产品的鲜度。但传统基于理化指标和微生物指标的检测，既耗时又耗力，不能及时地对贮运过程中的指标变化情况进行监控，在实际生产中的应用效果不佳，因此，水产品品质预测技术应运而生。

通过品质变化动力学研究，拟合数学模型，可以对水产品在冻藏过程中的品质变化规律进行定量分析，能更好地控制水产品的品质。不同类型水产品品质预测技术是一门综合食品科学、微生物学、化学、计算机科学和数学等多个学科的技术，主要借助数学模型对水产品的品质进行预测，可准确并提前了解水产品的品质情况，以较少的成本实现对水产品质量和安全的快速评估和预测，为水产品的加工和销售提供理论指导。目前已有很多水产品品质预测模型，且不同的模型适用条件和对象不同。因此要进行水产品品质的预测，首先要明确影响水产品品质的因素，并据此选择合适的模型。

一、品质动力学预测模型

品质动力学预测模型是描述食品品质和贮藏时间、温度的函数。首先，品质衰变动力学原理描述了食品品质和贮藏时间的关系，而品质衰变动力学与贮藏温度的关系可用阿仑尼乌斯模型、Q10 模型和 Z 值模型等描述，其中阿仑尼乌斯模型的应用最广。因此，品质动力学预测模型的建立基于品质衰变动力学原理和阿仑尼乌斯模型。

1. 品质衰变动力学原理

水产品在贮运过程中品质指标的变化遵循品质衰变动力学原理，如式（2-1）所示。

$$-dC/dt = k \times C^n \tag{2-1}$$

式中　C——品质指标；

t——时间；

dC/dt——品质变化速率；

k——品质变化速率常数；

n——反应级数。

对于不同衰变特征的品质指标，需要由相应级数（n）的品质衰变函数来描述其变化规律。对式（2-1）积分，可得到不同反应级数的品质函数表达式。

品质指标反应级数的确定要利用已有的指标测定值进行线性回归分析，分别对品质指标的不同形式（C、$\ln C$ 和 $1/C$）与时间的关系进行线性回归分析，根据相关系数来比较不同级数品质函数所对应的拟合精度，最终选择最合适的反应级数。利用拟合方程，可以计算出水产品在特定贮藏条件下，品质指标 C 达到任一特定值所需要的时间以及任一时间 t 对应的品质值。

2. 阿仑尼乌斯方程

品质函数中的变化速率常数 k 受多种因素（温度、pH、湿度、光照和压力等）的影响，其中温度对其影响最大。通常，品质变化速率常数与温度的关系符合阿仑尼乌斯（Arrhenius）方程，见式（2-2）。

$$k = k_0 \times \exp[-E_a/(R \times T)] \tag{2-2}$$

式中　k_0——指前因子；

E_a——表观活化能；

R——摩尔气体常数，取值为 8.314J/（mol·K）；

T——热力学温度。

在确定反应级数后，将品质函数与阿仑尼乌斯方程联立，品质指标 C 转换为与温度和时间有关的函数，即 $C \sim f(T, t)$，再利用非线性回归分析可求得函数中的未知参数——活化能 E_a 和指前因子 k。

3. 品质动力学预测模型的应用

品质动力学预测模型已被广泛应用于水产品品质预测的研究中。

二、微生物生长预测模型

水产品在贮藏过程中只有少数微生物参与腐败过程，并产生具有臭味或异味的代谢产物，这些腐败微生物就是该水产品的特定腐败菌（specific spoilage organisms，SSOs）。SSOs 是造成水产品腐败的主要原因，因此依据 SSOs 的生长状况可以判断水产品的品质和剩余保质期。微生物生长预测模型是利用数学模型模拟微生物的生长状况，通常它可分为一级模型、二级模型和三级模型。

1. 一级模型及应用

一级模型描述的是在某一特定环境下，微生物数量与时间的关系，常被用于建立微生物在不同温度条件下的生长预测模型。一级模型包括线性模型、Logistic 模型、Gompertz 模型、Baranyi 模型等，其中，Gompertz 方程及其修正形式在文献中的应用最广泛。

2. 二级模型及应用

二级模型是描述环境因子（温度、pH、水分活度等）对一级模型中参数的影响，其中，温度是研究最多的环境因子。常见的二级模型包括平方根模型、阿仑尼乌斯模型、主要参数模型和响应面模型等。

3. 三级模型及应用

三级模型是将一个或多个一级模型和二级模型整合起来的软件化模型。三级模型将原始数据模型和计算机软件结合起来，使用者只需输入微生物生长的相关数据（如温度、时间、pH 等），即可搜索到与之相符的数据档案，微生物预测模型软件的应用大大增加了模型的实际应用功能。三级模型的功能主要有预测微生物在变动的环境条件下的生长变化情况；比较不同环境条件下微生物的生长情况；比较不同微生物在相同环境条件下的生长情况等。

三、其他新模型

1. 基于整体稳定性指数的数学模型

由于一些食品体系的复杂性或指标的多样性，往往会遇到多个指标，反而更难以清晰地反映食品在贮藏过程中品质变化的问题。此时，可先借助统计学的方法，将繁杂的多指标问题转化成一个或少数几个独立变量的问题。整体稳定性指数法（global stability index，GSI）是指同步考虑食品在贮藏过程中多个指标的变化，然后根据不同指标的重要性为其分配不同的权重系数，最后把这些品质变化整合成一个单一的指标来反映产品的整体品质特性。

2. 威布尔（Weibull）模型

Gacula 等首次将失效的概念引入食品，认为食品品质会随时间的延长而下降，最终降低到人们拒绝食用的程度，即为食品失效，食品失效时间的分布从理论上符合 Weibull 模型。

3. 人工智能数学模型

人工智能数学模型主要包括神经网络模型和贝叶斯模型等数学模型。

对于一种水产品可以尝试用不同的品质预测模型对其品质进行模拟和预测，最终确定最佳的预测模型。借助建立的水产品品质预测模型，可以迅速而有效地预测和监控贮运过程中水产品的品质情况，并据此设计和评估水产品贮运过程的一系列技术参数。在今后的研究中，应尝试将更多的人工智能数学模型应用于水产品的品质预测中，同时将更多的水产品品质预测模型纳入计算机软件，并逐渐完善现有的微生物预测模型软件，以增加模型的实际应用功能，为水产品的贮运提供更多便利和参考价值。

四、水产品的干燥动力学的研究状况

国内外同行对水产品的干燥动力学的研究，对于发展新型干燥设备和新型干燥加工工艺技术是很必要的。干燥动力学主要针对物料在干燥过程中的平均含水率随时间的变化，从宏观和微观上间接反映温度等各种支配因素对物料的质量变化、热量传递速率的影响。

水产品含有大量的水分，含水率是影响水产品保藏的一个重要因素。水分含量过高，容易导致水产品腐败变质；水分含量过低，会影响水产品的感官品质。所以，在干燥过程中对含水率的控制至关重要。在干燥动力学中描述含水率变化快慢的一个重要参数就是干燥速率。影响干燥速率的主要因素有：湿物料的性质及形状、初始和终了湿含量、本身的温度，干燥介质的流动速度、温度和湿度，以及干燥器的结构和干燥介质与湿物料的接触情况等。在干燥动力学中，研究较多的是干燥介质的流动速度、温度和湿度，对干燥工艺进行合理的优化以及对一些干燥条件变化的准确预测。

在实验室设备上，通过使用较少的物料和改变干燥过程中的不同参数，人们对水产品热风干燥、冷冻干燥、热泵干燥、微波干燥等干燥技术进行了一系列有关干燥动力学的研究，为工业化干燥器的生产设计提供了可靠的理论依据。根据水产品干燥动力学特性建立了大量的动力学模型，如 Newton、Page、Midilli、Modified Page、Two-term、Wang and Singh 等模型，能够对干燥的过程进行预测；依据干燥动力学中水分和食品原料的关系，绘制出了吸附和解析等温线。这对于水产品干燥过程的操作、产品质量的提高具有重要的指导意义。

1. 水产品热风干燥动力学的研究状况

热风干燥的原理是利用流经原料表面时的热空气使原料中的水分快速蒸发，带走原料表面的湿空气，实现原料干燥的过程。该方法操作简单、设备投资少、生产率高，并且能基本上保持制品原有的色香味等品质和良好的形态，是 20 世纪以来应用广泛的人工干燥方法。近年来，国内外对于一些水产品热风干燥动力学模型进行了研究。但是，热风干燥时间长，会使能源消耗较高，还会降低产品的品质。近几年来，人们通过对热风干燥过程的温度、风速以及干燥的阶段等综合因素分析，建立了合适的热风干燥动力学模型。有研究者对丁香鱼薄层干燥特性进行了研究，确定了丁香鱼热风干燥的最适模型为 Midilli 模型。经过拟合分析表明，该模型可以对丁香鱼干燥温度 40～70℃，风速 0.2～1.4m/s 范围内的水分变化进行较精确的预测。单个的热风干燥已经不能满足一些干制品加工的需要了。现在有一些对热风和其他方法联合使用的研究，如热风与微波、真空或微波真空等的联合，使热风干燥过程得到进一步的发展。

2. 水产品低温干燥动力学的研究状况

随着科技的不断发展，人们的需求不断提高，单纯地依靠热风干燥获得水产品，已经远远不能满足人们的要求了。高温容易造成产品的质量降低，不能保证其原有的风味。要想保持腌干制品本身的色、香、味及其营养成分，以及干燥后良好的品质，就要控制好干燥温度。国内外对水产品低温干燥动力学的研究，主要针对冷冻干燥、热泵干燥、微波干燥等干燥过程。利用真空冷冻干燥能够保持原有新鲜食品的形态，使营养成分基本保持不变，还能保持其原有的色泽、风味，冻干后形成的多孔性更有利于干制品的复水。为了提高升华速度，需要改变干燥动力学过程中的一些参数，缩短产品冻干时间，适当提高升华的温度以及传热系数。可通过绘制冷冻干燥动力学中冷冻干燥曲线，选择合适的冷冻干燥工艺。但是，真空冷冻干燥一次性投入大，干燥时间长，能耗大，增加了生产的成本，且不能够大批量处理物料。目前，针对海参、银鱼、虾仁、鱼片、甲鱼等水产品冻干已经有了实验性开发，并且取得了一些令人较为满意的结果。但是，由于设备成本高，操作复杂，实际应用并不广泛。

3. 其他干燥动力学研究

热泵干燥适合干燥热敏性原料，应用范围也比较广泛，适合应用于温度在-20~100℃，相对湿度在15%~80%的物料。不同的温度和不同的处理方法可以用Oswin模型很好地描述，建立的数学回归模型能较好地预测不同处理方法对热泵干燥北极虾吸附等温线的影响。然而，Oswin模型的常数 a 和 n 并非对所有干燥温度都稳定。现在一些热泵还与其他一些能源混合使用进行干燥，如太阳能、微波、红外线以及一些传统能源。

微波干燥是一种利用微波加热替代对流传导进而快速去除水分的方法。微波干燥有个最大的问题就是容易引起产品的物理损伤，如焦化、碳化、过热、过度膨化等，很难对微波加热的不均匀性和微波场进行控制。微波干燥动力学对产品品质的影响还有待进一步探讨。除此之外，作为一种节能环保的干燥方式，太阳能干燥正在受到人们的关注。太阳能干燥有很多方式，如温室型、间接式、隧道式、混合式等。

4. 干燥动力学的应用

水产品干燥动力学需要综合多个学科的知识，目前我国干燥动力学在农产品中的应用比较广泛。但是，干燥动力学在水产品中的应用还需不断地研究。

（1）实现干制水产品生产自动化　对水产品干燥动力学的研究有利于对干燥工艺进行优化，实现干制水产品生产加工的现代化、工业化和自动化，使干燥加工达到低成本、高效率、高质量的要求。影像技术可以对产品的一些品质进行监控，节省大量的人力物力进行产品品质的检测，也可使生产过程简单化。但是，影像技术在不同产品中的应用还有差异，针对水产品干燥加工过程中一些品质的监控还需专门的影像技术。这项技术在水产品干燥过程中的应用，将有助于实现干制水产品生产的自动化。

（2）促进干制水产品新技术开发　应结合不同产品间干燥动力学的异同，进行新的干制品的开发。一些干制水产品还能与农产品结合形成独特的风味，如郑艳萍等提出可将水产品与农产品结合进行膨化生产使膨化产品原料不再单一。静电技术作为一门新兴的学科，在农产品干燥脱水领域中已被研究，能够实现低能耗、低投入、不升温等目标。目前，在水产品的生产加工中还极少见相关的报道。该项新技术在水产品加工过程中的应用，可能给水产品干燥技术的开发带来新的方向。

（3）加速多级联合干燥的应用　多级联合干燥可以利用各种干燥方法的优点提高干燥的效果，使各种干燥技术在应用的过程中互补，其潜能越来越大，如 Bellagha 等利用渗透脱水-空气干燥动力学组合对沙丁鱼进行干燥，在渗透脱水期间除去部分水分，阻止了沙丁鱼在腌制期间的腐败。通过对水产品干燥技术的不断改进，加大干燥新技术如冷冻干燥、微波干燥、太阳能干燥等在水产品中的应用研究，加大对联合干燥工艺参数、干燥转换点和机制的研究以及合理的数学模型的建立，可提高干制产品的品质。为了更好地保持干制品原有的色泽和良好的品质，低温条件下的联合干燥更加符合目前水产品干燥的趋势，如微波真空冷冻干燥、热泵低温干燥等。通过多级联合干燥加速应用，可使水产品干燥朝着高科技、高效率、高收益和可持续的方向良好发展。

（4）改进传统腌干鱼类产品的加工技术　有关腌干鱼类产品干燥动力学相关研究还很少见。为了使腌干鱼类产品能够满足现代消费者对食品营养丰富、安全卫生、食用方便以及近年来比较关注的保健功效等方面的要求，还需对干燥过程进行不断研究，为腌干鱼类产品干燥工艺的优化和干燥技术的改进提供理论依据。现在腌干鱼类的干燥加工过程主要采用热风干燥，其生产规模不是很大，大部分还是要靠劳动力来完成，机械化程度还相对较低。干燥作为鱼类腌干加工过程中的重要环节，对于腌干鱼类产品的品质以及加工后对腌干鱼类产品的贮藏起着关键作用，所以通过对腌干鱼类产品加工过程中的干燥动力学研究，建立合适的干燥模型，可实现腌干鱼类产品加工的机械化。为了保持腌干鱼类产品特有的风味和质量，急需开发在低温条件下对腌干鱼类产品的干燥技术，改进传统腌干鱼类产品加工技术，扩大其生产规模并最终实现对生产过程安全的自动化监控。

第六节　贮运条件对水产品品质特性的影响案例

水产品按生产分为淡水产品和海鲜产品。市场上销售的非加工的水产品主要有新鲜类、冷冻类等。水产品物流的具体细分，有低温、冻结、仓储、加工、分类、包装、装卸等一系列工作，每一个阶段都存在关键控制点。如在低温下，将水产品贮存在0℃以下至冰冻点之间的温度。

水产品是一种主要的食品，真鲷是一种为消费者所熟知的水产品，为达到产品基本的要求如外观、色泽、气味、营养价值等，从水产品被打捞到运输到销售的过程，需要一系列适宜的温度才能保证真鲷品质。但其在物流、加工、销售与贮藏过程中，由于温度波动使得水产品品质发生不同程度的变化。

代雨菲设计模拟了温度变化对真鲷的贮运品质的影响，从pH、结构、TBA、TVB-N、菌落总数和新鲜度等品质指标进行分析，目的探讨温度变化对真鲷品质特性的影响。

一、案例一：模拟贮运温度变化对真鲷品质特性的影响

代雨菲模拟真鲷的储存和运输过程如下：储存温度为-65℃，运输温度为-20℃，中间冰箱销售温度为0℃，消费者购买时家中储存温度设定为4℃。

冰箱波动范围（±0.3℃）。对照组 L1 和 L2 分别为原产地直销、原产地分销和超市零售（图 2-1）。

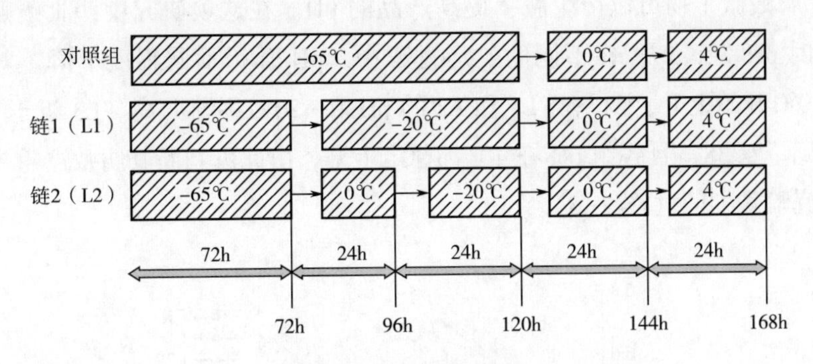

图 2-1　温度波动模拟

根据食品冷链物流技术和规范和超市销售新鲜产品的基本要求，黄文博确定存储冰箱的温度为 0℃，冷藏运输箱的内部温度是 4℃，和实验模拟销售终端是冰平台销售是 0℃，和模拟销售终端家用保鲜冰箱 4℃。根据模拟物流过程的温度，将美国红鱼放入相应温度的冰箱中保存。在储运过程中，前 6d 每 2d 测定一次相关指标，后 3d 每 1d 测定一次。温度物流过程如图 2-2 所示。

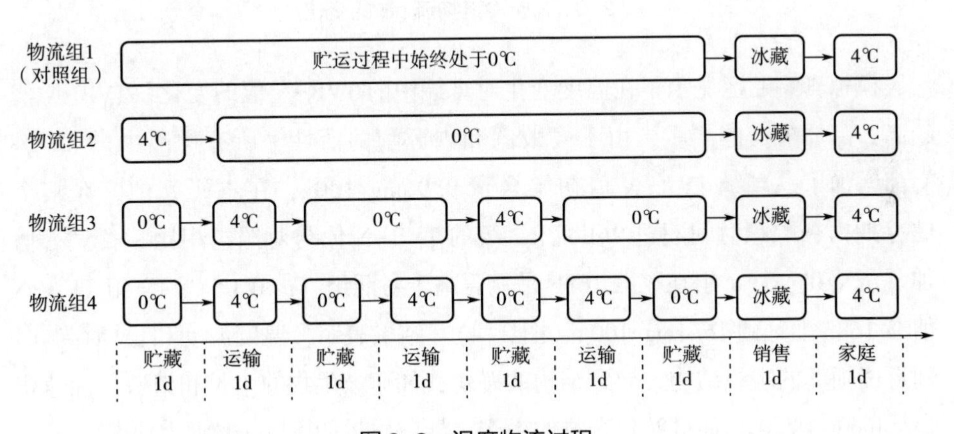

图 2-2　温度物流过程

通过模拟真鲷的储存和运输过程，模拟三条冷链物流来观察 ATP 的变化。ATP 被分解产生酸性物质导致 pH 下降在死后第一天降低了 pH，即使温度略低于 0℃。乳酸的产生量与活组织中储存的碳水化合物（糖原）的量有关，导致其 pH 上升。生理条件或死前活动或压力的程度，或两者都有，可能对死后自溶变化的速度和程度有显著影响，并因此对最后的死后 pH 有显著影响。糖酵解后，蛋白质变性或分解等自溶变化为腐败微生物的生长和繁殖提供了最佳条件，腐败微生物可以产生胺，提高产品的 pH。在这项研究中，真鲷贮藏于-65℃时 pH 为 6.27。在不同的贮运过程中，pH 开始不同程度下降。对照组 pH 在 0℃开始上升，两条链 L1 和 L2 的 pH 在-20℃逐渐升高。L3 组于 168h，pH 达到了 6.38，且各组 pH 在 4℃都稳定上升，由此可判断其腐败严重主要在 4℃家庭贮藏期间（图 2-3）。

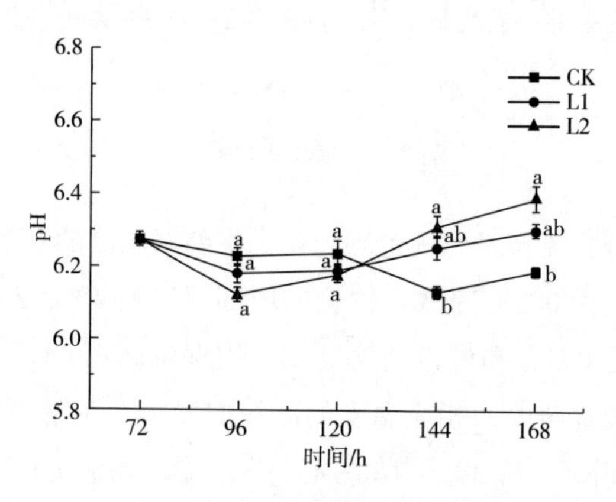

图 2-3　3 条冷链物流 pH 的变化

模拟真鲷贮运显示了在温度变化对真鲷中的 TVB-N 值的变化。TVB-N 值越高，品质劣变越严重，由于腐败菌和内源酶的活性，所有样品中的 TVB-N 都增加了。真鲷 TVB-N 值初始含量 9.96mg/100g，在本研究中，在整个储存期内，贮藏时间超过 96h 后 L2 组的 TVB-N 值与对照组相比一直显著增加（$p<0.05$）。L1 组在贮藏 168h 是显著高于对照组（$p<0.05$）。L2 组 TVB-N 值在 168h 上升到 16.1mg/100g（图 2-4）。结果表明，温度波动和长期存储时间可能损坏的组织结构，导致结构的恶化，加速微生物的生长和繁殖，加速蛋白质的降解氧化，促进胺化合物的生产，导致质量的下降和增加 TVB-N 值。

通过 3 种温度波动的贮运过程后，TBA 值呈上升趋势，在贮藏 144h 之后 L2 组与对照组相比显著性升高（$p<0.05$），对照组的 TBA 值升高较为缓慢且一直保持最低值（图 2-5），说明低温条件下、温度波动少脂质氧化速度慢，脂质氧化程度低。温度变化与贮藏时间的延长会导致肌细胞结构受损，肌肉纤维完整性降低，从而导致脂肪的氧化加快。

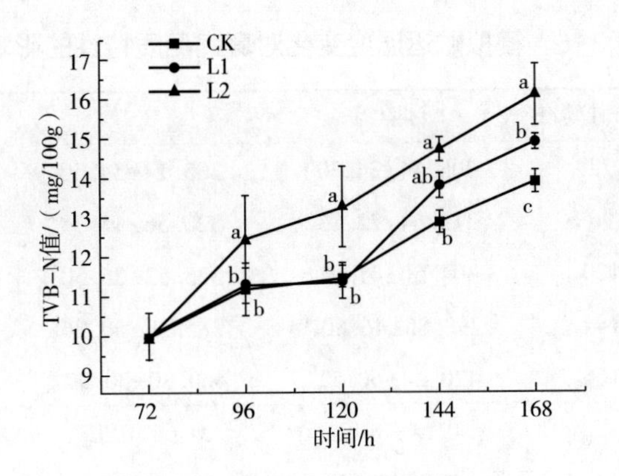

图 2-4　鱼肉的 TVB-N 值的变化

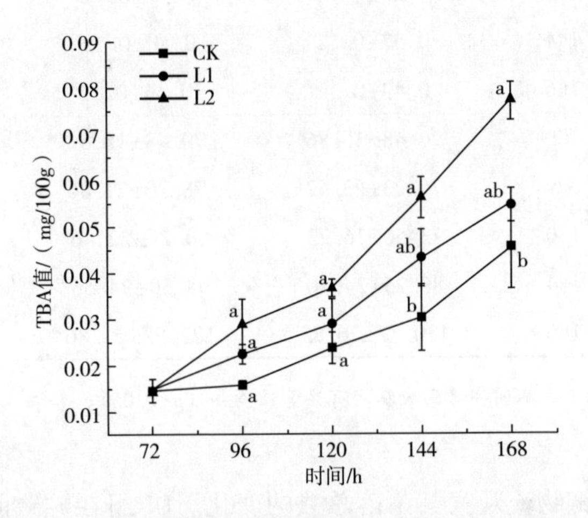

图 2-5　鱼肉 3 种温度波动的贮运过程后 TBA 值的变化

代雨菲模拟温度变化，观察在贮藏过程中硬度和咀嚼性均呈现不同程度的增加，弹性呈下降趋势。对照组的硬度和咀嚼性增长较 L1 和 L2 缓慢，其中 L2 在 120h 是硬度显著高于对照组和 L1 组，144h 显著高于 L1 组，168h 显著高于对照组（$p<0.05$）。同样地，L2 从 120h 开始，咀嚼性显著高于对照组（$p<0.05$）。从弹性来看，对照组在 120h 和 144h 时与 L2 相比，保持显著增加（$p<0.05$）（表 2-6）。结果表明，在温度变化和贮藏过程中，对照组的硬度、弹性和咀嚼性保持得最好。原因可能是因为自由水在冻结过程形成大冰晶以及冻融过程会对肌纤维造成损伤，肌纤维蛋白结构改变导致蛋白质的变性，从而导致质构特性变差。与汤元睿和肖蕾等研究的结论相符，结果表明金枪鱼在流通过程中硬度及咀嚼性增大，弹性变化不大。

表 2-6 模拟贮运温度变化对真鲷品质特性的影响

	贮藏时间/h	对照组	L1	L2
硬度值/g	72	305. 14±34. 30[a]	305. 14±34. 30[a]	305. 14±34. 30[a]
	96	315. 64±22. 83[a]	320. 56±15. 33[a]	330. 80±36. 40[a]
	120	304. 50±41. 97[b]	325. 52±36. 50[b]	390. 20±50. 60[a]
	144	398. 85±46. 80[ab]	385. 30±50. 26[b]	450. 75±78. 53[a]
	166	420. 24±60. 52[b]	460. 80±30. 97[ab]	510. 65±68. 32[a]
弹性/mm	72	0. 64±0. 12[a]	0. 64±0. 12[a]	0. 64±0. 12[a]
	96	0. 59±0. 12[a]	0. 63±0. 12[a]	0. 56±0. 12[a]
	120	0. 65±0. 12[a]	0. 57±0. 12[ab]	0. 52±0. 12[b]
	144	0. 57±0. 12[a]	0. 50±0. 12[ab]	0. 48±0. 12[b]
	166	0. 49±0. 12[a]	0. 46±0. 12[a]	0. 40±0. 12[a]
咀嚼性/mJ	72	70. 48±15. 86[a]	70. 48±15. 86[a]	70. 48±15. 86[a]
	96	75. 23±23. 52[a]	78. 30±21. 86[a]	85. 39±20. 66[a]
	120	73. 56±16. 23[b]	80. 21±22. 46[ab]	88. 60±27. 20[a]
	144	88. 25±24. 20[b]	98. 30±24. 56[ab]	105. 60±22. 36[a]
	166	110. 52±26. 85[b]	122. 52±21. 86[ab]	135. 20±28. 40[a]

注：同一行中标记有不同字母的数据间有显著性差异（$p<0.05$）。

通过三组冷链物流观察其菌落总数的变化。L1 组在贮藏前期与对照组菌落总数相近且显著低于 L2 组（$p<0.05$），在 120h 后迅速上升经历温度波动后，其菌落总数显著升高，在贮藏后期增长剧烈，说明随着贮藏时间和温度变化加速了微生物生长繁殖，在 168h 后 L2 组达 3. 11 lg CFU/g 显著高于对照组（$p<0.05$）（图 2-6）。

二、 案例二：冷链物流运输过程中鲟鱼的品质变化及其品质控制

年琳玉模拟了三条物流，显示了不同温度对美国红鱼的新鲜鱼肉的初始 TVB-N 值为 7. 385mg/100g。从温度变化的第 1 组到第 4 组，第三、四组明显高于一、二组，第一组的美国红鱼 TVB-N 值较低；第 0d 时 TVB-N 值为

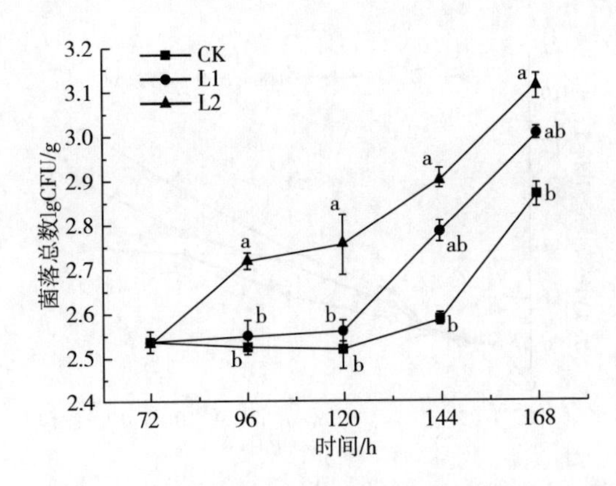

图 2-6 三组冷链物流观察其菌落总数的变化

7.49mg/100g，小于一级鲜度 15mg/100g，TVB-N 值此后开始随着储存时间增加。许多研究者已经报道了随贮藏时间的增加与内源酶和腐败菌的活性有关。三种物流 TVB-N 值均呈上升趋势，在贮藏前 3d 没有明显差距，分别为 9.74、9.86、9.74mg/100g。温度波动越频繁，TVB-N 值的增长速度越快，在 25℃环境中断链运输 1d 后物流 3TVB-N 值为 10.86mg/100g 高于物流 1 值 10.24mg/100g，在销售阶段断链运输 2 次的物流 2、断链运输 1 次物流 3 和完整冷链物流运输的物流 1 三者之间的鱼肉 TVB-N 值差异逐渐增加，模拟冷链物流 13d 后，三种物流 TVB-N 值分别为 13.06mg/100g、17.90mg/100g、15.73mg/100g 均未超过可食用的上限 30mg/100g，物流 1 仍低于一级鲜度，表明断链运输明显影响销售阶段鱼肉新鲜度，可能由于低温抑制细菌增长和降低细菌氧化非蛋白含氮物质能力（图 2-7）。由于频繁的温度波动加快了蛋白质水中氨的释放，加快了鱼类腐烂的速度。TVB-N 值的变化与腐败菌和内源酶活性有关，引起了氨、二乙胺、二甲胺和三甲胺的产生，加剧了鱼腥味。

运用鲟鱼，在冷链物流模拟过程中观察 TBARS 值的变化情况，以及 TBARS 值随冷链运输时间的变化情况 3 种鲟鱼的 TBARS 值总体呈上升趋势，差异显著，初始 TBARS 值为鲟鱼冷链模拟 13d 物流 1、2 和 3 的数值分别为 0.88、0.93 和 0.93mg/kg。物流 2 经过前 25℃的运输（2D）后，TBARS 值迅速增加，2D 物流中鲟鱼肉中心温度进行对比达到 2.6℃时显著高于物流 1 和物流 3 在 0.2℃时的中心温度，且温度与脂肪氧化呈正相关（图 2-8）。制冷温度越高，TBARS 值上升越快。其他研究人员建立了研究冷链循环质量变化的方法利用状态模型预测草鱼在不同温度下贮藏期间的新鲜度变化。结果表明，

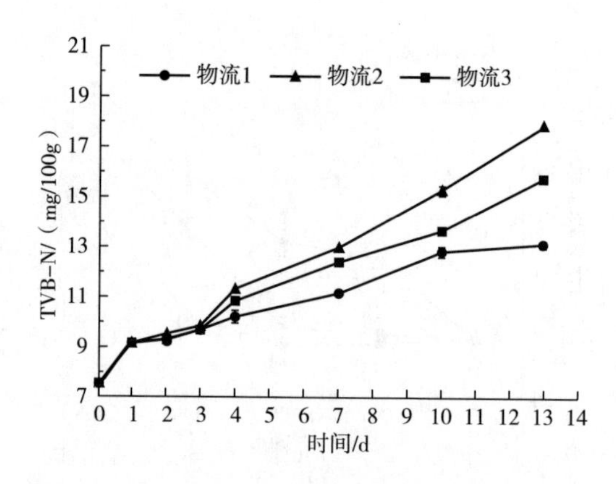

图 2-7　鱼肉三条物流的 TVB-N 的变化

贮藏温度越低，TBARS 值越低增长得越慢。物流 2 和物流 3 在冰配送前的 TBARS 值显著高于物流 1，表明物流链断裂运输对鲟鱼品质有显著影响。在销售阶段，脂肪氧化导致 L 值迅速下降，可能是肌肉内部脂肪氧化导致颜色变化，脂肪氧化的褐变和色素降解使鱼的颜色降低。作为一个结果，TBARS 值可以作为判断鲟鱼在冷链物流过程中质量变化的指标。

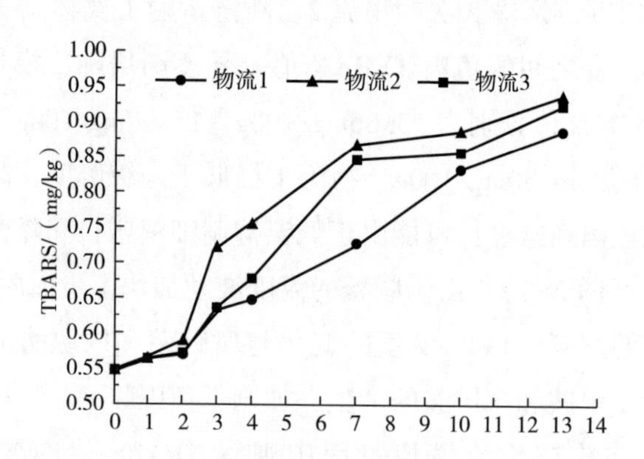

图 2-8　鱼肉冷链物流模拟过程后 TBARS 值的变化

3 种物流的菌落总数呈现由慢到快的增长趋势，鲟鱼肉初始菌落总数为 2.47lg（CFU/g），低于 lg（CFU/g）被认为鱼肉具有很高的新鲜度，根据国际食品微生物委员会（ICMSF）规定，生鲜鱼类贮藏期间菌落总数达到 6lg（CFU/g）为可食用鱼肉的最大值。模拟冷链物流过程三种鲟鱼菌落总数前 2d 没有明显差异（$p>0.05$），在第二次运输 1d（第 4d）后三者差异显著（$p<0.05$），根据模拟冷链物流过程中鱼肉中心温度的实时监测结果可知，第 4d 物流 2、3

温度明显升高，温度升高促进微生物生长，尤其经过两次断链运输的物流2菌落总数始终高于物流1、3，且物流2、3菌落总数生长速率分别在销售3d（7d）和销售6d（第10d）增长趋势变慢。与其他两种物流相比，物流1在前4d菌落总数生长速率较为缓慢，在销售阶段呈现对数增长，一方面是恒定的低温环境抑制的微生物生长，另一方面是由于适应环境一段时间后到了对数期阶段。经过9d铺冰销售物流1、2、3鲟鱼菌落总数分别为6.09lg（CFU/g）、7.33lg（CFU/g）、6.86lg（CFU/g），分别在7d、10d、13d超出了可食用范围，可能是温度波动及波动频率会促进微生物的生长繁殖，加快鱼肉腐败变质，对鱼肉品质产生不良影响，结果与黄文博对美国红鱼和张宁对三文鱼相关研究结果一致（图2-9）。

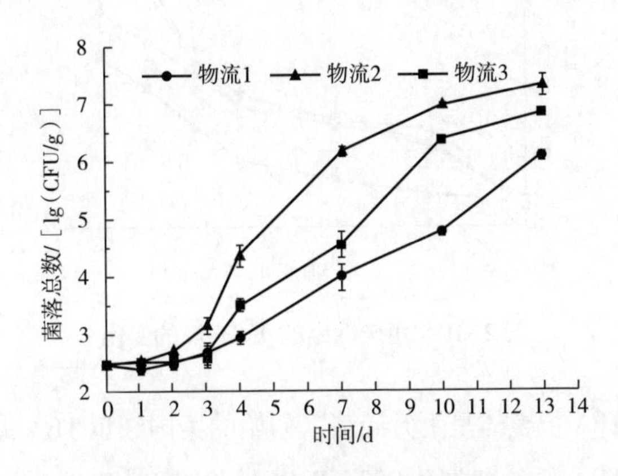

图2-9 三种物流的菌落总数的趋势

三、案例三：冷链物流中温度波动对美国红鱼品质变化的影响

黄文博通过对4组美国红鱼物流过程，观察TVB-N值变化随着温度波动，TVB-N总体呈显著上升趋势（$p<0.05$），美国红鱼新鲜鱼肉TVN-B初始含量的TVB-N含量为7.39mg/100g，第8~9天，第1组与其他3组相比较而言TVB-N含量水平较低，第3、4组在冷链末期的TVB-N含量分别为23.99mg/100g和24.19mg/100g（图2-10），明显高于第1、2组，与李念文等对大眼金枪鱼在物流过程中的温度波动和质量变化的研究结果一致，TVB-N含量的持

续上升与温度波动密切相关。常大伟等认为造成这一结果的原因是温度波动破坏了肌纤维结构，导致溶酶体数量增加，加速了鱼蛋白的分解和衰变速率。TVB-N 含量的增加表明碱性物质的大量产生，上升趋势与细菌菌落总数的变化相一致，证明与微生物的繁殖有一定的关系。研究结果还表明，冷链物流过程中的温度波动对红鱼中 TVB-N 含量有显著影响。这可能是由于温度的波动破坏了肌纤维结构，质地变差，肉中细菌和溶酶体的含量都增加了，加速了鱼蛋白的分解，促进了胺类化合物的产生，导致腐烂变质。

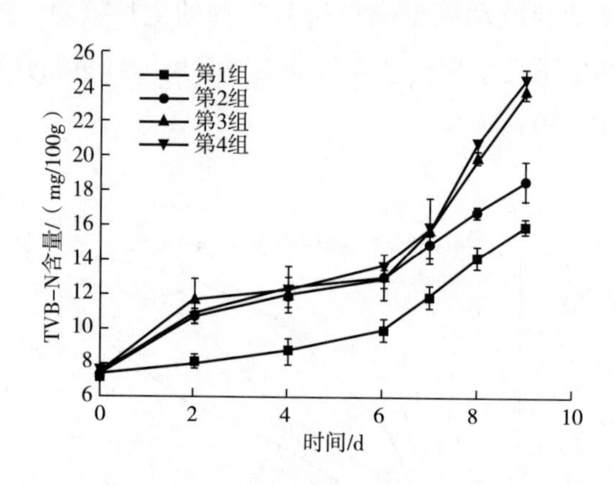

图 2-10　鱼肉四组的 TVB-N 的变化

美国红鱼的 TBA 值整体呈上升趋势，初始的美国红鱼 TBA 值为 0.012mg/kg，在第 9 天，4 组 TBA 值分别为 0.052、0.064、0.070、0.064mg/kg，从图 2-11 可以看出，在相同的阶段 4 组美国红鱼的 TBA 值上升趋势一致且增长速率相近，4 组间差异不显著（$p>0.05$）且没有规律性，这与李婷婷的研究结果相类似，表明温度波动对美国红鱼中脂肪氧化没有显著性影响，这可能与美国红鱼是一种低脂类鱼有关，据其推测的另一种可能是因为脂肪氧化产生的醛酮类小分子物质，醛类物质、磷脂氨基酸、蛋白质及核酸等与丙二醛（malondialdehyde，MDA）发生反应，使 MDA 无法累计，部分 MDA 无法测得。美国红鱼仅有 0.57%的粗脂含量，因此 TBA 值不适合用作判定温度波动对美国红鱼品质变化的指标。

菌落总数均随着时间的延长而增加。菌落总数作为评价水产品安全性的常用指标，根据地方标准相关规定，用于生食的水产品菌落总数不能高于 4［lg（CFU/g）］，黄文博在本实验中新鲜鱼肉的菌落总数测得约为 3.46

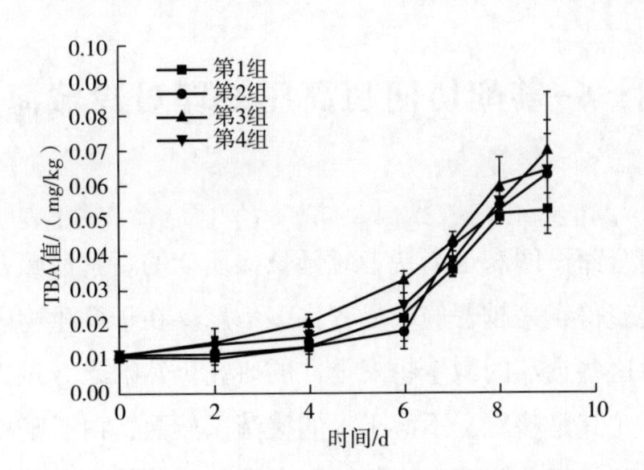

图 2-11　鱼肉 4 组美国红鱼物流过程 TBA 值的变化

[lg（CFU/g）]，第 1 组始终与第 2、3、4 组有显著性差异（$p<0.05$），在冷链末期，1~4 组的菌落总数分别达到 5.80、6.17、6.44、6.51 [lg（CFU/g）]，均超出了可生食范围（图 2-12）。与其他 3 组相比，第 1 组的菌落总数在 7d 之前生长速率较为缓慢，在第 6d 还未超出可生食范围，但在 8d 后快速增长，一方面是恒定的低温环境对微生物生长有抑制作用，另一方面则是由于在经过一段时间的调整期后到了对数期阶段。2、3、4 组在贮运过程中的温度波动过有助于微生物生长繁殖，微生物基数增加导致冷链末期的生长速率加快，表明温度波动对美国红鱼中微生物的繁殖有密切关联，对保持鱼肉的品质有不良，运用不同的冷链物流手段，模拟温度变化，通过对鱼肉 pH、挥发性盐基氮、硫代巴比妥酸值、质构和菌落总数的指标的监控，可以看出不同的储运手段和温度对水产品的影响是较大的。

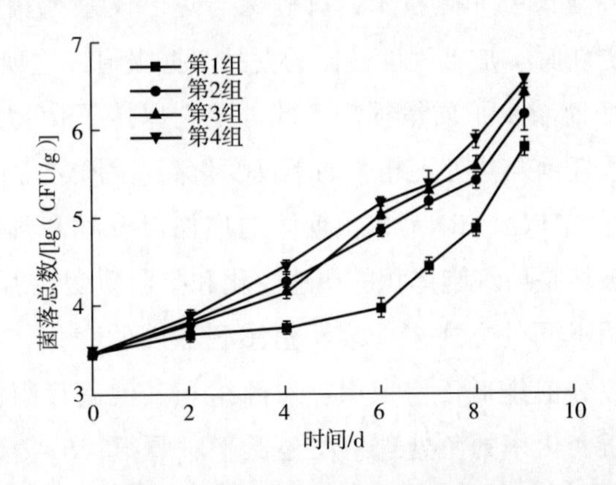

图 2-12　冷链物流中温度波动对美国红鱼品质变化的影响

四、 案例四：6-姜酚协同超高压处理对冷藏海鲈鱼品质的影响

随着食品制造商试图满足消费者对延长保质期的新鲜冷藏食品的需求，超高压食品在北美变得越来越普遍。尽管许多信息存在于微生物限度检查技术的一般领域，但对这些食品的微生物安全性的研究仍然缺乏。过去，主要关注的是厌氧病原体，尤其是嗜冷、不溶于水的梭菌。然而，由于嗜冷病原体如单核细胞增生李斯特菌、气单胞菌和小肠结肠炎耶尔森菌的出现，提出了新的安全性问题。这主要是因为许多耐甲氧西林金黄色葡萄球菌产品的保质期延长，可能会使这些病原体在食品中达到危险的高水平。多聚腺苷酸对食源性致病菌生长和存活的影响。被考虑的是主要的嗜冷病原体，中间菌如沙门氏菌和葡萄球菌，以及微需氧空肠弯曲菌。还讨论了在各种食品如牛肉、鸡肉、鱼和三明治中使用磷酸腺苷。举例说明了目前在各个方面的采用6-姜酚协同超高压处理的肉类。

日本鲈鱼是一种食肉动物，可以在海水和淡水中养殖，在中国、日本、韩国广泛饲养。海鲈鱼肉白，味道温和，脂肪含量低，在世界各地都很受欢迎。然而，生鱼是极易腐烂的产品，海鲈鱼在冷藏条件下的保质期只有8d。生鱼的腐败是由内源酶和微生物活动引起的，导致脂质氧化、蛋白质降解或分解。海鲈鱼的保质期短是新鲜产品分销和营销的障碍。因此，延长宰后储存和保持质量将有利于水产行业和消费者。

超高压是一种新兴的非热技术，可确保与热巴氏杀菌相同的食品安全水平，并生产味道更新鲜、加工程度最低的食品。据报道，这项技术延长了保质期，同时最大限度地减少了质量损失。此外，它保持了食物的营养价值和质量，因此不会导致任何与热处理相关的不良变化高压对微生物的破坏性影响主要归因于酶的失活、DNA、RNA 和核糖体的损伤以及膜和细胞壁的破坏。细胞膜和细胞壁的破坏是由细胞体积的快速变化和蛋白质变性引起的。

蔡路昀等使用不同的方式来处理鲈鱼感官品质的变化，与贮存时间的延长，其他的感官评分值组低于空白组，对照组和其他治疗组的鱼质量逐渐降低，其他感官质量变化率的鱼处理组明显低于对照组，6-姜酚协同超高压处理组的感官质量变化速率最慢的鱼，这表明6-姜酚浸渍和200MPa 治疗将会有

助于提高感官质量的鱼，6-姜酚浸+200MPa 处理感官评分值是最低的，这说明，这两个有一定的协同效应提高鱼的感官品质（图 2-13）。超高压能明显提高鱼的弹性，对鱼的色泽有一定的影响，使感官评价不具有代表性。

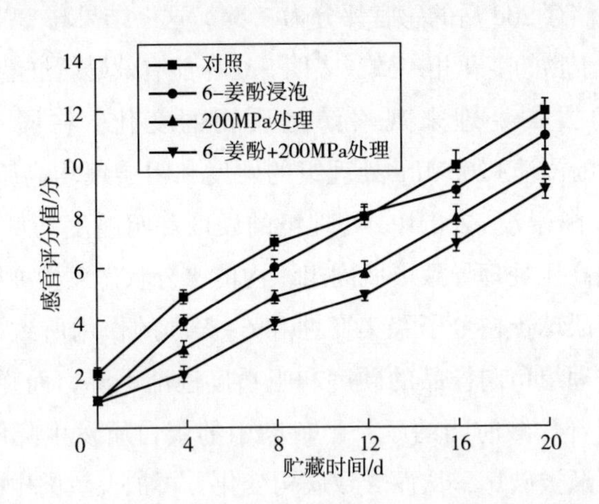

图 2-13　6-姜酚协同超高压处理对冷藏海鲈鱼品质的影响

使用不同的方式来观察鲈鱼颜色的变化，随着贮藏时间的延长，其他处理组的 L^* 值均高于对照组，其中 200MPa 处理组 L^* 明显高于 6-姜酚浸泡组，这可能是由于鱼体内部受到压力使蛋白质发生变性，形成一个均匀不透明的凝胶体，使鱼肉的亮度增加。而 6-姜酚浸泡协同 200MPa 处理组的 L^* 值高于 200MPa 处理，可能是两者对改善鱼肉亮度有协同效应。随着贮藏时间的延长，其他处理组的 a^* 值均低于对照组，200MPa 和 6-姜酚浸泡协同 200MPa 处理组明显低于对照组，这可能是因为超高压处理过程中肌红蛋白发生氧化形成高铁肌红蛋白，使得 a^* 值出现下降的趋势。随着贮藏时间的延长，200MPa 和 6-姜酚浸泡协同 200MPa 处理组的 b^* 值明显高于对照组，而 6-姜酚浸泡处理组在前 8d 的 b^* 值低于对照组，其后 b^* 高于对照组，这可能是前期因 6-姜酚减缓了脂肪氧化所致。

不同的方式来处理鲈鱼感官品质的变化，所制备的涂料在味道上没有产生不利的变化，并且用于涂料的水杨酸和葡萄糖的浓度是合适的。由小组成员确定的真鲷鱼片的观察保质期表明真鲷鱼片是可接受的，对照为 10d，SA 和 GR 为 15d，SAGR 为 20d。该结果与 Song 等的结果一致，他们发现根据感官评分，未处理的鲷鱼的保质期不到 12d，并且具有海藻酸钠涂层的真鲷鱼片鱼在储存期间仍然被认为是可接受的。尽管微生物数量没有超过 7log（CFU/g）的限值，但在储存结束时，SA 和 GR 样品中的真鲷鱼片被剔除。这些结果表明，不仅微生物负载量在真鲷鱼片的货架寿命中起作用，还应考虑其他因素，如微生物类型、自溶酶活性、真鲷鱼片的理化性质和储存条件。真鲷鱼片样品是可接受的，处于可销售的条件下，储存 20d 后的感官评分为 3.54。这一结果与 TVB-N 值、总胆汁酸值、钾值和微生物的变化相一致，表明 SAGR 能有效延缓红鲷的感官下降。

使用不同的方式处理来观察鲈鱼质构的变化，在同一贮藏时间内，200MPa 和 6-姜酚浸渍+200MPa 处理组的硬度和咀嚼度均高于 6-姜酚浸渍组和空白组；6-姜酚浸渍+200MPa 处理组的硬度和咀嚼度均低于 200MPa 处理组，这可能是超高压处理导致了肌肉组织内的水分状态发生变化，也有可能是由于超高压诱导肌球蛋白分子聚集变性和 6-姜酚的作用所致。随着贮藏时间的延长，不同处理组鱼肉样品的硬度和咀嚼度逐渐下降，而弹性波动性较大，其原因可能是随着贮藏时间的延长，鱼肉中的蛋白质发生降解，汁液流失增加，肌原纤维逐渐被破坏，从而导致质构变化，再加上鱼肉中的微生物大量生长繁殖使鱼肉发生腐败变质，从而导致硬度和咀嚼度降低，又因鱼肉组织中胶原分子结构发生变化，加上酶和微生物作用，使胶原纤维变得无序、间隙增大，结构变得比较疏松，从而导致肌肉质地软化、弹性下降等品质劣变。随着贮藏时间的延长，各组样品的硬度、弹性、咀嚼度均下降，而弹性变化不明显。其原因可能是随着时间的延长，鱼肉中的蛋白质发生降解，物理结构发生变化，汁液流失增加，肌纤维逐渐破坏，导致质构下降。鱼肉中微生物的大量生长繁殖使鱼肉发生腐败变质，硬度和咀嚼度降低；又因鱼肉组织中胶原分子结构发生变化，加上酶和微生物作用，使胶原纤维变得无序，间隙增大，结构变得比较疏松，导致肌肉质地软化，弹性下降等品质劣变。随着贮藏时间的延长，200MPa 处理组和 6-姜酚浸泡协同 200MPa 处理组的硬度和咀嚼度均高于对照组，而 6-姜酚浸泡组均低于对照组，鱼肉硬度、咀嚼度升高可能是因超高压诱导肌球蛋白分子聚集变性所致。

蔡路昀等使用不同的方式处理来观察鲈鱼质构的变化，在同一贮藏时间内，200MPa 和 6-姜酚浸渍+200MPa 处理组的硬度和咀嚼度均高于 6-姜酚浸渍组和空白组；6-姜酚浸渍+200MPa 处理组的硬度和咀嚼度均低于 200MPa 处理组，这可能是超高压处理导致了肌肉组织内的水分状态发生变化，也有可能是由于超高压诱导肌球蛋白分子聚集变性和 6-姜酚的作用所致。随着贮藏时间的延长，不同处理组鱼肉样品的硬度和咀嚼度逐渐下降，而弹性波动性较大，其原因可能是随着贮藏时间的延长，鱼肉中的蛋白质发生降解，汁液流失增加，肌原纤维逐渐被破坏，从而导致质构变化，再加上鱼肉中的微生物大量生长繁殖使鱼肉发生腐败变质，从而导致硬度和咀嚼度降低，又因鱼肉组织中胶原分子结构发生变化，加上酶和微生物作用，使胶原纤维变得无序、间隙增大，结构变得比较疏松，从而导致肌肉质地软化、弹性下降等品质劣变。随着贮藏时间的延长，各组样品的硬度、弹性、咀嚼度均下降，而弹性变化不明显。其原因可能是随着时间的延长，鱼肉中的蛋白质发生降解，物理结构发生变化，汁液流失增加，肌纤维逐渐破坏，导致质构下降。鱼肉中微生物的大量生长繁殖使鱼肉发生腐败变质，硬度和咀嚼度降低；又因鱼肉组织中胶原分子结构发生变化，加上酶和微生物作用，使胶原纤维变得无序，间隙增大，结构变得比较疏松，导致肌肉质地软化，弹性下降等品质劣变。随着贮藏时间的延长，200MPa 处理组和 6-姜酚浸泡协同 200MPa 处理组的硬度和咀嚼度均高于对照组，而 6-姜酚浸泡组均低于对照组，鱼肉硬度、咀嚼度升高可能是因超高压诱导肌球蛋白分子聚集变性所致（图 2-14）。

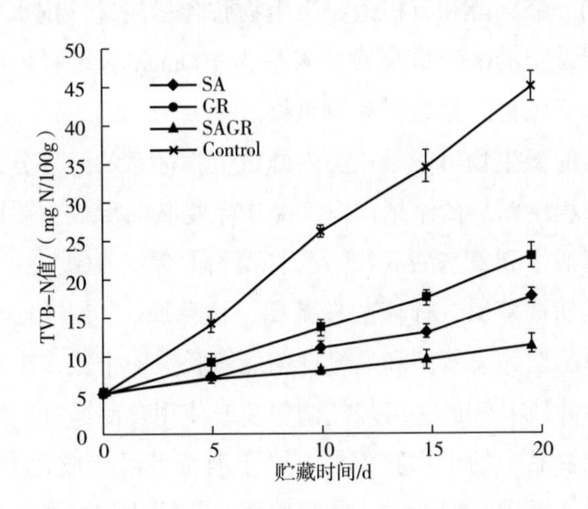

图 2-14　含有 6-姜酚的海藻酸盐涂膜对冷藏真鲷鱼片保质期和品质变化的影响

五、　案例五：精油处理对冷藏美国红鱼生物胺抑制与品质的影响

红鱼是一种商业鱼类，是我国目前最重要的海水养殖鱼类之一，它生长速

度快，抗病毒、抗菌能力强，易于管理，适合大规模耐海水网箱养殖。然而，新鲜的鱼极易腐烂，由于微生物或内源酶引起的蛋白质降解、脂质氧化或分解而变质，导致保质期短。精油是芳香物质的提取物，可以从叶、种子、花、芽、根和其他植物部分中获得。精油可用于食品（调味品和防腐剂）、香水（香水和须后水）和药品（由于其功能特性），作为化学和合成防腐剂的替代品，并满足消费者对天然产品的需求。最近经多项研究表明，精油处理对鱼、面包产品、香菇和水果具有显著的抗菌活性。此外，一些精油在坚果油中也具有抗氧化能力的潜在功能。如2-硫代巴比妥酸（TBA）和过氧化值（PV）水平所示，百里香精油在冷冻储存期间对鱼片具有抗氧化作用。香芹酚、薄荷酮、芳樟醇、对伞花烃和乙酸龙脑酯作为自由基清除剂，可防止肉类和肉制品中的氧化。以往的研究主要集中在食品中，精油在储存过程中发挥抗菌作用和抗氧化活性。然而，据我们所知，关于精油处理对红鱼片的生物胺抑制和品质保护的信息很少。

由于鱼类腐败，海鲜中的微生物生长会产生许多挥发性化合物，包括羟胺、生物胺、酮、醛、醇和有机酸。当生物胺含量超过一定水平时，被认为是有毒。欧洲联盟设定的法定最高残留限量为100mg/kg新鲜鱼肉，特别是鲭鱼科、鳀鱼科、伞房鱼科、鲭鱼科和鲱鱼科。

形成生物胺的微生物可能是鱼类内源微生物区系的一部分，或者是这些鱼类加工和储存过程中污染的结果。海产品中生物胺的形成主要取决于特定的细菌菌株、脱羧酶活性和氨基酸底物。肠杆菌科是鲭鱼中最常见的致病细菌群。许多属的物种，如杆菌属、柠檬酸杆菌属、梭菌属、克雷伯氏菌属、埃希菌、变形杆菌、假单胞菌、志贺菌和发光杆菌能够脱羧一个或多个氨基酸。通过冷藏、冷冻、流体静压、辐照、可控气调包装或使用食品添加剂来抑制微生物生长，从而控制了食品中的生物胺积累。由于消费者对合成化学添加剂的担忧，对天然防腐食品的需求有所增加。食用植物及其精油和分离的化合物包括多种具有抗微生物特性的次生代谢物。红花有可能在许多地区种植，特别是因为它的抗旱性和经济回报。苦瓜在热带气候下自然生长。这种植物的种植在一些国家正在增加。评估这些植物的抗菌和抗氧化特性可能是有益的。红花，红花（菊科）的花冠，是一种很有前途的食品和化妆品补充剂。红花黄酮和油提取物在不同稀释度下对不同菌株（大肠杆菌和金黄色葡萄球菌）表现出良好的抗菌活性。红花种子含有多种酚类化合物，如木质素和黄酮类化合物。据报道，红花籽提取物可有效预防炎症、高脂血症、动脉硬化、妇科疾病和骨质疏松症，一些研究人员认为，红花籽提取物可能是生物活性化合物的良好来源，这些化合物具有功能性和天然抗氧化特性。红花提取物含有单胺转运蛋白调节剂，可能通过调节单胺转运蛋白活性改善神经精神障碍。苦瓜是苦瓜科的一员，是一种含有具有强抗氧化特性的酚类化合物的植物。苦瓜已知具有抗高血糖、抗胆固醇、免疫抑制、抗溃疡、抗血小板生成、抗炎、抗白血病、抗微生物活性。这种植物有一些成分负责这些影响，如蛋白质，类固醇和酚类化合物。苦瓜的药用价值是由于其含有酚类、黄酮类、异黄酮类、萜类、蒽醌类和芥子油苷，具有很高的抗氧化性能。从红花和苦瓜中提取的抗菌化合物可能有助于减少由于食品腐败和食源性细菌引起的健康危害。因此，本研究的目的是评价红花和苦瓜提取物对鱼类腐败菌（不动杆菌、绿脓杆菌、阴沟肠杆菌、志贺氏菌）生长的抗菌效果和食源性病原体（金黄色葡萄球菌、肺炎克雷伯菌、粪肠球菌、甲型副伤寒沙门氏菌）以及生物胺的抑制效果。

据报道，生物胺和多胺存在于各种食物中，如鱼、肉、干酪、蔬菜和葡萄酒，并被描述为具有脂肪族、芳香族和杂环结构的有机碱。通过氨基酸的微生物脱羧形成生物胺取决于存在的特定细菌序列、羧化酶活性的发展和氨基酸底物的可用性。组胺分解性（组胺氧化）细菌可能允许在含有大量组胺的食物中组胺的产生和破坏之间形成平衡。食物中最常见的生物胺是组胺、酪胺、尸胺、2-苯乙胺、精胺、亚精胺、腐胺、色胺和胍丁胺。此外，在肉类、肉制品和鱼类中也发现了章鱼胺和多巴胺。多胺，如腐胺、尸胺、胍丁胺、精胺和亚精胺，天然存在于食物中，并参与生长和细胞增殖。当亚硝酸盐转化为亚硝胺时，这些胺可能是潜在的致癌物。多胺中的亚硝胺不一定会对健康构成威胁，因为只有在大量食用后才会产生毒性，超过每日膳食的预期量。据报道，芳香族生物胺、酪胺和2-苯乙胺是饮食诱导的偏头痛和高血压危象的引发剂。酪胺、2-苯乙胺和腐胺是过度活跃的胺，可增加血压，导致心力衰竭或脑出血。

组胺中毒（鲭鱼中毒）是一个世界性问题，发生在食用含有生物胺的食物之后，特别是浓度高于500mg/kg的组胺。组胺中毒表现为过敏原型反应，其特征为呼吸困难、瘙痒、皮疹、呕吐、发烧和高血压。由于遗传原因或由于摄入抗抑郁药物［如单胺氧化酶抑制剂（MAOIs）］而抑制生物胺解毒的天然机制不足的人更容易发生组胺中毒。单独的组胺可能不会在低水平上引起毒性，但浓度比组胺高 5 倍的腐胺和尸胺等其他生物胺的存在会增强组胺的毒性，通过抑制组胺氧化酶。腐胺、精胺和亚精胺的口服毒性水平分别为 2000、600 和 600mg/kg。酪胺和尸胺的急性毒性水平大于 2000mg/kg。酪胺、腐胺和尸胺的无观测不良效应水平为 2000mg/kg 亚精胺为 1000mg/kg 精胺为 200mg/kg。单独使用高浓度的酪胺会导致一种被称为干酪反应的中毒，其症状类似于组胺中毒。

ATP 含量及其相关产物根据一些学者的方法测定，但有所修改。用均化器用 20mL10%冷高氯酸均化鱼糜（4g），并以 4000×g 离心 10min。沉淀物用上述试剂提取，并再次离心。将这两种上清液合并并用氢氧化钾溶液中和，然后储存在 80℃冷冻箱直到高效液相色谱分析。三磷酸腺苷及其分解化合物，包括三磷酸腺苷、腺苷二磷酸、腺苷酸、肌动蛋白、肌动蛋白用高效液相色谱法测定。样品应用于安捷伦 C18 高效液相色谱柱和紫外检测器。等度流动相为 0. 05mol/L 磷酸盐缓冲液（pH 6. 8）。样品（20mL）以 1mL/min 的流速注射，在 254nm 处检测到峰。核苷酸、核苷和碱基的鉴定是通过将它们的保留时间与从西格玛化学公司获得的商业标准进行比较来进行的。钾值计算为 HxR 和 Hx 占 ATP 和降解产物总和的百分比。

一般来说，低于 20%的 K 值被认为是“生鱼片”质量，20%～60%的值被认为在大多数鱼类的接受范围内，在本研究中，高于 60%的值被认为是不被接受的水平。显示了冷藏期间用丁香、孜然、留兰香油处理的样品的 K 值。所有样品的初始钾值都低于 9%，这表明鱼样品可以被认为是非常新鲜的，确实是“生鱼片”的质量。贮藏 5 天后，用丁香、孜然和留兰香处理的样品的钾含量分别为 13. 76%、13. 48%和 12. 70%，而对照样品的钾含量为 17. 19%。邓肯的多范围试验表明，用丁香、孜然和留兰香处理的样品明显低于对照（$p<0.05$），这可以用丁香、孜然和留兰香精油处理的抑制作用来解释，以最小化 5-核苷酸酶的活性，从而抑制肌苷单磷酸（IMP）的分解。之前报告了类似的结果，他们研究了掺入柠檬草精油的明胶膜对海鲈鱼切片质量的影响，发现精油膜样品的 K 值变化低于仅掺入膜的样品。然而，丁香和孜然精油处理之间的钾值没有显著变化（$p>0.05$）。发现丁香和孜然处理的样品在冷藏期间显示出实际上相似的值。所有样品的钾值在储存过程中不断增加，表明钾值为冷藏条件下储存的红鱼的新鲜度提供了有用的指标。结果还表明，精油处理，特别是留兰香油处理能有效抑制三磷酸腺苷的降解，保持较好的鱼品质（图 2-15）。

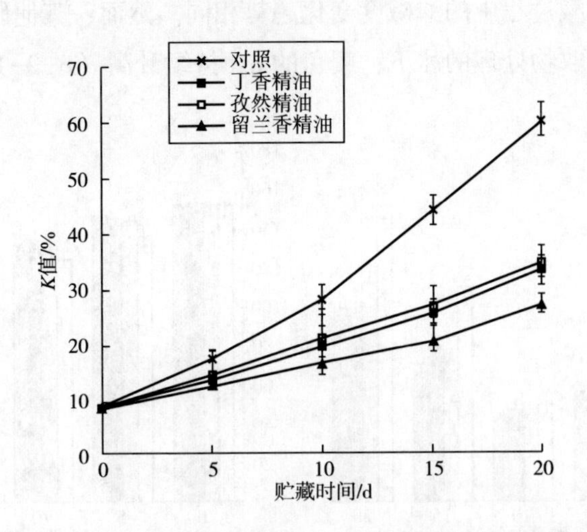

图 2-15　精油处理对冷藏美国红鱼生物胺抑制与品质的影响

贮藏结束时，处理样品的硬度明显高于对照样品（$p<0.05$）。很明显，精油处理过的鱼片在贮藏期间的质地比对照样品保存得更好，这表明这些天然化合物在某种程度上可以降低鱼片中内源酶的作用和微生物的活性，前者由胶原酶、组织蛋白酶和钙蛋白酶组成，导致蛋白质的降解，后者随后随着蛋白质的分解而加速。此外，在对照样品中观察到由微生物引起的软化，但被精油抑制。事实上，一些精油和它们的一些单独成分在体外表现出抗食源性病原体的抗菌活性，在食物中的抗菌活性较小。一些研究人员发现，添加丁香、百里香或孜然精油可有效减少苹果胡萝卜汁中的微生物增殖，作为潜在的生物防腐剂能够控制食品腐败微生物。这些结果表明，这些精油，特别是绿薄荷精油，对延长红鱼片的保质期具有有益的效果，因为已经假定，在储存期间肉的软化和质地的变化决定鱼片的可储存性和保质期，并且降低变质的发生率和对氧化酸败的敏感性。

所有处理样品的 pH 在前 10d 逐渐降低。对照样品和用孜然芹处理的样品之间没有观察到显著差异，但是在用丁香和留兰香处理的样品中发现较低的 pH。最初的 pH 降低可能是精油和鱼肉中糖原形成乳酸的共同结果。对照样品的 pH 在储存 10d 后增加，而处理过的红鱼片在同一时期略有增加。在贮藏结束时，留兰香处理过的样品的 pH 最低。贮藏后期的 pH 升高是由于碱性化合物的积累，如氨和三甲胺，主要来源于鱼肉腐败过程中的微生物作用，同时，微生物数量在贮藏过程中逐渐增加。这一结果与之前的研究结果相似，他们发现红鱼在整个贮藏过程中的酸碱度变化趋势相同。然而，其他研究报告了在冷藏期间用植物提取物处理的冰下，鳀鱼的 pH 持续升高（图 2-16）。

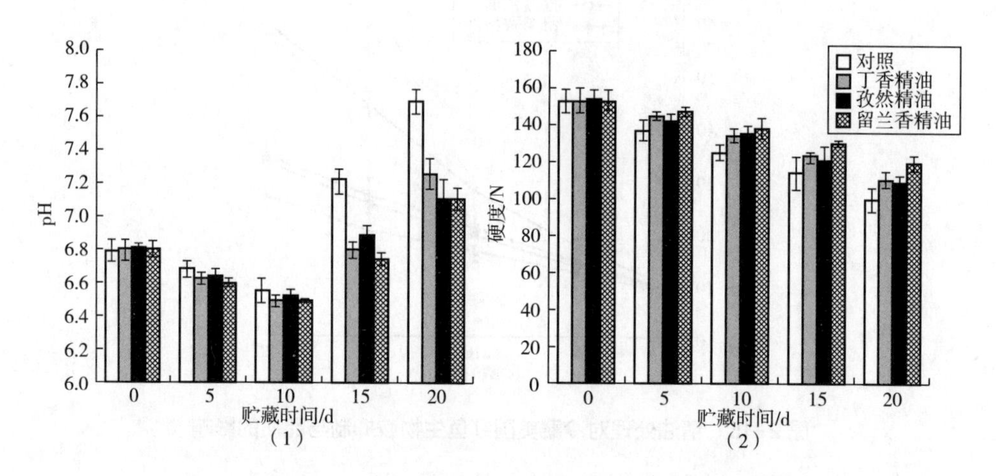

图 2-16　精油处理对冷藏美国红鱼生物胺抑制与品质的影响

在贮藏的初始阶段，TCA 可溶性肽可能主要由内源寡肽和宰后加工过程中产生的游离氨基酸组成。储存 5d 后，处理样品和对照样品之间有显著变化（$p<0.05$）。对照组如此高的蛋白酶活性可能导致肌肉来源的含氮降解产物的增加，从而有利于细菌的增殖和快速分解。在第 15d，经留兰香油处理的样品比经丁香或孜然油处理的样品具有更低的 TCA 可溶性肽的增加。这一结果表明，与其他处理相比，留兰香精油处理更好地抑制了蛋白质降解，因为留兰香精油在抑制蛋白质氧化方面具有更强的抗氧化活性。在冷藏的 20d 中，所有样品中的 TCA 可溶性肽都增加了，这表明内源和微生物蛋白酶持续存在活性（图 2-17）。

在感官评分达到 4 分之前，鱼样本被认为是可被人类食用的。根据感官小组成员的判断，在第 10d，对照样品的颜色、气味、质地和一般可接受性被评为“不可接受”。另一方面，经丁香油、孜然油和留兰香油处理的鱼片在贮藏 20d 后感官评分在 4.58±5.54（图 2-19）。在处理中，留兰香油处理的样品得分最高。感官评价的结果与微生物和化学分析相关。与对照相比，精油处理可以抑制红鼓肉的变黑。没有证据表明这些天然化合物在这一问题上的作用，但

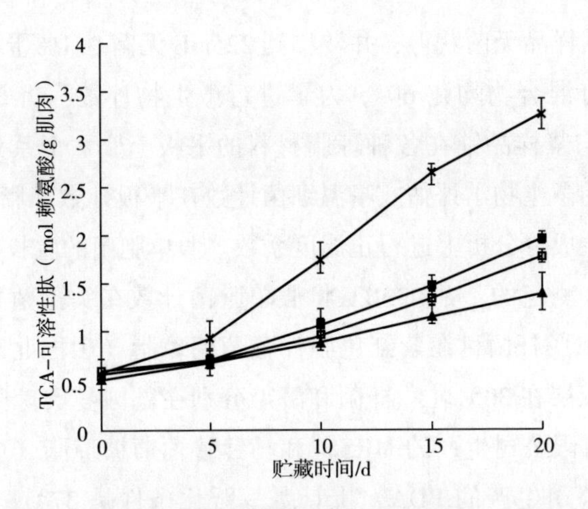

图 2-17　精油处理对冷藏美国红鱼生物胺抑制与品质的影响

据报道，这些精油的众所周知的抗氧化活性可能会延缓脂质和蛋白质的氧化，从而保持鱼样品的外观。异味的产生与细菌如假单胞菌和腐败希瓦氏菌的作用密切相关。鱼片在贮藏过程中硬度的降低主要是由于鱼片中内源酶的作用和微生物的活性，前者由钙蛋白酶、组织蛋白酶和胶原酶组成，导致蛋白质的降解，后者随后随着蛋白质的分解而加速。与对照样品相比，丁香、孜然或留兰香的抗氧化和抗微生物作用已被证明可将鱼的保质期延长 10d。结果表明，留兰香油处理能更有效地保持红鱼片的品质（图 2-18）。

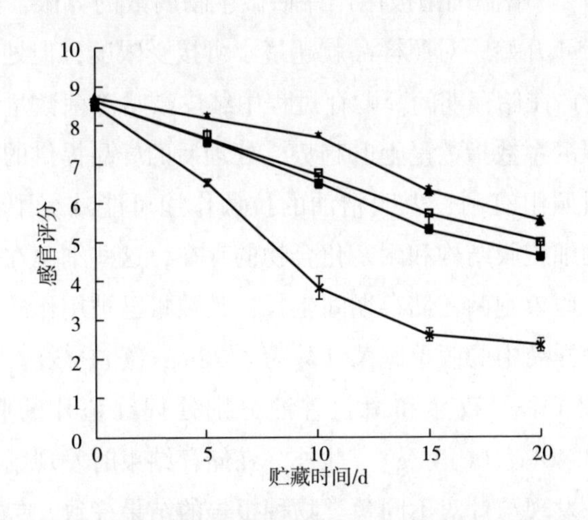

图 2-18　精油处理对冷藏美国红鱼生物胺抑制与品质的影响

取25g鱼片样品无菌获得，并转移到225mL无菌0.1%蛋白胨水溶液。使用袋式混合器将混合物均化60s。为了进行微生物计数，将0.1mL系列稀释（1：10）的肉匀浆样品铺在各种琼脂材料的平板上。六个系列十进制稀释适用于鱼片样品的微生物学评估。嗜温细菌计数在平板计数琼脂上通过在7℃孵育48h后，在主成分分析上进行正温度系数。假单胞菌的生长是在头孢菌素岩藻聚糖肽琼脂上测定的，并在30℃将假单胞菌计数在头孢菌素岩藻聚糖肽琼脂上，并在30℃肠杆菌科在紫红色胆汁葡萄糖琼脂（中国北京奥博兴生物技术）中计数，双层在30℃乳酸杆菌和酵母分别在德国曼氏琼脂（中国北京奥博兴生物科技有限公司生产的MRS）和马铃薯葡萄糖琼脂（中国北京奥博兴生物科技有限公司生产的PDA）上计数。孵化条件是37℃、3d 28℃分别为5d。每个样品重复三次，每次重复使用四种合适的稀释液。微生物学数据被转换成菌落形成单位数的对数（CFU/g）。

与对照相比，不同处理对嗜温细菌、嗜冷细菌、假单胞菌、肠杆菌、乳酸菌和酵母计数的影响。在储存开始时，所有微生物的含量都很低，这表明原材料的质量非常好。新鲜红罐的初始嗜温细菌数为2.61log（CFU/g）μg，所有处理都处于相同水平，但稳步增加到8.12、6.84、6.61和6.09mg/g肌肉分别由20d的存储。与冷藏期间的对照相比，在精油处理的样品中观察到较低的嗜温细菌计数（$p<0.05$），表明精油对鱼片的保存有显著的效果。在这项工作中，7log（CFU/g）嗜温细菌被用作评估微生物腐败的界限，这是基于其他研究从研究的第15d开始，对照样品就超过了可接受限度，但处理过的样品都低于7log（CFU/g）在储存期间。贮存过程中红皮鼓嗜冷菌数量的变化。随着时间的推移，正温度系数指数呈上升趋势，处理后的样品提供的条件对正温度系数的生长不如对照组有利，表明精油的抗菌作用可能减缓了细菌的生长。此外，由于特殊的细胞膜结构和耐寒化合物的存在，这些细菌在一定程度上耐低温。众所周知，假单胞菌在储存期间生长，其数量已被用作冷藏鱼和鱼产品的腐败指标。对照样品中的假单胞菌计数为4.38log（CFU/g），相比之下，在储存期结束时，用丁香、孜然和留兰香油分别处理红鱼片的假单胞菌计数为3.73、3.52和3.40log（CFU/g）。此外，在储存结束时发现肠杆菌在红鱼片中快速生长，这一发现与针对不同鱼类物种报告的结果一致，包括金鲳鱼和红海鲷。乳酸菌数在整个储存期间都在增加，本研究中的低乳酸菌数是意料之中的，因为乳酸菌在冷藏温度下往往生长缓慢。嗜温细菌的生长率在储存结束时

下降，这表明其产生天然防腐剂，如短链脂肪酸和细菌素，这些防腐剂有助于保持适当的pH，并防止鱼在储存过程中发生病理变化。最后，酵母在整个储存期间缓慢增加（图2-19）。

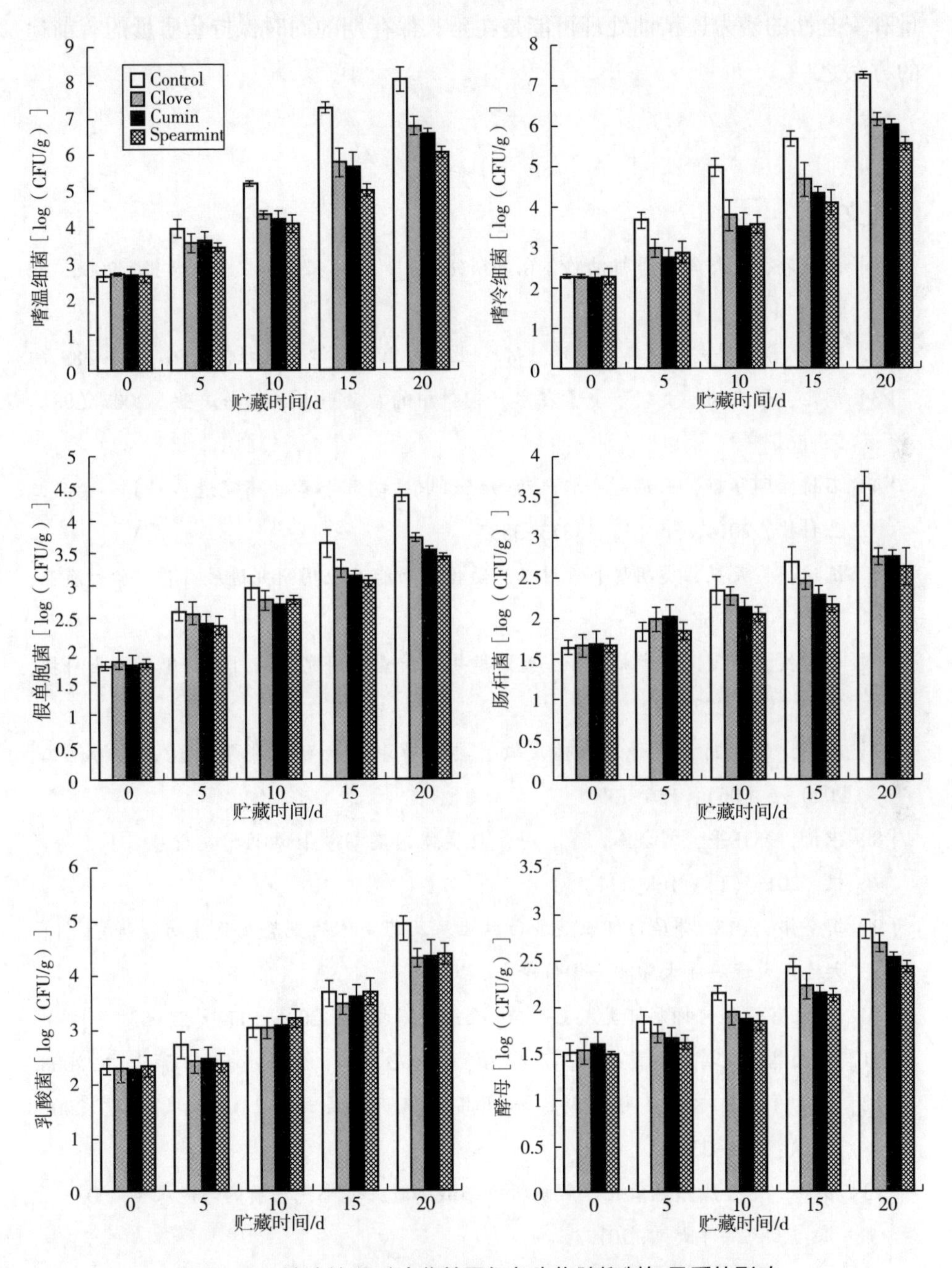

图2-19 精油处理对冷藏美国红鱼生物胺抑制与品质的影响

植物精油处理不仅能保持鱼片在贮藏过程中的感官品质，还能降低微生物数量和生物胺含量。精油，如留兰香油，对抗菌性能有积极的影响，延缓蛋白质降解和核苷酸分解，并保持硬度。因此，留兰香油具有保存鱼和鱼产品的质量和安全性的潜力，精油处理可能是在延长保存期的同时保持鱼质量的有前途的方法之一。

参考文献

[1] 王晓玲，于信军．脊椎动物体色的研究［J］．吉林农业科技学院学报，2006，15（1）：11-13.

[2] H. B. 普契科夫．鱼类生理学［M］．上海：上海科学出版社，1956：188-189.

[3] 周凡，邵庆均．类胡萝卜素在水产饲料中的应用［J］．饲料工业，2007（08）：55-56.

[4] 石婧，顾赛麒，王锡昌．水产动物组织中类胡萝卜素的研究进展［J］．食品工业科技，2014，35（12）：373-383.

[5] 陈斌，吴天星．类胡萝卜素对水产动物的功能及应用研究进展［J］．水利渔业，2005（03）：68-69.

[6] 李福枝，刘飞，曾晓希，等．天然类胡萝卜素的研究进展［J］．食品工业科技，2007（9）：227-232.

[7] 姜立，朱长甫，于婷婷，盛彦敏．类胡萝卜素的研究进展［J］．生物化工，2020，6（06）：136-139.

[8] 张倩，郑怀平，刘合露，等．海产贝类体内类胡萝卜素的研究进展［J］．海洋报，2011（1）：108-112.

[9] 窦全伟．2018．脊尾白虾血蓝蛋白大亚基及其变体的克隆及免疫功能研究［J］．大连：大连海洋大学硕士学位论文．

[10] 刘泉官．如何抑制虾类黑变［J］．渔业致富指南，2005（17）：52-53.

[11] 梁晶晶．改善出口章鱼加工产品色泽的研究［D］．杭州：浙江工商大学．2008.

[12] 莫意平，娄永江，薛长湖．水产品风味研究综述［J］．水利渔业，2005.（25）：235-237.

[13] 吴娜．基于脂质热氧化降解解析中华绒螯蟹关键香气物质的形成机制［D］．上海：上海海洋大学．2017.

[14] 沈月新．水产食品学［M］．北京：中国农业出版社．2001.

[15] 相悦，孙承锋，杨贤庆，等. 鱼类贮运过程中蛋白质相关品质变化机制的研究进展［J］. 中国渔业质量与标准，2019（05）：8-16.

[16] 周纷. 大黄鱼加工副产物的白鲢鱼糜凝胶品质特性的研究［D］. 上海：上海海洋大学. 2020.

[17] 蒋晓庆. 草鱼片低温贮藏过程中胶原变化及品质控制研究［D］. 无锡：江南大学. 2016.

[18] 朱克庆，吕少芳. 真空冷冻干燥技术在食品工业中的应用［J］. 粮食加工，36（3）：49-51.

[19] 郑艳平，张丽珍，殷肇君. 膨化技术在特色膨化休闲食品加工中的应用［J］. 包装与食品机械，2006，24（4）：40-42.

[20] 白亚乡，胡玉才，刘滨疆. 现代静电技术在农业生产中的应用［J］. 当代农机，2012（1）：76-77.

[21] 吴燕燕等. 水产品干燥动力学的研究进展［J］. 食品工业科技，2012（33）：24-28.

[22] Bala B K，Mondol M. Experimental investigation on solar drying of fish using solar tunnel dryer［J］. *Drying Technology*，2001，19（2）：427-436.

[23] Bellagha S，Sahli A，Farhat A，et al. Studies on salting and drying of sardine：Experimental kinetics and modeling［J］. *Journal of Food Engineering*，2007，78（3）：947-952.

[24] Chua K J，Chou S K，Ho J C，et al. Heat pump drying：Recent developments and future trends［J］. *Drying Technology*，2002，20（8）：1579-1610.

[25] Colak N，Hepbasli A. A review of heat-pump drying（HPD）：Part2-Applications and performance assessment［J］. *Energy Conversion and Management*，2009，50（9）：2187-2199.

[26] Felix V L，Higuera C I，Goycoolea V F，et al. Supercritical CO_2 ethanol extraction of a staxanthin from blue crab（Callinectes sapidus）shell waste［J］. *J of Food Process Engineering*，2001，24：101-112.

[27] Hu Q，Zhang M，Mujumdar A S，et，al. 1. Drying of edamames by hot air and vacuunl microwave combination［J］. *Journal of Food Engineering*，2006，77（4）：977-982.

[28] Manning L R，Manning J M. Nano gel filtration reveals how fish hemoglobins release oxygen：The Root Effect［J］. *Analytical Biochemistry*. 2020，599（5）：113730.

[29] Mathiassen J R，Misimi E，BondK U M，et al. Trends in application of imaging tech-

nologies to inspection of fish and fish product [J]. *Trends in Food Science & Technology*, 2011: 257-275.

[30] Korzeniowska M, Cheung I W Y, Li-Chan E C Y. Effects of fish protein hydrolysate and freeze - thaw treatment on physicochemical and gel properties of natural actomyosin from Pacific cod [J]. *Food Chemistry*, 2013, 138 (2): 1967-1975.

[31] Oswin C R. The kinetics of package life. III. Theisotherm [J]. *Journal of the Society of Chemical Industry*, 1946, 65 (12): 419-421.

[32] Vijaya Venkata Raman S, Iniyan S, Goic R. A review of solar drying technologies [J]. *Renewable and Sustainable Energy Reviews*, 2012, 16 (5): 2652-2670.

[33] Wang X Y, Xie J. Evaluation of water dynamics and protein changes in bigeye tuna (Thunnus obesus) during cold storage [J]. *LWT*, 2019, 108: 289-296.

[34] Wang Y, Zhang M, Mujumdar A S. Trends in processing technologies for dried aquatic product [J]. *Drying Technology*, 2011. 29 (4): 382-394.

[35] Zhao X, Zhou Y, Zhao L, et al. Vacuum impregnation of fish gelatin combined with grape seed extract inhibits protein oxidation and degradation of chilled tilapia fillets [J]. *Food Chemistry*, 2019, 294: 316-325.

第三章

渔获前因素对水产品贮藏特性的影响

随着我国水产养殖技术的不断进步，养殖技术水平越来越高，水产养殖业早已成为我国水产品供给和增加的主体，2020年我国的水产品总产量6549.02万t，其中养殖产量已达到5224.20万t，养捕比已提升到79.8∶20.2，我国的养殖水产品总量已超过全世界养殖水产品总量的60%。在未来的水产品供给中，我国水产养殖业还将做出更大贡献。

随着水产养殖技术的快速进步，养殖密度无限制提高，养殖容量不受控制；渔药及其所谓的“动保”产品、饲料与饲料添加剂等养殖投入品投放量越来越大，所造成的内源污染急速加剧；使水生动物种质不断退化，种苗质量参差不齐，并有鱼类营养与饲料质量问题等，使养殖水生动物的抗病性、抗逆性不断下降；渔业水域环境的质量下降，水源污染日益加剧，给养殖水生动物造成生存威胁；某些养殖模式的不科学、不规范、不标准，也使养殖水域生态环境严重失调，使水产养殖动物疾病频发、多发、长时间发、大面积发，所造成的直接经济损失也急速增长。由20世纪90年代初的90多亿元已增长到2018年的450多亿元，约占当年渔业总产值的3.5%，相当于当年我国鲆鲽类或者大黄鱼养殖业的总产值，这种情况令人触目惊心。

第一节　遗传及生理特性因素

引起水产品贮藏期间品质变化的因素有很多，包括温度、湿度、贮藏时间及加工处理方式、鱼的种类、生理条件、形态等，这些因素均会影响鱼的贮藏特性。

一、鱼的种类

1. 渗透压调节功能

淡水鱼和海水鱼的耗氧量均随水中盐含量的升高而减少。水中的盐类有氯化物、磷酸盐、碳酸盐、氮化合物和硫酸盐等各种盐类，它们主要通过改变水的渗透压影响鱼类的正常生理活动。不同盐度的水域适应不同的鱼类生活。不少鱼类具有很强的渗透压调节功能，对盐度缓慢变化有很高的耐性，但这种调节作用只能局限于一定的盐度范围，如果盐度过大或变化过于剧烈则会引发应激反应，使鱼体生理失调或危及生命。

2. 排泄状况的影响

不同鱼种以及同一生物的不同器官的排泄状况不同。鱼类常见的排泄途径和排泄物主要有呼吸器官排泄二氧化碳和氨，皮肤排泄黏液、水分和无机盐。水生无脊椎动物的肾脏主要排泄氨和尿酸，海水脊椎动物主要排泄尿素，肠道主要排泄粪便和无机盐。排泄物污染水质，影响活体运输生物的呼吸，加速微生物的生长和繁殖，缩短活体运输生物的存活时间。一般可通过停喂饵料和暂养等方法使其先排空其体内废物从而减少运输过程中排泄物的排出量。具体的停食时间应根据鱼的品种和季节进行合理调节，夏季一般 1~3d、春秋季 5d、冬季 7d。

3. 水体有机质的适应性

不同鱼类对水体有机质含量的适应性不同。一般而言，鲢鱼、鲤鱼和鲫鱼喜欢在悬浮着有机物和浮游生物多的水体中生活，鳙鱼可在有机质含量相当高的水体中正常生长。草鱼、青鱼和鳊鱼喜欢在有机质含量较低的水中生活。常见养殖淡水鱼对盐度有一定的适应能力，其中鲤鱼、鲫鱼对盐度的适应性较强，而尼罗罗非鱼和虹鳟鱼经过驯化可在海水中养殖。对盐度有较宽适应幅度的鱼类称为广盐性鱼，如一些河海洄游性鱼类，既可生活于淡水中，又可在海水中生长。

4. 适温性区别

热带鱼类的生长适温偏高，如罗非鱼为 25~33℃、遮目鱼为 28~35℃，但两者都不耐低温。冷水性鱼类一般不能耐受高温，如虹鳟鱼所能耐受的最高环境温度为 20℃。绝大多数鱼类的生长适温是连续的，但冷水性鲑鳟鱼一般有两个最适生长温度区间，分别为 7~9℃ 和 16~19℃。温度对鱼类的新陈代谢水平具有重要影响，水温的升高可导致鱼类呼吸频率的加快和耗氧量的增加。在鱼类可生长的温度范围内，温度每升高 10℃，鱼的耗氧量增大 2~3 倍。降低温度可有效降低鱼的新陈代谢速度，减少二氧化碳、氨、乳酸等的生成量，同时可抑制微生物的生长，因此低温有利于鱼的活体运输。鱼类一般不能耐受水温的剧烈变化，当温度变化超过 15/h 时，大部分鱼的呼吸活动会出现长时间中断，甚至死亡。

二、鱼的生理条件

水生动物大部分时间生活在水中，因存在食性、耗氧量、光照强度等诸多因素的影响，大多数水生生物经过长期的环境适应，相对固定地生活于一定的水层中，如：鲢鱼、鳙鱼属于中上层鱼；青鱼、鲤鱼、鲫鱼为中下层鱼；部分水生生物无固定栖息水层，如罗非鱼。

鱼类与其他生物体一样，具有一定的环境适应性。鱼体不仅能耐受环境因素的变化，并作出一定的反应，而且在某些环境因素的长期作用下能相应地改变自身的机能和结构。鱼体与水环境之间时刻存在着对立统一关系，当水环境改变时，鱼体能通过内部的调节作用改变相应器官或系统的代谢和生理活动水平，使鱼体与环境保持着动态平衡，但是当外界环境条件的改变过于剧烈而持久，以致超过了鱼体的适应能力或忍耐限度时，就可能破坏鱼体与外环境的平衡。因此，外环境因素既是鱼类生活、生长、繁衍不可缺少的条件，又是影响鱼类健康、萌发疾病的温床。

鱼类受到一个或多个外界环境因素的不良刺激作用所产生的非特异性的反应称为应激反应（stress response）。应激反应是鱼类对不良环境因素刺激的忍受达到或接近极限时所表现的异常状态。偏离鱼类正常生活范围的不良刺激因素称为应激原（stressor）。应激反应不是独立的疾病，但应激反应可影响鱼类健康，降低鱼体对饵料的消化和吸收，导致鱼体生长发育不良、内分泌调节紊乱、存活率降低和多种疾病的发生，从而导致鱼体生长受抑制并可能引起鱼体死亡。养殖生产或运输作业中可通过合理的管理以及保持良好环境质量来避免或最大程度地减少应激因素对鱼体的影响。

鱼类的应激反应主要为警觉性增加、活动加强、运动增加、呼吸加快、顶流逆进和群体活动明显，常聚集在一起，跃跃欲试，躁动不安，争向水面活动，翻滚弹跳，进而出现惊恐逃避、躲窜、无休止地游泳，这些是典型的第一阶段的应激反应现象，经过一定时期后，鱼类进入第二阶段的应激状态，出现活动减少、游动缓慢、群体聚集势头降低、单独游动至水面、不吃食、虚弱、无精打采、精神沉郁、轻微浮头，逐渐发展至严重浮头、体色变深、衰竭、肚腹朝上、时沉时浮或沉入水底、侧睡不支、接近死亡等表现。

鱼类的应激反应可以分为三个类型。①突发型。鱼类受到不良因素强烈的刺激作用，可突然死亡，在死亡前未见到明显症状；②急性型。不良因素的刺激作用明显，鱼类在短时间内多数出现惊恐、拥挤、群集顶水运动，逐渐虚弱等异常现象。解除不良刺激后，鱼类可恢复正常状态，若仍有不良刺激存在，可发生衰竭死亡；③慢性型。应激原刺激强度不大，但其影响是长期的或者是间断性的、反复性的。鱼类在努力适应不良环境的过程中，会因不良因素作用的累积，导致鱼类长期消瘦、发育不良、生长缓慢，而且可能导致鱼类机体抵抗力下降，使其出现各种疾病。

影响鱼类健康的不良刺激因素较多，可以归纳为物理因素、化学因素、生物因素以及三种因素的综合作用四个方面。

1. 物理因素

（1）温度　温度是影响鱼类活动的重要环境变量。鱼类属变温动物，不同鱼类各有适宜的生长、繁育温度范围，存在着生命活动的低温与高温的极限。在鱼类养殖水体中，应激因素最明显的有水温达到或超过最低或最高生长适温的极限；其次是水温的骤变，尤其是短时间内温度的剧烈上升；再次是因水温上升而导致水体中某些物质的毒性增强，间接使鱼类出现应激反应。

（2）光照　不同鱼种对光照强度有不同的要求。根据鱼种对光照的适应性的不同可将鱼分为趋光性、负趋光性以及介于二者之间的中性三种类型。如果光照强度过强，可造成灼伤。光照变化可使水体中浮游植物量、无机物和有机物含量等发生改变，引发多种应激因素的变化。

（3）声波　鱼类对声波的刺激反应因品种和个体大小的不同而不同，机械振动、声振动、次声振动、超声振动都可不同程度地引起鱼的应激反应。与集群、繁殖和索饵等有关的声音对鱼有吸引作用，而与危险、受惊、报警等相关的声音对鱼有强烈的刺激作用，对鱼的生长和繁殖产生负效应。声波对幼鱼和鱼卵的影响较大。超强的振动波，如在水中发生的强烈爆炸可导致鱼立即死亡。

（4）电流　鱼类对电流的反应十分敏感，不同种类、个体长度、生理状态及水的温度和导电率均可影响鱼对电的刺激，不同的电流形式、电流强度和作用时间对鱼的影响不同。停止受电，鱼的状态或快或慢地恢复正常，但可产生一定的后遗症。

（5）pH　pH 对水体中鱼类、水生浮游生物和其他生物均有重要影响，pH<6.5 或 pH>8.5 就会诱导鱼出现应激反应，甚至可使鱼类致死。酸性水中鱼类代谢较弱、活动迟缓、畏缩、摄食少、消化率低、生长受阻。pH 过高（如 pH>10.0）时鱼体表皮和鳃等直接与外界环境相接触的组织最先承受碱性水的影响，并出现相应的应激表现。

2. 化学因素

（1）溶氧量　溶氧超饱和使鱼类胚胎和鱼苗出现应激，导致鱼类出现气泡病等。海洋中一般不缺氧，不同淡水水域溶氧差异大，因此适宜不同溶氧的鱼类生活。低溶氧往往是养殖鱼类最主要的应激原，导致鱼类呼吸中枢兴奋，通过增强呼吸活动来应付溶氧的不足，溶氧过低会使鱼类浮头及泛池。可引起低溶氧的物质有：CO_2、NH_3、H_2S。

（2）盐度　盐度主要通过改变水的渗透压影响鱼类的生理活动，不同盐度的水域适应不同的鱼类生活。不少鱼类具有很强的渗透压调节功能，因此对盐度缓慢变化有很高的耐性，但这种调节作用只能局限于一定盐度范围，如果盐度过大或变化过于剧烈则引发鱼体的应激反应，甚至使鱼体生理失调，危及生命。

（3）水体中有害物质　养殖水体中铜、铅、汞、锌、镉、铬、锰、铁等毒性较强的金属离子，主要来源于工业废水。金属离子引起鱼类应激反应，其影响程度除与金属离子浓度和鱼类接触时间长短有关外，还与 pH、温度、溶氧量、多种金属离子共存及协同作用等有关，确定金属离子的最高安全浓度比较困难，但确实存在引起鱼类应激反应的可能。养殖水体中非金属有害物质，主要来源于化工、石油、造纸、纺织、印染、农药等工厂或矿山的废水，主要有害成分为硫化物、氰化物、酚、醛、烃类、砷、硒及化学肥料和有关农药，这类污染物对鱼类均有累积应激效应和致毒作用。

3. 生物因素

鱼类种间关系比较复杂，主要表现为有残食、寄生、共栖、共生、食物竞争等行为。因种间关系而发生的应激反应主要为凶猛鱼类的猎食侵袭。被捕食鱼防御侵袭的行为就是应激反应，最明显的是同类鱼防御侵袭的集群活动。哺乳类、爬行类、两栖类、鸟类、底栖动物、甲壳类、蠕虫类、水生高等植物、藻类、微生物等均可成为应激原。多种生物应激原通常侵袭成鱼及大量吞食鱼卵、幼鱼，引起骚乱不安。鸟类在水体上空飞行时所产生的折光作用，并会同样可使鱼类紧张，从而出现应激反应。

三、鱼的不同形态

水产品在贮藏之前需要进行加工处理，不同形态的水产品贮藏品质不同。有研究者研究发现罗非鱼完整态、去头/内脏样品和罗非鱼片的保质期有显著差异。在（0±0.5）℃贮藏条件下，整虾、去头虾和虾仁的保质期分别为 7d、9d 和 11d。

海洋鱼类和淡水鱼类有着截然不同适应性，应根据不同种类的水产品，制定合适的贮运计划，在可调整的空间环境范围内，应尽最大可能，保证水产品的质量，通过不断的技术探究，对水产品保活保鲜，防腐防污。

第二节　养殖技术因素

养殖技术直接影响水产品的状态，进而影响到水产品的贮藏运输。选择科学合理的养殖技术，对于水产品的贮藏运输意义重大。

一、科学合理增氧

立秋之后，昼夜温差逐渐加大，雨水渐多，养殖水体频频出现水层对流，溶氧大量消耗可导致常出现氧债的现象，此时科学合理增氧是水产养殖调控的关键。

（1）晴天午后 1~3 时开机 1~2h，通过搅水、喷水，打破水的热成层，产生密度流，消除底层水氧债，提高整个水体的溶氧储备，同时把水体底层的有害气体带到表层并释放到空气中。

（2）晚上要根据天气变化及时开机增氧，阴雨天要半夜开机至日出，尤其要重视对水体底层的增氧，确保各水层拥有维持物质和能量循环所需的溶解氧，提高鱼体对饵料的消化吸收能力，从而减少细菌和害虫卵的繁殖。

晴天中午和晚上提前开机增氧，保持池塘水体充足的溶氧有助于青虾的蜕壳，不能等到有缺氧反应的时候再开机增氧，避免虾发生“偷死”。有条件的养殖户可以借助溶氧仪定时检测水体的溶氧，当虾池溶氧低于 5mg/L 时，及时开启增氧泵；育苗池塘一般增氧时间为晚上 9 时至第二天早上 7 时，养殖池塘可以适当晚开机增氧，阴雨天或闷热天要延长开机时间。另外，池塘边最好配备一定量的增氧剂，以便在突发情况下使用，避免不必要的损失。

高密度养殖的前提是池塘内有充足的溶解氧。科学合理开增氧机，保持增氧机水花干净、末尾有少量白色泡沫，而且能快速散开，保持溶解氧在 5mg/L 以上。如泡沫多且不易散开说明水体黏稠，应及时用过氧化钙、有机酸或表面活性剂泼洒，去黏增氧，清除有害物质。

二、合理使用调节剂

秋后的天气变化频繁，鱼塘内极易滋生蓝藻和裸藻，严重时引起转水，即水体产氧能力、水体自净能力严重不足，导致水体中溶氧的含量极低，有害气体和物质大量积累，引起池鱼长时间浮头的现象。出现浮头现象要先开机增氧急救，并用有机酸类或果酸类全池解毒，同时采用过硫酸氢钾复合盐对恶化的底质进行改底，施用时要同步开机增氧，并向池中注入新水。在晴天的上午 9：00~11：00 施用硅酸盐、氨基酸，施用时要有光照，进行少量多次施用。次日再用发酵后的芽孢杆菌或乳酸菌培菌，使有益菌形成优势种群，从而抑制蓝藻、裸藻的生长。因此，在养殖后期，坚持每隔 7d 使用过硫酸氢钾复合盐加乳酸菌改善养殖水体底部环境，改良水体质量，进而保持水质的稳定。

养殖前期，一般使用发酵料投喂，也可配合饲料，添加益生菌（乳酸菌、丁酸梭菌等），拌料投喂；每 5d 用蛭弧菌或中草药拌饲料投喂，连用 2d，以保护养殖物肠道，预防弧菌感染。养殖中后期，定期用益生菌、维生素、免疫多糖拌料投喂，5~6d 为一个周期。蜕壳前 3~4d，用固醇、维生素 D、微量元素或蜕壳素等拌料投喂，促使虾蟹蜕壳期整齐顺利蜕壳。出现死藻、水质气候突变时，用维生素 C、胆汁酸和大蒜素等拌料投喂，以保护养殖物肝肠健康。鳜鱼放养前要对清塘消毒，将生石灰加水稀释全池泼洒，每亩池塘用生石灰 80kg 左右，既可杀灭野杂鱼和病原体，又可以有效地改良底质与水质，消毒后经 2~3d 通风暴晒，就可以注水了。

三、科学投喂饲料

水产饲料投喂是水产养殖过程中的一个关键环节，饲料产品、投喂方法及水产产品是影响水产饲料科学投喂的关键。

1. 选择优质饲料原料

饲料是养殖水生动物的营养物质和基础物质，也是养殖过程中的必须投入品。但是，饲料质量的优劣、饲料配方的适宜性、饲料投喂时间、投喂量、每天的投喂次数、投喂方式等因素都会影响到养殖鱼类的摄食状态、鱼体健康状态和生产性能。因此，在选择和投喂配合饲料时要注意。

（1）选择适宜的配合饲料　每种养殖鱼类及同种养殖鱼类的不同养殖阶段对营养物质的需求并不相同，这就需要选择适宜于养殖对象的配合饲料和适宜于不同养殖阶段的配合饲料，不能用同一种饲料养所有的鱼类，也不能养殖全程只投喂同一种饲料，更不能用鸡饲料养鱼。

（2）选配合饲料时不能只注重蛋白质含量的高低，高蛋白配合饲料并不一定就是“好”饲料，饲料蛋白质的氨基酸模式与养殖动物体蛋白质氨基酸模式越接近越好，饲料利用率也越高，养殖的鱼体也越健康，生长速度也越快；而那些蛋白质含量很高的饲料，鱼体的消化利用率却不一定高。近年来有专家提出推广低蛋白饲料，可能就是这个原因。

（3）配合饲料不能只图便宜，要通过养殖实验进行经济性比较，也就是要计算投入产出比，要选择性价比高的饲料，这样的饲料既能保证养殖鱼类的生长需要，还能确保鱼类的健康，使鱼类不得病或少得病，这也是增产增收。

（4）每次购买的饲料量不要太多，以能使用 1~3 个月的量为宜，存放过久的饲料有可能会变质或发霉，变质或发霉的饲料不但会失去营养品价值，还会产生大量有毒有害物质，如黄曲霉毒素等，导致鱼类中毒、患病，甚至大批死亡。

（5）饲料存放要避光、通风、干燥，堆高不得超过 1.0m，最好是 60~70cm，并且在底部要用高 20~30cm 的木架托起，以方便底部通风，避免饲料受潮霉变。

（6）最好选用膨化饲料　因为膨化颗粒饲料在加工过程中经历了高温（90~120℃）、高压（200kPa 左右）和较长时间的制粒过程，饲料原料中的一些病原、有毒有害物质以及生长抑制因子等受到很大程度的破坏，可使鱼类食用更安全；而一些植物性蛋白质等营养物质也得到了基本裂解或消化，更有利于鱼类的吸收和利用。投喂膨化颗粒饲料还有利于观察鱼类的摄食状态及活动情况。

（7）不要盲目相信所谓的高端复配饲料　所谓高端配合饲料无非是饲料中的酸平衡性更好一些，或增加了诱食剂、促生长剂、免疫增强剂等功能性物质，有的甚至直接添加了抗生素等一些药物，但价格却高出很多，经济性也并不一定好。

（8）对所购买的配合饲料要仔细核实营养成分和添加物质，或送到有资质部门进行质量检测，防止购买到添加了药物而又不标识的配合饲料。一些添加了药物的饲料，很可能造成商品鱼的质量安全问题，即药物残留超标。

（9）为预防鱼病而需要使用药物饲料时，应自行根据用药说明或在渔医指导下配制，最好不要使用厂家生产的药物饲料，当然，可以委托饲料厂家生产所需的药物饲料。预防疾病用的药物以增强鱼体免疫力的药物为宜，如细菌多糖、中草药多糖、食用菌（香菇等）、免疫多糖、抗菌肽等。

（10）注意每天的投喂次数、投喂时间和投喂方法　不同的鱼类有不同的摄食习性，有的日间摄食、有的夜间摄食、有的吞食、有的捕食、有的间断性摄食、有的不停顿摄食等，要根据养殖鱼类种类的具体情况采取相应的投喂措施。

（11）掌握好具体投喂量，一般以鱼类食用达八分饱为宜，即每次投喂饱食量的 80%为宜。虽然一些技术文献上介绍了某种鱼类和不同规格的投喂量表，但并不一定都是准确的，可参考并根据实际经验加以校正；也可以自行测试，即一次投喂到所有的鱼不再吃食为止，记录下总的投喂量，而下次投喂时只投喂这个量的 80%。切记，具体的投喂量应根据鱼体生长情况而定，每 15~20d 调整 1 次。

（12）饲料生产企业要注意控制配合饲料原料的质量，并注意膨化饲料生产时，矿物质和维生素类添加剂的添加时机、添加工艺和添加量。

2. 投喂方法

冬季或开春当气温有所上升时，鱼类活动逐渐加大，宜及早开始投饵，以促进鱼类尽快生长。投饵宜投喂营养全面、配方科学的配合饲料，投喂量按鱼体总重量的1%~2%，保证饲料中蛋白质含量。同时要坚持定点投喂，使鱼类有规律地进行摄食，投喂次数可根据天气、气温、水质及鱼体等情况灵活掌握，适量投饵，可增强鱼体肥满度，以保证鱼种安全越冬。

坚持"四定"投饵，即定质、定量、定时、定位。

定质：掌握鲜，嫩、活、适（适口）的原则，在鱼病期间，要对饵料进行必要的消毒。

定量：按鱼的大小，数量和饵料质量来规定投喂的饲料数量。定量还要根据天气、水温、浮头等情况而灵活掌握。一般控制在投喂后3~4h吃完为好。

定时：按时投喂，如静水中常规养殖，每天一般投喂二次，上午8~9时一次，下午3~4时一次；如用流水或温流水培育鱼种，则按一昼夜来定量，确定一昼夜投饵次数和每次的投喂时间。白天多几次，夜晚少几次。

定位：食场固定在一个位置，不要随意移动，这样可养成到投喂时间鱼就游到食台边等待吃食的习惯。

根据水温变化和鱼的不同生长阶段特点调整日投饵率和投饵次数，还要根据天气、水质、鱼的吃食情况等灵活掌握。此阶段投饵率一般控制在鱼体重的3%~4%，同时饲料中添加黄连解毒散和复合维生素，以缓解鱼类的肝胆负荷，增强鱼体的免疫力和抗应激能力。养殖过程中主要采用全价配合饲料投喂，选择规模大、信誉好、有质量保证的企业生产的全价配合饲料。每天7时、18时各投喂1次，遇到阴雨天每天早上投喂1次。日投喂量为鱼体重的2.5%~4.5%；饲料投喂要坚持"四定"原则，密切观察金鱼活动情况，要根据天气、水温、水质和吃食等情况适当调整投喂量、投喂时间和投喂速度。让鱼吃到8成饱、1h内吃完即可。鳡鱼等商品鱼要坚持每天定点定时投喂，上午和下午各一次。日投喂量为鱼体重的5%~8%，并随着鳡鱼的长大逐渐加大饲料的体积。

3. 饲养对象

青虾要选择适口性好、营养全面的饲料及时进行全池投喂，可以选择由中国水产科学研究院淡水渔业研究中心研制的青虾专用配方饲料“太湖2号专用饲料”，也可以选用质量稳定的南美白对虾饲料或罗氏沼虾饲料。高温季节每天下午5点以后投喂饲料1次，全池均匀撒投，投喂量为虾体重的3%~10%。饲料投喂前，用“饲料益菌素”拌料发酵4~5h（每周2~3次），可以帮助虾消化吸收，减少氮磷排放。

黄颡鱼因个体较小，摄食较慢，投喂时应注意“尽早开食、少食多餐”，根据天气、水温、水质等情况科学投喂。4月前后，每日投喂2次，投喂量为鱼体重的1%~3%；5~9月，每天投喂3~4次，投喂量为鱼体重的3%~5%；10月后，随着天气转凉，鱼体增重，每天投喂2次，投喂量为鱼体重的1%~2%。

小龙虾幼虾阶段饲料蛋白质水平大于30%，成虾阶段的饲料蛋白质水平大于20%，每天投喂量为池塘小龙虾总重量的2%~8%，以大约2h吃完为好。上午、傍晚各投喂1次，均匀投喂到池塘水位线以下30cm处，上午投喂全天投喂量的30%，傍晚投喂全天投喂量的70%。阴天下雨、高温季节适当少投喂或不投喂，避免饲料的浪费。应根据小龙虾的吃食、活动、天气情况等适时调整投喂量。

综上所述，科学的投喂，会使得水产品吃得饱，长得快，营养均衡，患病少，可以延长贮运时间和提升贮运效率。

四、适时捕捞上市

在合适的捕捞时机进行捕捞，对于水产品的贮运影响很大。秋季鱼塘的载鱼量不断增大，可以根据市场行情将达到起捕规格的商品鱼均衡上市，捕大留小，增大鱼类生长空间，促进较小规格鱼群的快速生长，发挥水体产能，提高养殖产量和经济效益。例如青虾新品种“太湖1号”和“太湖2号”投苗1个月后，有部分青虾达上市规格，可以陆续捕捞上市。根据市场行情，通常高温季节青虾价格较高，可用地笼或虾抄网将达到上市规格的虾陆续起捕出售。及时捕捞可以降低池塘养殖密度，让后面的小虾生长加快，也可以错开上市时间，避免虾集中上市带来的风险。须注意的是捕捞应避开虾蜕壳高峰期，以免造成不必要的损失。青虾运输最好采用“水箱+网格+纯氧”的运输方式，运输时间少于2h。

五、水质调节

水质对鱼的养殖至关重要，可影响鱼的品质和运输。在高温季节也需要注意进行定期肥水、补充碳源（恒泰碳源、红糖等）和补充有益藻类（恒泰藻种）。补充并培育出有益藻类，能够维持水体中的藻相平衡，可以起到预防蓝藻的作用；肥水时配合使用微生物制剂，能产生更好的肥水效果并起到调节水质的作用。

例如，对付水中的蓝藻，对少量蓝藻，可以先用“恒泰解毒有机酸”，接着连续泼洒2~3次“恒泰爽水素”，再补充“恒泰藻种”和“恒泰调水宝”，可降低pH，使藻相和菌相平衡，起到控制蓝藻的作用。对付大量蓝藻，可先用药物杀灭蓝藻（育苗池塘慎用），待蓝藻死亡后，用“恒泰解毒有机酸”进行解毒，然后连续两次泼洒“恒泰藻种”和“恒泰调水宝”，必要时可添加少量碳源（恒泰碳源、红糖等），1周后进行蓝藻预防。

日常管理注意定期更换新水，并采取措施调节水质、改良底质。新开挖的鱼塘或瘦水塘，放种前要早施基肥，以培育天然饵料。施肥量可根据底质、池况及肥料种类而定，一般消毒5d后，将鱼塘水注满，施入人畜粪肥400~600kg/亩（1亩=667m^2），直接遍洒池底。在开春后，鱼种生长期必须及早强化追肥，可施用化肥，也可利用生物肥进行培水。

鳡鱼是生活在江河湖库里的淡水鱼类，养鳡鱼最好用江河湖库的水，这样的水体浮游生物丰富，氧气充足，有利于鳡鱼的健康生长。养殖用水的pH要保持在7.0~9.0，每升水体氨氮含量不高于0.03mg，盐度不高于5‰，水体溶解氧含量保持在5mg/L以上，另外水体的透明度要在30cm以上。

六、鱼种养殖中常见病害及防控

得病的鱼体在贮运过程中不仅会加速自身腐败，而且还会影响其他健康鱼的状态，所以预防鱼在养殖过程中出现病害是至关重要的。

1. 车轮虫病

车轮虫病主要流行于5~8月，在鱼苗养成夏花鱼种的池塘极容易发生。

一般在池塘面积小、水浅且换水不方便、水质条件差、鱼种放养密度高的情况下容易造成此病的流行。防治方法：可以选用专杀车轮虫的产品，如五指峰“纤必克”（100mL/瓶），每瓶用 3 亩（1m 水深）。对于原生动物车轮虫，最好隔天用 1 次杀虫药，连用两次。这种个体较小的原生动物繁殖速度很快，有时用 1 次药并不能完全杀灭虫体，需要根据发病情况以及温度决定用药次数。

2. 细菌性疾病

鱼体鳃部如有寄生虫寄生，大多会有不同程度的烂鳃情况。此外，鱼体的尾部也会因为细菌的侵蚀而在尾鳍边缘出现一条白色的线，严重时鳍条基部和眼眶周围会有明显的充血现象。鱼鳃部因为寄生虫的侵蚀会有点状白色的区域，严重时会成片，且带有泥巴。此类烂鳃不是单纯的细菌性烂鳃，主要还是由于寄生虫对鳃丝组织的破坏继而引发感染造成的烂鳃。这种情况下杀灭寄生虫是关键，许多养殖户只是单纯地用杀菌药，效果往往不明显。建议养殖户先用“伊微乳”或者用“立克净”，每瓶用 3 亩（1m 水深），以杀灭寄生虫。

3. 肝胆及肠炎病

若鱼患肝胆及肠炎疾病，剖开鱼体发现部分鱼体的肝脏局部发白，出现花肝症状；胆囊肿大，颜色发蓝；肠道通红，剖开肠道可见肠壁充血发炎，有黄色脓液。对于吃食凶猛的鱼种，很多养殖户也投足了饲料。这样鱼种长势快的同时，也使肝脏负荷也增大，加上前期驱虫杀菌过多或滥用药物，草鱼会发生肝胆病和肠炎。很多养殖户在鱼种培育前期只是简单地用些杀虫、杀菌产品，而忽视了对鱼内脏特别是肝脏的调理。因此，建议养殖户在做好寄生虫病以及烂鳃病的预防以及治疗工作的同时，也不能忘了定期（如半月 1 个疗程）给鱼内服保肝护肝产品如“肝肾康宁”或“肝胰倍健”。对于肠炎比较严重的鱼还需要在饲料中添加“出血肠炎宁”或者“蒲甘散”。

水产养殖技术是一门复杂综合学问，应通过对养殖环境、水产品种类进行科学的研究，利用先进的养殖手段，调节水产养殖区域的水质环境，同时采取多物种共同饲养的养殖模式，才能保证水产品的产量和质量。

第三节　运输中的生态环境因素

在运输中，生态环境因素（水温、水质、盐度、酸碱度、溶解氧、排泄物与悬浊物）直接影响着水产品的品质，进而影响贮运过程。

一、水温

水温是影响活鱼虾蟹运输成活率的重要因素。水温越高对运输越不利。原因有以下三点。

（1）水的饱和溶解氧含量与水温成反比，即水温越低，饱和溶氧越高。

（2）温度高→耗氧率快→代谢物多→微生物分解加快→水体缺氧，水质恶化。

（3）水温高，鱼类活动加剧，运输过程中鱼往往跳跃、急剧挣扎和冲撞，既消耗体力又容易受伤。水温直接影响鱼类的新陈代谢强度，从而影响鱼类的摄食。

1. 养殖适宜水温

养殖鱼类最适水温为 22～30℃，适宜生存温度为 0～36℃，水温过高会导致鱼类生长、代谢加强，呼吸加快，耗氧增加，同时池中其他耗氧因子的作用加强，因此，夏季高温季节精养池塘中的鱼类容易出现缺氧浮头现象。水温直接影响池中细菌和其他水生生物的代谢强度，水温在适宜范围内可以为浮游生物提供充足的营养，加快池塘物质循环，因此，夏季若水温超过 30℃，应采取降温措施。水温过低会增加饲料消耗，同样不利于鱼类生长。

水温对鱼类的影响可分为直接影响与间接影响。水温可直接影响鱼类的新陈代谢，而新陈代谢和体温的变化直接影响鱼类的摄食和生长。在适宜的温度下，温度越高，摄食量会有所增加。同时，水温还会影响鱼类性腺的发育并决定产卵的时期。鱼类生存在水中，几乎所有的环境因子都受水温压制，水温影响水中溶解氧的含量，水温越高含氧量越低，所以水温还会间接影响鱼类的生长发育。

2. 贮运适宜水温

降低水温往往是运输成功的技术关键，但运输水温也不能过低，温度过低，鱼体容易发生冻伤（其症状是鳞片下出血），甚至冻死。据测定，体重为6. 5kg的鲢亲鱼，当水温从3℃经7h下降至0. 3℃时，会失去平衡随即死亡（此时水中溶氧达11. 2mg/L，二氧化碳为10. 6mg/L）。运输鲤科鱼类最适水温为5~10℃，在南方以15℃以下为宜，一般不超过25℃。从运输开始装鱼至运输结束的整个过程中，水温不能急剧变化，不然会给运输鱼体的成活率带来不利影响。

鱼类是变温动物（冷血动物），水温对鱼类的摄食强度有重要影响。在适温范围内，水温升高对养殖鱼类摄食强度会有显著促进作用；水温降低，鱼体代谢水平也降低，导致鱼体欲减退，生长受阻。草鱼在水温升至27~32℃时摄食强度最大。鲢、鳙的代谢率在水温20~30℃范围内，温度升高1℃时，代谢强度约增加10%；当水温降至15℃以下，食欲显著降低。鲤在水温为23~29℃时摄食最旺盛，在水温降至3~4℃时便停止摄食。

水温是最重要的环境因子之一，它不但会对鱼类的新陈代谢造成影响，还会改变水环境中其他要素，进而对鱼类生长造成影响。实际中，水温状况与鱼类疾病流行、发生都存在密切的关系，特别是夏季的雷雨天，水温较高，会加速分解鱼塘残渣，还原物和浮游生物就会在水中大量堆积，进而大量消耗其中的氧并使水中缺氧，这时鱼类感染疾病的概率就会大大增加。当水温在25~35℃并且天气少雨时，草鱼就会出现出血病；草青鱼肠炎在水温高于28℃时多发；鱼类烂鳃病在水温高于20℃的情况下比较常见。水温对鱼类和其他水生生物的生长和生存有较大影响，鱼类和水生生物对水温也有一定的适应范围，对适应温度有最高和最低的限度，超过限度就会导致生理失调甚至死亡。根据鱼类在不同温度下的生长特性，可将水温可分为3个范围：水温在10~15℃为鱼类的弱度生长期，鱼缓慢生长；水温在15~24℃为鱼类一般生长期，鱼的生长和增重速度一般；水温在24~30℃是最适生长期，生长和增重速度最快。如表3-1所示。

表 3-1　温度对鱼类运输的影响

鱼类	体重/kg	水温/℃	平均呼吸率/（次/min）	运输途中鱼类活动情况	运输结束时测定		
					溶氧/（mg/L）	二氧化碳/（mg/L）	二氧化碳呼出率/［mg/（kg·h）］
鳙鱼	1~1.5	8	22.5~25.9	120h 均正常	9.6~10.8	110~123	6.1~10.2
	1.1	15	39.5~44.6	72~105h 死亡	2.1~4.2	186.5~190.4	16.4~23.8
草鱼	1.5	8	36	120h 均正常	13.4	93.2	5.2
	0.85	15	46	120h 均死亡	5.4	158.4	15.5

总的来说，水温过低的影响略低于水温过高的影响。当水温异常，如水温骤变时，鱼类的新陈代谢紊乱，血液 pH 会重新调整，电解质紊乱，鱼体会出现痉挛、呼吸急促、焦躁不安等现象。

二、水质

1. 运输用水

水产品的运输用水必须选择水质清新、含有机质和浮游生物少、中性或微碱性、不含有毒物质的水。通常，澄清的河流、湖泊、水库等大水面的水较清新，适宜作为运输用水。

（1）养鱼池的水质富含营养，一般不宜采用。

（2）井水往往含氧量较低，宜先注入水泥池停置 2~3d 或用充气泵增氧后使用。

（3）自来水水中含有余氯，而余氯对鱼类有毒害作用，所以不宜使用。家鱼苗有效氯致死试验表明：水中含氯量在 0.2~0.3mg/L 时即可引起部分鲢、鳙鱼苗死亡，达 0.35mg/L 时，全部鱼苗死亡。据我国生活饮用水卫生规范规定，出厂自来水的余氯不得低于 0.3mg/L，部分大中城市自来水的余氯含量比规定高出一倍以上，有的甚至高达 1mg/L，因此，用自来水作为运输用水，必要时先去除水中的余氯。

去氯可采用以下方法：

①将自来水放入水泥池或大容器内放置2~4d，让水中余氯自然逸出再用；或用气泵（或微型增氧机）向水中充气24h后，即可使用。

②如需立即使用，可向水中加入硫代硫酸钠快速除氯。其原理是：

$$Cl_2+2Na_2S_2O_3 \longrightarrow 2NaCl+Na_2S_4O_6$$

2. 二氧化碳（CO_2）

运输过程中，鱼类呼吸会不断排出二氧化碳积累于水中，从而影响鱼类生存。在开放式运输容器中：CO_2会逸出水面，故水中CO_2的积累浓度不会危及鱼类的生存。在封闭式运输容器中，CO_2无法向外扩散，随着运输时间的延长，CO_2常会积累到很高的浓度，导致鱼类麻痹甚至死亡。

上海水产大学的测试数据表明：采用塑料袋加水充氧（封闭式）长途运输家鱼、亲鱼，袋内水中CO_2浓度在50~80mg/L，鱼类表现为呼吸乏力；80~140mg/L，会使鱼发生麻痹反应，每分钟的呼吸吸频率减少；达150mg/L以上时，鱼类开始死亡，此时，水中溶氧含量较高。因此，塑料袋内亲鱼的死亡并不是由于缺氧，而主要是由高浓度的二氧化碳或其与氨联合作用所引起的。

因此，如何降低水中二氧化碳的排出量是提高运输成活率的技术关键，通常采用以下方法来减少水中二氧化碳等有毒物质的积累：①降低运输水温；②向水中添加缓冲剂；③加入天然沸石、活性炭等。

三、盐度的影响

在运输过程中，要注意水体盐度。溶解于水中的各种盐类，主要通过渗透压影响鱼体。鱼类对盐度的适应范围因种而异，鱼的种类在纯淡水直到盐度为47‰的海水（通常盐度为31‰~35‰）中均有分布。各种鱼类能够在不同盐度的水域中正常生活，这与其具有完善的生理调节机制有关。很多鱼类对于盐度的缓慢变化，表现出很大的忍耐性，这一特点在生产上被颇多利用。

我国池塘主要养殖的鱼类都属典型的淡水鱼类，适宜生活在盐度为0.5‰以下的水体中，即通常所说的淡水中生活。但它们对盐度的变化也有一定的适应能力，可以在盐度为5‰的水中生长发育。草鱼能在半咸水河口中生活，在盐度高达9‰的有潮水进入的沼地中也有分布，当盐度高达12‰时才停止摄食。根据试验，在盐度为7‰，相对密度为1.006以下的海水中可以养殖草鱼，而且生长良好，平均年亩产可达226kg（混养鲻和少量链、鳙）。鲢的幼鱼能适应5‰~6‰的盐度，成鱼能适应8‰~10‰的盐度。鲤鱼对盐度的适应能力较强，甚至能在我国西北地区的一些内陆盐碱性湖泊中生存。

四、酸碱度（pH）的影响

酸碱度即指水中氢离子浓度，一般以pH表示。pH主要决定于水中游离二氧化碳和碳酸盐的比例。一般天然海水的pH比较稳定，通常为7.85~8.35，但在内陆水域及池塘中，pH的变化较大。各种鱼类有不同的pH最适范围，一般鱼类多适应中性或弱碱性环境，在pH为7~8.5，pH不能低于6以下。酸性水体可使鱼类血液中的pH下降，使一部分血红蛋白与氧的结合完全受阻，因此会减低其载氧能力。在这种情况下，尽管水中含氧量较高，鱼类也会缺氧。当pH超出极限范围时，水体会破坏鱼体的皮肤黏膜和鳃组织。同时，在酸性环境中，细菌、藻类和各种浮游动物的生长、繁殖均受到抑制；消化过程滞缓、有机物的分解速率降低，可导致水体内物质循环速度减慢。

不同的鱼类对水域pH的适应范围不同。例如，淡水鱼的水域pH适应范围为6.5~8.5，海水鱼为7.5~8.5。代谢排出的二氧化碳和氨会引起水体pH发生变化，水体pH过低或过高都会刺激鱼的鳃和皮肤的感觉神经末梢，进而影响鱼的呼吸。二氧化碳的积蓄，可使pH降低；氨的大量排出，可使pH升高。二者都会使鱼受到刺激，对鱼的存活不利。生产上通常采用两种方法来稳定运输水体的pH：一是向水中加入缓冲剂（三羟甲基氨基甲烷）、磷酸盐等，将水体的pH控制在一定范围内；二是向活运水体中添加沸石、活性炭等各种吸附物质以除去水中的氨。

pH低于6.5时，鱼类血液的pH下降，血红蛋白载氧功能发生障碍，导致鱼体组织缺氧，尽管此时水中溶氧量正常，鱼类仍然表现出缺氧的症状。另外，pH过低时，水体中S^{2-}、CN^-、HCO_3^-等会转变为毒性很强的H_2S、HCN、CO_2；而Cu^{2+}、Pb^{2+}等重金属离子则变为络合物，使其对水生生物的毒性作用大为减轻。pH过高时，离子NH^{4+}转变为分子氨NH_3，毒性增大，水体为强碱性，腐蚀鱼类的鳃组织，造成鱼类呼吸障碍，严重时可使鱼窒息。强碱性的水体还影响微生物的活性进而影响微生物对有机物的降解。《渔业水质标准》

(GB 11607—1989) 中规定养殖水体 pH 为 6.5~8.5，这是鱼类生长的安全 pH 范围，过高或过低都将造成养殖的低产量，大部分鱼类苗种培育阶段的最适 pH 为 7.5~8，成鱼养殖阶段的最适 pH 为 6.5~7.5。

实际中，多数鱼类适合生长在微碱性水环境中，通常情况下 pH 为 7.5~8.5 最适合鱼类生存。这样的微碱性水环境非常有利于鱼类和其他水生物的生长，并且也非常有利于对生态环境的保护。当水环境 pH 过高时，不仅生活在其中的鱼类的生病概率会大幅提升，其呼吸和消化功能还受到影响，并且在这样的环境下致病菌会大量繁殖。如果 pH 过低，那么水环境中氨的毒害程度就会大幅增加，那么就会有大量鱼类中毒。在水体 pH 大于 10 或者小于 4 的情况下，鱼类就会大量死亡。

五、溶解氧

大多数鱼类适应于用鳃来吸收水中溶解的氧气。少数鱼类尚具有辅助呼吸器官。直接影响：溶解氧不足，会造成窒息。间接影响：充足的溶氧有利于天然饵料的繁生，为养殖鱼类提供更多的食料。溶解氧不足，可能引起嫌气性细菌的滋生，嫌气性细菌对有机物的分解将产生还原性的有机酸、氨、硫化氢等，进一步消耗溶解氧，可对鱼类起到毒害作用。鱼类通过提高呼吸活动来应付溶氧的不足。当水体严重缺氧时，则产生“浮头”现象。若水体含氧量继续锐减，鱼类将进入麻痹状态，最后窒息而死。溶解氧的来源及消耗有以下内容。来源：从大气中溶入，浮游植物或其他水生植物的光合作用，大气中氧的融入速度一般与水温成反比，与大气压力成正比，也与水的机械运动如波浪、潮汐等有关。消耗：水生生物的呼吸和有机物分解耗氧。

在无水活运的情况下，空气中氧气含量比水中大 30 倍左右，而且空气中氧气的扩散速度约为水中的 30 万倍，所以在无水贮运过程中一般不会出现缺氧现象。但对以鳃为主要呼吸器官的鱼类来说，因活鱼的鳃暴露在空气中，无水环境使鳃丝黏着，使有效气体的交换面积锐减，使氧气的交换量远小于水中的交换量，所以鱼类的无水活运较虾、蟹、贝类等水产品活运存活率低。在有水活运的情况下，水中所含氧气饱和时浓度为 5~10mg/L，活水产品所消耗的氧气为 10~1000mL/(h·kg)，这一数值与水产品的种类、体重和水温等有关；水产品体重较大、运送水温较高时耗氧量较大；对于大多数鱼类来说，温度每升高10℃，耗氧量大约增加1倍；鱼等水产品处于兴奋状态的耗氧量较静止状态下增加3~5倍；装运的密度越大，耗氧量也越大。氧的消耗使水中氧的浓度不断下降，为了提高水产品有水活运的存活率，必须不断向水中供给一定的氧气。供氧的多少与活运水产品的耗氧量有关，生产上常常采用降温、麻醉及停食等措施降低活运水产品的兴奋性与代谢强度，从而减少耗氧量。

供给活运水产品的氧源可采用各种释氧剂（如过氧化氢、过氧化氢与碳酸钠或尿素的结晶物）与纯氧等。用增氧剂供氧具有操作简便等优点，特别适合于空运。在车运或船运时运用增氧剂供氧，要处理好供氧的时间与供氧速度之间的关系。采用纯氧泵供氧效果好，比较适合于汽车或船运供氧，但操作比较复杂。

养殖水体中溶氧的含量一般应在5~8mg/L，至少应保持在4mg/L以上，缺氧时，鱼类会烦躁不安，呼吸加快，大多集中在表层水中活动，缺氧严重时，鱼类大量浮头，游泳无力，甚至窒息而死。溶氧过饱和时一般没有什么危害，但有时会使鱼类患气泡病，特别是在苗种培育阶段。水中充足的溶氧可抑制水中生成有毒物质，并可降低有毒物质的含量，而当溶氧不足时，氨和硫化氢则难以分解转化，极易达到危害鱼类健康生长的含量。

六、排泄物与悬浊物

水产品排泄物包括呼吸器官排出的二氧化碳、氮；皮肤排出的黏液、水分和无机盐；肾脏排出的氨、尿酸和尿素；肠道排出的各种无机物。黏液、剥离组织碎片、有机物等又形成悬浊物。悬浊物一方面造成水产品摄氧困难，另一方面有利于微生物生长，易使活运水产品受感染，导致水产品死亡。除去悬浊物的方法，以过滤最为有效，循环过滤式水槽，适用于活鱼运输；减少排泄物，一般可通过停喂饵料和暂养等方法使其先排空，和降低运输途中水产品代谢强度等措施来解决。

水中的氨氮以分子氨和离子氨的形式存在，分子氨对鱼类有很大毒性，而离子氨不仅无毒，还是水生植物的营养源之一。水体中氨浓度过高时，会使鱼类产生毒血症，长期过高则将抑制鱼类的生长、繁殖，严重中毒者会死亡。我国渔业水质标准规定分子氨浓度应小于0.02mg/L，这是理想、安全的水质氨指标；分子氨浓度在0.2mg/L以下时，一般不会导致鱼类发病；如浓度达到0.2~0.5mg/L，则对鱼类有轻度毒性，易引起鱼类发病。水体中亚硝酸盐浓度过高时，可通过渗透与吸收进入鱼类血液中，从而使鱼类血液丧失载氧能力。

实际中，如果鱼池底部大量堆积淤泥，在夏秋高温季节就会出现有毒氨和亚硝酸亚超标的现象，特别是在残饵、杂草堆积过厚的地方，经常会有硫化氢产生，进而对养殖鱼类造成毒害。如果要保证鱼类的正常生长，那么亚硝酸盐浓度不应当超过0.2mL/L、有毒氨氮浓度不能超过0.02mg/L。池中氧气不足时就会有硫化氢、亚硝酸盐、铵态氮产生，严重时可危害鱼类。

七、鱼类的兴奋与体质

在运输过程中，由于震动以及其他环境条件的变化，鱼类会因兴奋或受惊吓而激烈挣扎游动，造成水体供氧不足，并产生大量乳酸破坏酸碱的平衡，从而造成活鱼输送放养后出现迟发性死亡增加的情况。此外激烈运动会造成黏膜和鳞片脱落，使鱼体表受伤，易发生微生物感染。因此，在运输前，一定要挑选体质健壮、适应能力强的个体作为活运对象。为了减少远途运输中水产品的兴奋对氧的消耗，运输前常将运输的水产品暂养1~2d，同时可以逐步降温的方式使水产品适应运输环境。

参考文献

[1] 周丰林，陶丽竹，王安琪，毛思琦，徐晓雁，李家乐，沈玉帮．养殖青鱼组织状态评估及肠道消化酶和抗氧化酶分布特征［J］．上海海洋大学学报，2021，30（02）：205-213.

[2] 刘苗苗，吕翠美，王民，郭亚男，邢宝龙．基于四大家鱼生境需求的灌河生态需水过程研究［J］．水利水电技术（中英文）．2021，52（05）：149-157.

[3] 朱友成，唐炳，李美玲，宋湘健．池塘藕、虾、鱼生态养殖技术［J］．当代水产，2020，45（12）：75-76.

[4] 王国强，王雯．应激反应对鱼类影响的研究进展［J］．安徽农业科学，2009，37

(24): 11579-11580.

[5] 陈鹏飞，伍莉. Vc 对苗王云鲫生长及运输应激的影响 [J]. 畜牧场，2009 (4): 21-24.

[6] 张饮江，黎臻，谢文博，等. 金鱼对低温、振动胁迫应激反应的试验研究 [J]. 水产科技情报，2012，39 (3): 116-122.

[7] 刘崇新，谢骏. 抗应激技术在水产饲料和水产养殖中的应用 [J]. 饲料工业，2009，30 (12): 54-56.

[8] 陈春娜，黄颖颖. 营养素对水产动物应激的影响 [J]. 饲料研究，2003 (12): 13.

[9] 毛非凡，陈刚，马骞，周启苓，施钢，黄建盛，邝杰华. 养殖军曹鱼稚鱼骨骼畸形研究 [J]. 渔业科学进展. 2022，43 (01): 133-140.

[10] 郗明君，李宝伟. 爱辉区冷水鱼养殖现状及发展前景 [J]. 黑龙江水产，2021，40 (03): 28-29.

[11] 张友存，蒋万良，张四春，官鹏，黄茂，薛旭，张丽媛. 养殖鱼康鱼良白鱼常见病害防治技术 [J]. 水产科技情报. 2021，48 (05): 274-280 .

[12] 孙俊美. 草鱼常见病的特点、诱因及防治措施 [J]. 养殖与饲料，, 20 (07): 114-115.

[13] 汪文忠. 草鱼科学养殖与病害防治技术要点 [J]. 渔业致富指南，2021 (06): 61-64.

[14] 李海洋，程云生. 大宗淡水鱼的生物学特性及养殖水环境的调控 [J]. 畜牧与饲料科学，2010，31 (3): 66-67.

[15] 冉凤霞，金文杰，黄屾，等. 盐度变化对鱼类影响的研究进展 [J]. 西北农林科技大学学报 (自然科学版)，2020，48 (8): 10-18.

[16] 胡云峰，潘悦，王雅迪，等. 基于 pH 值变化的冷藏草鱼肉新鲜度预测模型研究 [J]. 食品研究与开发，2021，42 (2): 14-17，52.

[17] 林国文. 珍珠龙胆石斑鱼对水温、盐度和溶解氧的耐受研究 [J]. 水产养殖，2020，41 (09): 29-32.

[18] 张金宗. 科学养鱼五注意 [J]. 新农村，2017 (03): 31-33.

[19] 韩博飞，王卫东. 越冬鱼池中后期技术管理措施 [J]. 黑龙江水产，2017 (01): 44-45.

[20] 孟琦. 2016. 水产养殖存在的问题及防治 [J]. 农民致富之友，2016. (15): 130.

[21] 冯祖稳. 草鱼生态养殖技术及病害防治措施 [J]. 渔业致富指南，2015 (24):

29-31.

[22] Barton B A, Iwama G K. Physiological changes in fish from stress in aquaculture with emphasis on the response and effects of corticosteroid [J]. Annual Rev Fish Dis., 1991, 1: 3-26.

[23] Heath Alan G., Iwama G. K., Pickering A. D., Sumpter J. P et al. Fish stress and health in aquaculture [J]. London: Cambridge University Press, 2011: 35-72.

第四章

水产品贮藏保鲜原理

我国水产资源丰富，是全球最大的水产品养殖与出口国。水产品水分含量高，蛋白质和不饱和脂肪酸稳定性较差，易引起品质劣变，降低其食用品质和商业价值。中国每年水产品损失率高达15%左右，而欧美等发达国家平均损失率仅为2%~5%，由此可见，水产品保鲜技术已经制约了中国水产行业的健康发展。而先进的保鲜技术有利于水产品远距离运输、贮藏和反季销售，提高市场竞争力。因此选择和优化水产品保鲜技术，延长保质期，一直是国内外学者关注的焦点。

水产品蛋白质含量高、脂肪含量低，维生素和微量元素含量丰富，营养价值极高，但受其捕获和处理方式、肉质的脆弱性和柔软性，以及其自溶酶的活性温度低，附着的微生物在室温下活性强等影响，常温下水产品容易腐败变质。当水产品失活后，因其组织柔嫩，蛋白质和水分的含量较高，若任其自然放置，会在其体内进行着一系列的物理、化学和生理上的变化，很快就会变质腐败，失去食用价值。当鱼死后，细菌会从肾脏、鳃等系统和皮肤、黏膜、腹部等侵入鱼的肌肉，特别当鱼死后僵硬结束后，细菌繁殖迅速。细菌的繁殖可使水产品腐败，发生质变，并可能产生组胺等有毒物质。因此，必须加强水产品的保鲜工作。

因此，在水产品的加工、贮运及销售等过程中，需要采取适当的保鲜措施来保持鱼肉的新鲜度。在采取适当的保鲜措施时，首先我们应该掌握其原理，接下来本章主要介绍其水产品贮藏原理，根据其原理来掌握其保鲜方法。

第一节　鱼贝类的化学组成

鱼虾贝类的化学组成是水产品加工中必须考虑的重要工艺性质之一，它不仅关系到产品的食用价值和利用价值，而且还涉及加工贮藏的工艺条件和成品的产量和质量等问题。鱼虾贝类肌肉的一般化学组成大致是水分含量60%~85%，蛋白质约20%，灰分1%~2%，脂质在1%~15%，糖类在1%以下。表4-1所示的是一些常见鱼虾贝类肌肉的化学组成，但其具体组成常随种类、季节、洄游、产卵、鱼龄、部位和鲜度等因素在较大范围内波动。各种鱼虾贝肉中粗蛋白的含量受各种因素的影响，但影响幅度较小，灰分也受外界影响程度不大。但水分和脂肪含量受产地、捕捞季节、大小、鱼种、生活习性等因素影响较大。

表 4-1　几种鱼贝类肌肉的化学组成　　单位：%

鱼贝名称	水分	蛋白质	脂质	碳水化合物	矿物质
鲅鱼	72.5	21.2	3.1	2.1	1.1
带鱼	73.3	17.7	4.9	3.1	1.0
鲤鱼	76.7	17.6	4.1	0.5	1.1
比目鱼	74.5	21.2	2.3	0.5	1.5
牡蛎	82.0	5.3	2.1	8.2	2.4
章鱼	86.4	10.6	0.4	1.4	1.2
红螺	68.7	20.2	0.9	7.6	2.6
墨鱼	79.2	15.2	0.9	3.4	1.3
鲈鱼	77.5	18.6	2.4	0	1.5
对虾	76.5	18.6	0.8	2.8	1.3
河虾	78.1	16.4	2.4	0	2.9
海蟹	77.1	13.8	2.3	4.7	2.1
海带（鲜）	94.4	1.2	0.1	1.6	2.2
海参（鲜）	77.1	16.5	0.2	0.9	3.7
海蜇皮	76.5	3.7	0.3	3.8	15.7

一、水分

水是生物体一切生理活动过程所不可缺少的，也是水产食品加工中涉及加工工艺和食品保存性的重要因素之一，在鱼贝类中与其他几种成分相比含量最高。水产原料中鱼类的水分含量一般在 75%~80%，虾类在 76%~78%，贝类在 75%~85%，软体动物在 78%~82%，藻类在 82%~85%，海蜇类在 95%以上，通常比畜禽类动物的含水量（65%~75%）要高。通过水的作用，DNA、蛋白质等生物高分子保持着特殊的高级结构，同时水分还影响着一些物质的性质、功能。关于水分在原料或食品中存在的状态，通常有两种表示方法，一种是用自由水和结合水表示，另一种则是以水分活度（A_w）表示。

在生物体内的水按其存在状态可以分为自由水和结合水，两者的比例约为4∶1。自由水作为溶剂可输送营养和代谢产物，可在体内自由流动，参与维持电解质平衡和调解渗透压，在干燥时易蒸发，在冷冻时易冻结，能被微生物利用。结合水通过氢键和离子键与蛋白质和其他物质结合，难以被蒸发和冻结，根据其结合性质和强度，又可将其分为化学结合水、吸附结合水和渗透结合水三种类型。在加工中，可被除去的水分主要是自由水、渗透结合水和部分吸附结合水，而化学结合水一般不易通过脱水干制方法除去，水产原料中这部分水分占全部水分的4%~6%。

水分活度（A_w）指溶液中水的逸度与纯水逸度之比，可以近似地表达为溶液中的水蒸气分压与同温下纯水蒸气压之比，通俗地讲就是可以被微生物所利用的那部分有效水分。它与食品的含水量有相关性，但并不一定成正比例关系。尽管两种物料的含水量相同，但由于其化学组成和物料内部的结构不同，会使两者水分活度不同。新鲜水产原料的 A_w 一般在0.98~0.99，因为各种化学反应，特别是生物化学反应、微生物的生长发育等都与水分活度有着更为密切的关系，所以，了解生物化学反应和微生物所需要的水分活度（表4-2），有助于预测原料的耐贮性。

表4-2　一般微生物生长繁殖所需的最低 A_w

微生物种类	生长繁殖的最低 A_w
革兰阴性杆菌、一部分细菌的孢子、某些酵母	1.00~0.95
大多数球菌、乳杆菌、杆菌科的营养体细胞	0.95~0.91
大多数酵母	0.91~0.87
大多数霉菌、金黄色葡萄球菌	0.87~0.80
大多数耐盐细菌	0.80~0.75
耐干燥霉菌	0.75~0.65
耐高渗透压酵母	0.65~0.60
任何微生物都不能生长	<0.60

二、蛋白质

鱼贝类中的蛋白质根据溶解度可分为三类：可溶于中性盐溶液（I≥0.5）中的肌原纤维蛋白（也称盐溶性蛋白），可溶于水和稀盐溶液（I≤0.1）的肌浆蛋白（也称水溶性蛋白），以及可溶于水和盐溶液的肌基质蛋白（也称水溶性蛋白），如表4-3所示。通常所说的粗蛋白除了上述这些蛋白质外，还包括存在于肌肉浸出物中的低分子肽类、游离氨基酸、核苷酸及其相关物质和氧化三甲胺、尿素等非蛋白态含氮化合物。

表4-3 鱼贝类肌肉蛋白质的分类

分类	溶解性	存在位置	代表物
肌浆蛋白 20%~35%	水溶性	肌细胞间或肌原纤维间	糖酵解酶 肌酸激酶 小清蛋白 肌红蛋白
肌原纤维蛋白 60%~70%	盐溶性	肌原纤维	肌球蛋白 肌动蛋白 原肌球蛋白 肌钙蛋白
肌基质蛋白 2%~10%	不溶性	肌隔膜 肌细胞膜 血管等结缔组织	胶原蛋白

1. 肌浆蛋白

把新鲜的肌肉经研磨破碎后，用低离子强度（离子强度0.05~0.15mol/kg）的溶剂提取，经7000r/min（相对离心力）离心后，可以得到除去了细胞等微粒和肌纤维蛋白等的上清液，这部分蛋白就是肌浆蛋白，或称水溶性蛋白。肌浆蛋白由肌纤维细胞质中存在的白蛋白和代谢中的各种蛋白酶以及色素蛋白等构成，定性较好，不易受外界因素的影响而变性。肌浆蛋白有 100 多种，其中大多数的等电点在 6.0~7.0，相对分子质量在 1 万~10 万，分子形状都近似球状。红身鱼类的肌浆蛋白含量多于白身鱼类，因肌浆蛋白中含有较多的组织蛋白酶，所以红身鱼类死亡后组织的分解和腐败变质的速度快于白身鱼类。

2. 肌原纤维蛋白

用高浓度中性盐溶液（离子强度 0.5~0.6mol/kg）提取研碎的鱼肉，经 12000×*g* 的离心力离心后得到的盐溶性蛋白，也称肌原纤维蛋白。鱼贝类的肌原纤维蛋白由肌球蛋白、肌动蛋白以及称为调节蛋白的原肌球蛋白与肌钙蛋白所组成，是支撑肌肉运动的结构蛋白质。其中，肌球蛋白和肌动蛋白是肌原纤维蛋白的主要成分，由前者为主构成肌原纤维的粗丝，由后者为主构成肌原纤维的细丝。与陆产动物相比较，鱼肉肌球蛋白的最大特征是非常不稳定，易受外界因素的影响而发生变性，并导致加工产品品质的下降。鱼种之间肌原纤维的热稳定性有很大差异，热水性鱼类较稳定，冷水性鱼类的肌原纤维稳定性较差，故提高肌原纤维蛋白的稳定性以防止其变性是水产品贮运中必须考虑的一个重要问题。

3. 肌基质蛋白

肌基质蛋白是由胶原蛋白和弹性蛋白连接构成的结缔组织蛋白，存在于肌纤维细胞的间隙内，构成肌纤维外围的肌内膜。胶原蛋白是生物中的重要蛋白，存在于鱼贝的皮、骨、鳞、腱、膘等处，占总蛋白的 15%~45%。胶原蛋白的空间结构不同，组合出外观形态上的差异性，如骨骼中以玻璃晶体状排列，使骨骼坚硬，在皮肤中以苇席状编织，使皮肤有坚韧的弹性等。肌基质蛋白占全部蛋白质含量的 2%~10%，远远低于陆产动物（15%~20%），所以鱼肉的肉质一般比畜禽动物更鲜嫩，这也是水产原料蛋白质构成的特点之一。

三、脂质

脂质具有许多重要的功能，如作为热源、必需营养素（必需脂肪酸和脂溶性维生素）、代谢调节物质、绝缘物质（保温和断热作用）、缓冲（对来自外界机械损伤的防御作用）及增大浮力等。海产动物的脂质在低温下具有流动性，并富含多不饱和脂肪酸和非甘油三酯等，与陆上动物的脂质有较大的差异。

鱼贝类脂质大致可分为非极性脂质和极性脂质。非极性脂质中，含有中性脂质、衍生脂质及烃类。中性脂肪是甘油三酯、甘油二酯及甘油单酯的总称，一般指脂肪酸和醇类（甘油或各种醇）组成的酯，但有时也包含烃类。衍生脂质是脂质分解产生的脂溶性衍生化合物，如脂肪酸、多元醇、固醇、脂溶性维生素等。极性脂质又称复合脂质，磷脂、糖脂质、磷酰酯及硫脂等均属此类。大部分的脂质组成中，含有脂肪酸形成的酯。鱼贝类的器官和组织内，脂质也有以游离状态存在的，但也有和其他物质结合存在的，如脂蛋白、蛋白脂、硫辛酰胺等具有亲水性的复合脂质。

鱼体中的脂肪根据其分布方式和功能可分为蓄积脂肪和组织脂肪两大类。前者主要是由甘油三酯组成的中性脂肪，贮存于体内用以维持生物体正常生理活动所需要的能量，其含量受多种因素的影响；后者主要由磷脂和胆固醇组成，分布于细胞膜和颗粒体中，是维持生命不可缺少的成分，其含量稳定，几乎不随鱼种、季节等因素的变化而变化。

根据含脂量的多少可把鱼类分为四种：含脂量少于1%的鱼类称为少脂鱼，主要是一些底栖性鱼类，如鳕鱼、鳐鱼、马面鱼、银鱼等；含脂量在1%~5%范围内的鱼类称为中脂鱼，主要是中上层洄游性鱼类，如大黄鱼、鲣鱼、鲐鱼、白鲢等；含脂量在5%~15%的为多脂鱼，也是以中上层洄游性鱼类为主，如带鱼、大麻哈鱼、蓝圆鲹、鲳鱼等；而含脂量大于15%的鱼类被称为特多脂鱼，如鲥鱼、鳗鲡、金枪鱼等。必须指出的是，由于鱼类含脂量变化较大，因此鱼类按这一标准的划分不是一成不变的。

1. 甘油酯

甘油酯是甘油与脂肪酸结合的酯类，包括甘油单酯、甘油二酯、甘油三酯，生物体内以甘油三酯为多。甘油三酯是积蓄脂肪的主要成分，它不仅与生物的营养状况有关，还受到季节、性别年龄、地域等因素的影响。鱼体内脂质和水分含量之和是一个相对稳定的数值，而水分与脂呈负相关关系。一般来说，鲑、鲔、鲐、沙丁鱼等洄游性红身鱼类的含脂量高于石首鱼、鳕鱼、比目鱼等低栖性的白身鱼类，而这两类鱼种水分含量情况正好相反。含脂量多的鱼类，其含脂量与含水量受季节和产卵期的影响很大。越冬前的季节，鱼体内蓄积脂肪量多，水分含量相对少；而越冬后，脂肪含量大大减少，水分含量则增加。鲱鱼在产卵前，体内脂肪含量高达13%左右；产卵后则脂肪含量消耗殆尽，只有1%左右。

鱼贝类脂肪中，除含有畜禽类中所含的饱和脂肪酸及油酸（C18：1）、亚油酸（C18：2）、亚麻酸（C18：3）等不饱和脂肪酸外，含有20~24碳具有4~6个双键的高度不饱和脂肪酸。不同于其他富含饱和脂肪酸的动物脂肪，鱼油富含n-3型多不饱和脂肪酸（n-3PUFA），其中二十碳五烯酸（EPA）、二十二碳六烯酸（DHA）是人类生长发育所必需的营养物质，在海水鱼中含量最高，淡水鱼次之，畜禽类中最少。研究证明，鱼油具有抗氧化、调节血脂、增强免疫力、预防心脑血管疾病等功能；此外，鱼油还可以促进脑细胞生长发育，提高学习记忆能力以及预防老年性痴呆。研究证明，这与水产类动物生长的环境温度有一定的关系，环境温度越低，脂肪中不饱和脂肪酸的含量就越高。但也正是这种高度不饱和性，给鱼贝类保鲜和加工带来了极大的困难。

2. 磷脂

磷脂是一种组织脂肪，主要作为细胞膜的构成成分，也存在于脑、内脏、生殖腺等器官内，是生物体的重要组成成分，海产磷脂更具有种类和结构上的特殊性。鱼贝类存在的主要磷脂质也同其他动物一样，有磷脂酰胆碱、磷脂酰乙醇胺、磷脂酰丝氨酸、磷脂酰肌醇、鞘磷脂等，前两者占鱼类肌肉磷脂质的75%。磷脂在鱼贝类体内含量占0.3%~0.6%，占总脂的30%，鱼虾类中磷脂含量较低，软体动物特别是贝类中含量略高。

磷脂在鱼贝类贮藏过程中极易被破坏。磷脂比高不饱和脂肪含有更多的双键，所以更加容易被氧化，氧化后的脂肪就产生了小分子化合物，会引发鱼贝类外观颜色和气味的变化。此外，磷脂在贮藏过程中还容易被磷脂酶水解，生成磷脂酸、甘油二酸酯、乙酰胆碱等成分，造成营养损失。

3. 其他脂质化合物

固醇类化合物在鱼贝类体内含量不高，如表4-4所示，主要成分是胆固醇、麦角固醇。鱼类中所含的固醇几乎都是胆固醇，在一定条件下可以转化成维生素D_2，而胆固醇的含量在头足类的章鱼、墨鱼和鱿鱼中最高，虾类和贝类中次之，鱼类中含量较少。

在鱼类的肌肉脂质及内脏油中还含有不皂化的、饱和或不饱和的、直链或支链的烃类，碳原子数为14~33，比较多的是偶数系列，也有少数的奇数系列。角鲨烯是最有代表性的一种，现在已制成胶囊作为药物出售，它除了在深海性鲨鱼的油中含量较多外，在其他鱼肝中也有分布。

表4-4　几种食品的胆固醇含量　　单位：mg/100g

食品名称	胆固醇含量	食品名称	胆固醇含量
鲅鱼	75	螺	150~200
鲳鱼	77	乌贼	268
带鱼	76	对虾	193
鲫鱼	130	海蟹	125
鲤鱼	84	鸡蛋	585
蛤蜊	55~110	猪肉	60~110

四、碳水化合物

鱼贝类含有的碳水化合物有多糖，如糖原、黏多糖，也有单糖、二糖。鱼贝类将糖原贮存在肌肉或肝脏中，是能量的来源。糖类在鱼体中的含量很低，几乎都在1%以下，红身鱼类比白身鱼类高，而贝肉和软体动物中糖原含量较高，某些种类可达4%。糖原含量变化与脂肪相似，即糖原含量高时，脂肪含量也多，水分则少；反之，糖原减少时，脂肪也趋于减少，而水分含量则增多。鱼类肌肉糖原的含量与鱼的致死方式密切相关，鱼被活杀时，其肌肉糖原的含量为0.3%~1.0%，这与哺乳动物肌肉中的含量几乎相同。鱼类将糖原和脂质共同作为能量贮存，而贝类特别是双壳贝却以糖原作为主要能量贮藏形式，所以贝类的糖原含量往往比鱼类高10倍，且代谢产物为琥珀酸。但贝类的糖原含量有显著的季节性变化，一般贝类的糖原含量在产卵期最少，产卵后急剧增加。

除了糖原之外，鱼贝类中含量较多的多糖类还有黏多糖，其定义和分类依研究者而不同。甲壳类的壳和乌贼骨中所含的几丁质就是最常见的黏多糖，它是由 N-乙酰基-D-葡萄糖胺通过 β-1,4-键相结合的多糖，也称中性黏多糖。其他常见的有己糖胺和糖醛酸形成的二糖，为基本单位的酸性黏多糖。按硫酸基的有无，糖原又可分为硫酸化多糖和非硫酸化多糖。前者有硫酸软骨素、硫酸乙酰肝素、乙酰肝素、多硫酸皮肤素和硫酸角质素；后者有透明质酸和软骨素。黏多糖一般与蛋白质以共有键的方式形成一定的架桥结构，以蛋白多糖的形式存在，作为动物的细胞外间质成分广泛分布于软骨、皮、结缔组织等处，与组织的支撑和柔软性有关。

五、浸出物

鱼贝类组织用热水或适当的除蛋白剂（如乙醇、三氯醋酸、过氯酸等）处理，将生成的沉淀除去后得到的液体成分称为浸出物，又称抽提物。浸出物中含有多种成分，除去水溶性蛋白、多糖、色素、维生素等成分后，剩余的游离氨基酸、肽、有机碱、核苷酸及其关联化合物、糖原、有机酸等总称为浸出物成分，一般浸出物的概念不包括无机盐。一般鱼肉中浸出物的含量为 1%～5%，软体动物为 7%～10%，甲壳类肌肉为 10%～12%。此外，红身鱼肉的浸出物含量多于白身鱼类。

水产原料肌肉浸出物包括非蛋白态含氮化合物和无氮化合物，前者含量远高于后者，大都是与生物新陈代谢有关的物质，也是水产品特有的呈味物质的重要组成成分。从食品学角度来看，它们是一些营养物质、呈味物质、生理活性物质等，对水产品的色、香、味等有着直接或间接的影响，相对而言，浸出物含量高的水产品比浸出物低的风味要好。在鱼贝类的保鲜过程中，这些有机成分往往要发生较大的变化，甚至流失，造成不必要的损失。

1. 非蛋白态含氮化合物

非蛋白态含氮化合物主要是游离氨基酸、小分子肽、核酸及其相关物质、氧化三甲胺、尿素等，其中，肌肽、鹅肌肽、氨基酸、甜菜碱、氧化三甲胺、牛磺酸、肌苷酸等物质都是水产品中重要的呈味成分。谷氨酸具有鲜味，存在于大多数鱼贝类中；甘氨酸具有爽快的甜味，虾的鲜美与此有关；丙氨酸也是略带甜味的氨基酸，它赋予扇贝以甜鲜美味；海胆的苦味与缬氨酸、蛋氨酸含量有关。

游离氨基酸是鱼贝类提取物中最主要的含氮成分。在鱼类的游离氨基酸组成中，显示出显著的种类差异特性的氨基酸有组氨酸、牛磺酸、甘氨酸、丙氨酸、谷氨酸、脯氨酸、精氨酸、赖氨酸等，其中以组氨酸和牛磺酸最为特殊。组氨酸很易被分解为组胺，在红色肉中组氨酸含量高于白色肉，如果食用过量的红色肉（鲐鱼等）易引起组胺中毒。牛磺酸是分子中含有磺酸基的特殊氨基酸，鱼贝类组织中常检出牛磺酸。在无脊椎动物各组织以及鱼类的血合肉、内脏中含量较高，在鱼贝类的生理机能中主要起调节渗透压的作用。此外，无脊椎动物肌肉与鱼类的肌肉相比，含有更丰富的游离氨基酸，特别是精氨酸，这是因为其体内存在磷酸精氨酸，贝类等被捕获后，在保鲜过程中磷酸精氨酸会迅速脱磷酸而生成精氨酸。

鱼类中含肽量较多，大多是具有活性的寡肽，性质比较特殊的有谷胱甘肽、肌肽、鹅肌肽等，贝类中肽含量较少。肽也是一种呈味物质，具有提高鲜度的作用。此外，鱼类活性如肽鲨肝肽、鲨鱼多肽、鱼精蛋白肽、鱼类抗菌肽、鱼类抗高血压肽，虾类活性肽以及贝类中的扇贝多肽和贻贝肽等具有免疫活性、抗高血压、肿瘤抑制性活性、抗血脂、促生长活性等生理功能，可为研发相关保健食品和功能食品提供有利的条件。

核苷酸是研究鱼贝类鲜度的一个重要化合物，由嘌呤碱基、嘧啶碱基、尼克酰胺等与核糖核酸组成。鱼贝类肌肉中主要含腺嘌呤核酸，肌肉中含有4~9μmol/g。在静止状态下肌肉里的核苷酸大部分以ATP的形式存在，但在机体激烈运动时ATP分解，放出能量。鱼体死后在保鲜过程中这种分解还会进行。正常鱼死亡后，主要的核苷酸成分是ATP。在保鲜过程中，ATP逐渐分解成ADP（二磷酸腺苷）、AMP（单磷酸腺苷）、IMP（肌苷酸）、Hx（次黄嘌呤）和HxR（肌苷），分解速度因鱼贝类种类、死前运动量、保鲜条件等而不同。其中，IMP是具有极其鲜味的呈味物质，其鲜度比味精还要高数倍。

氧化三甲胺广泛分布于鱼贝类组织中，白色肉鱼类含量比红色肉鱼类多，而鲨鱼等板鳃类鱼含量更多，达1.0%~1.5%。这是海水鱼肌肉中的一种特殊化合物，在淡水鱼中几乎检测不出，具有一种特殊的海产鲜甜味。在鱼贝类保鲜过程中，氧化三甲胺在酶的作用下被还原和分解为三甲胺、二甲胺、甲醛等而产生腥臭味。

2. 无氮化合物

无氮化合物主要是有机酸类和糖类，前者包括乳酸、琥珀酸、醋酸和丙酮酸等，贝类含有较多的琥珀酸，含糖原量较高的洄游性鱼类的肌肉中相应乳酸的含量也较高，这与这类鱼在长距离洄游中的糖原分解有关；后者主要指代谢中产生的各种糖，有游离糖和磷酸糖，这在红身鱼和白身鱼中无明显差异。游离糖中的主要成分是葡萄糖，鱼贝类死后在淀粉酶的作用下由糖原分解生成。活鱼肌肉中不存在游离核糖，但死后由 ATP 代谢产物次黄嘌呤中游离生成，含量不高。此外，游离糖中还能检出微量的阿拉伯糖、半乳糖、果糖和肌醇等。磷糖则是糖原或葡萄糖经糖酵解途径和磷酸戊糖循环的一类生成物。

六、无机元素

无机元素包括钠、钾、钙、镁、铁、氯、磷、硫等常规量元素，锰、锌、铜、硒、碘等微量元素，铅、汞、砷等有毒元素。从表 4-5 列出的数据来看，鱼贝类肌肉中只有钙和硒含量高于陆生动物，其他元素虽也有差异，但并不显著。由于某些鱼类和贝类的富集作用，鱼贝类体内往往含有较多的重金属元素，一些重金属如汞、铜、铅等也常会经过食物链在鱼贝类肉中进行浓缩积蓄，而且其浓度有随着鱼贝类的生长而增多的趋势。此外，有时在加工保鲜过程中也有可能混入某种有害元素，这些有害元素进入人体后，会对人体健康造成危害。

表 4-5　鱼、虾、贝、藻、猪肉等含无机元素的比较

单位：mg/100g

项目	Na	K	Ca	Mg	Fe	Mn	Zn	Cu	P	Se/μg/100g
黄鱼	120.3	260	53	39	0.7	0.02	0.58	0.04	174	42.57
带鱼	150.1	280	28	43	1.2	0.17	0.70	0.08	191	36.57
鲽鱼	150.4	264	107	32	0.4	0.11	0.92	0.06	135	29.45
鲅鱼	74.2	370	35	50	0.8	0.03	1.39	0.37	130	51.81

续表

项目	Na	K	Ca	Mg	Fe	Mn	Zn	Cu	P	Se/μg/100g
对虾	133. 6	217	35	37	1. 0	0. 08	1. 14	0. 50	253	19. 10
蛤蜊	492. 3	123	177	108	22. 0	1. 03	2. 69	0. 16	166	87. 10
牡蛎	462. 1	200	131	65	7. 1	0. 85	9. 39	8. 13	115	86. 64
乌贼	126. 8	201	11	21	0. 3	0. 04	1. 27	0. 22	99	37. 97
海带	8. 6	246	46	25	0. 9	0. 07	0. 16	—	22	9. 54
猪肉	59. 4	204	6	16	1. 6	0. 08	2. 06	0. 06	162	11. 97
鸡蛋	125. 7	121	44	11	2. 3	0. 04	1. 01	0. 07	182	14. 98

七、其他成分

鱼贝类的维生素含量不仅随种类而异，而且还随其年龄、渔场条件、营养状况、季节和部位的不同而不同。无论是脂溶性维生素，还是水溶性维生素，其在水产动物中的分布都有一定的规律。按部位来分，肝脏中最多，皮肤中次之，肌肉中最少；按种类来分，则红身鱼多于白身鱼，多脂鱼类多于少脂鱼类。值得一提的是，鳗鲡、八目鳗、银鳕的肌肉中含有较多的维生素 A，南极磷虾也含有丰富的维生素 A，而沙丁鱼、鲣鱼和鲐鱼肌肉中则含较多的维生素 D。

维生素在鱼贝类肌肉中的含量与陆生动物相比较，并无特别之处。但在鱼肝中维生素 A 的含量极高，如每克鳕鱼肝油中维生素 A 的含量为 3240～12930μg，每克鲨鱼肝中含维生素 A 2190～9330μg，是鱼肌肉中的几十倍，甚至几百倍。如果误食过量的鱼肝会引起头痛、皮肤脱落等中毒症状，因此要引起高度重视。

水产原料的体表、肌肉、血液和内脏等处颜色不同，都是由各种不同的色素所构成的，这些色素包括血红素、类胡萝卜素、后胆色素、黑色素、眼色素和虾青素等。有些色素常与蛋白质结合在一起发挥作用，虾青素与蛋白质结合可使蛋白质变性，从而导致虾蟹壳的颜色发生变化。

第二节　水产品贮藏的环境因素及其控制

水产品腐败变质原因主要有两个方面：一是微生物的生长繁殖，二是酶的活动。

腐败微生物一般在25~45℃的温度范围内处于繁殖较为旺盛的阶段，只有当温度降到10℃以下，它们的繁殖才会因温度的缘故受到一定的限制，当温度降到了0℃左右时，腐败微生物的繁殖变得十分的困难，当温度在-10℃时，这些微生物已经不能繁殖了。腐败微生物能促使食品营养成分迅速分解，由高分子物质分解为低分子物质（如蛋白质的分解），使水产品质量下降，主要表现为某些微生物的生长导致蛋白质、脂肪等成分的降解，代谢生成胺、硫化物、醇、醛、酮、有机酸等，产生不良气味和异味，使产品变得从感官上不可接受，从而降低了产品的品质甚至产生安全性隐患。在导致水产品变质的原因中，微生物往往是最主要的，而大部分腐败菌属于嗜温性微生物。无论是微生物引起的水产品变质，或是由酶以及非酶引起的变质，还是温度的降低，都可以延缓、减弱它们的作用，从而减缓变质过程。

酶是生命机体组织的一种特殊蛋白质，负有生命催化剂的使命。酶的活性和温度有密切关系。引起水产品变质的化学反应很多是由于酶的作用。水产品本身含有的内源性蛋白酶包括组织蛋白酶、钙激活蛋白酶、基质金属蛋白酶及胶原蛋白酶等，它们具有较强的蛋白降解能力，会导致水产蛋白的自溶。大多数酶的适宜温度为30~40℃，若温度过高，酶的活性会降低甚至会失去活性，导致食品变质的化学反应速率变慢。目前，对内源蛋白酶活性与水产品质构变化的研究主要集中于鲑鱼、鳕鱼、虹鳟、草鱼等品种中，经研究发现，组织蛋白酶B、组织蛋白酶D、组织蛋白酶L、钙激活蛋白酶和胶原蛋白酶能够对鱼肉质构劣化起关键作用，它们在水产品中的含量与活性大小和鱼种、产地、季节及加工、贮藏方式等有关。例如，鲑鱼在冰藏过程中硬度的下降程度与组织蛋白酶D的含量密切相关，而在微冻条件下，组织蛋白酶B和蛋白酶L在其中发挥了作用；Gaarder等经研究还发现，微冻过程中，鲑鱼肌肉水分部分冻结，会导致Ca^{2+}浓度增加，对于钙激活蛋白酶起到了激活的作用，因此在水产品贮藏流通过程中应控制内源蛋白酶活性以保障产品品质。

水产品的保质期一方面受产品本身性质的影响，包括水分、pH、组成成分和初始微生物数量等，另一方面受捕捞后加工、运输、贮藏、销售等外界环境因素的影响，在此过程中，温度、氧气、湿度和水质中的 pH 被认为是影响食品保质期的最重要因素。

一、温度的影响

1. 温度对酶及微生物的影响

大多数酶的适宜温度为 30~40℃，若温度过高，酶的活性会降低甚至失去活性，使引起食品变质的化学反应速率变慢。各种微生物有其生长所需的温度范围，超过特定范围就会停止生长或终止生命，而大部分腐败菌属于嗜温性微生物。多数食品的温度每上升 10℃，化学反应速率增加 2~3 倍，可加速变质。所以，无论是微生物引起的食品变质，还是由酶以及非酶引起的变质，温度的降低，都可以延缓、减弱它们的作用，从而减缓变质过程。

2. 温度对水产品品质的影响

对于肉类食品来说，冻藏过程中温度变化会造成食品的重结晶现象，使食品中的水分、维生素等营养成分大大降低，有时还会缩短食品的贮藏期。

Margeirsson 等用可以控制温度的集装箱模拟真实的海运物流，研究在这个物流过程中鳕鱼片的质量变化，发现处于动态温度组即温度波动大的组其鳕鱼片质量下降迅速，微生物生长加快，比恒定低温组的保质期缩短了 1.5~3d，与傅丽丽的研究发现的温度波动使大黄鱼的保质期明显缩短的结果一致。温度的波动会导致水产品的冻结率发生变化，组织中的部分水分处于冻结-融化循环状态，会引起组织中的冰晶重结晶和进一步生长，从而对细胞造成机械损伤。当环境温度升高时，组织中较小的冰晶会先融化，扩散到细胞表面，当温度再次降低时，由于蒸汽分压力差的存在，这些水会聚集在较大冰晶的周围，重新冻结，导致冰晶颗粒变大，从而导致冰晶的平均尺寸增加，较大的晶体使肌肉蛋白发生重排、聚集、交联和不可逆变性，从而导致肌肉组织的持水能力下降，引起的肌肉组织发生内部变化，影响产品的质地、营养物质和风味。

从贮藏温度变化对水产品品质影响的研究现状来看，非人为的温度波动缩短了食品的贮藏期，对食品贮藏不利。因此，在贮藏过程中，温度的选择和变化应根据不同的食品来确定。而水产品品种繁多，各类食品的低温效应也不相同，应在研究低温保鲜技术的同时，对各种食品进行变温贮藏研究。对于肉类食品来说，冻藏过程中温度变化会造成食品的重结晶现象，使食品中的水分、维生素等营养成分大大降低，有时还会降低食品的贮藏期；利用低温，可以抑制水产品的腐败、微生物的繁殖和组织的自溶作用。根据贮藏温度的不同，低温贮藏一般分冷却与冷冻两种方法：冷却是使水产品降温至0℃左右，多用于短期或临时贮藏；冷冻则使水产品冻结后贮藏在-18℃以下的低温环境下，多用于较长时间的贮藏。贮藏的温度越低，僵硬期开始得越迟，僵硬持续的时间越长。在夏季气温中，僵硬期不超过数小时，在冬天或冰藏条件下，则可维持数天。

二、氧气的影响

空气中的氧气对食品中的营养成分有一定的破坏作用。氧使食品中的油脂发生氧化，这种氧化即使是在低温条件下也能进行。油脂氧化产生的过氧化物，不但使食品失去食用价值，而且会使食品发生异臭，产生有毒物质。氧能使食品中的维生素和多种氨基酸失去营养价值，氧还能使食品的氧化褐变反应加剧，使色素氧化褪色或变成褐色。大部分细菌由于氧的存在而繁殖生长，造成食品的腐败变质。

1. 氧气对水产品中脂肪的影响

水产品富含不饱和脂肪酸，而不饱和脂肪酸在贮藏过程中很容易发生氧化，所以水产品及其制品在加工贮藏过程中极易发生脂肪氧化，严重制约着我国水产品加工业的进一步发展。通过采取适当的包装材料和一定的技术措施，可防止食品中的有效成分因氧气而引发品质劣化或腐败变质。

2. 氧气对水产品中蛋白质的影响

高含量的氧气易加剧高脂水产品的氧化酸败反应，产生不良气味，同时氧气含量较高易引起蛋白质分子间的交联，会降低肉品的嫩度与多汁性，还将使必需氨基酸含量减少并影响人体对其的消化吸收。氧气对于红肉鱼的色泽也有较大的影响，肌红蛋白和血红蛋白的含量以及化学状态是决定新鲜肉颜色变化的重要因素。肌红蛋白分子不稳定，能与氧气结合生成鲜红色的氧肌红蛋白，也能被氧化成红褐色的高铁肌红蛋白。生鲜冷却肉在贮藏时存在呼吸作用，即吸收氧气并释放出二氧化碳，宰后肌肉的线粒体还会引起氧气的代谢作用，但这种代谢作用随着宰后时间的延长而逐渐减弱。线粒体吸收氧气使氧分压降低从而使血红蛋白发生氧化还原反应，另外，可通过线粒体电子传递作用以及线粒体膜上脂肪的氧化引起高铁血红蛋白的减少。高铁肌红蛋白的减少对维持鱼肉颜色的稳定性以及宰后逐渐衰竭的酶系统和NADH库是非常重要的。肉品在大气中超过一段时间后，氧合肌红蛋白会进一步氧化为褐色的高铁肌红蛋白，致使肉品不再适宜销售。当肉品种中的高铁肌红蛋白超过20%时就会被消费者辨别出来，当超过40%时消费者的购买欲望会下降或者拒绝购买。

三、湿度的影响

贮藏环境的相对湿度与食品中水分的蒸发量成反比，当贮藏环境的相对湿度较小时，食品中的水分会蒸发到空气中，导致冻品的干耗增加。对于鱼类而言，贮藏环境的相对湿度应大于90%。

湿度是影响许多其他环境因素的重要决定因素，大气湿度对水产品的效应是非常明显的。水产品最适温度应控制在75%~85%。食品中的水分无论是新鲜的或是干燥的，都会随环境条件的变动而变化。如果食品周围环境的空气干燥、湿度低，则水分可从食品向空气蒸发，使食品水分逐渐减少而干燥，反之，如果环境湿度高，则干燥的食品就会吸湿以至水分增多。新鲜的海鲜产品水分含量都非常高，一般在50%以上，对于渔业的运输、贮藏、流通都有很大的影响。水分含量过高，会导致水产品在保藏的过程中因腐烂而变质。水产品经过干燥可以降低产品水分活度，抑制细菌、霉菌生长，同时会减弱产品中的酶作用和氧化作用，从而达到保藏水产品的目的。水产品种类繁多，物料的理化性状也呈多样性，这就要求根据原料特性和干燥原理选择合适的干燥工艺生产水产制品。

在冻藏过程中食品表面的水分不断地升华，由于冻藏过程中内部水分迁移能力较弱，因此不能及时向表面补充水分，食品的表面会出现多孔层现象。这样的多孔层结构可使食品与空气的接触面积增加，使脂肪、色素等物质的氧化速度加快，产生冻结烧现象，加速食品品质的降低。为了减少鱼类在冻藏期间发生冻结烧现象，除了控制贮藏温度之外，相对湿度也是很重要的一个因素。

四、水质中 pH 的影响

水的 pH 一般在 7.85~8.35，内陆水域的 pH 则变化幅度比较大。一般鱼类的生存 pH 范围在 4~10，四大家鱼的生存 pH 范围为 4.4~10.2，鲤鲫鱼的生存 pH 范围为 4.2~10.4；鱼类多偏于适应中性或弱碱性环境，在 pH 为 7.5~8.5 的水中生长良好。

若水的 pH 下降，则水中弱酸电离减少，水中的阴离子将不同程度地转化成分子形式存在，使离子浓度下降，因此这些阴离子的络合物及沉淀物也相继分解或溶解，使游离态的离子浓度变大。相反，若水的 pH 升高，则水中弱碱电离减少，离子转化成分子形式存在，弱酸电离增大，分子改以酸根阴离子形式存在，金属离子水解加剧，常形成氢氧化物、碳酸盐的沉淀或胶体，使水中离子游离态浓度下降。有些物质在化学形式改变时，对生物的影响也随之改变。pH 的改变还可直接危害水生生物。

酸性水体可使鱼类血液中的 pH 下降，使一部分血红蛋白与氧的结合完全受阻，从而降低其载氧能力，导致血液中氧分压变小。在这种情况下，尽管水中含氧量高，鱼类也会因缺氧而出现“浮头”现象。在酸性水中，鱼类往往表现为不爱活动、猥琐迟滞、耗氧下降、代谢机能急剧低落，摄食很少，消化差，生长受阻。当 pH 超出极限范围时，往往会破坏鱼类的皮肤黏膜和鳃组织，直接给鱼类造成危害。pH 过低，对依靠其他水生生物为食的鱼类能造成间接的危害，在酸性环境中，细菌、藻类和各种浮游动物的生长、繁殖均受到抑制；消化过程减缓、有机物的分解速率降低，从而导致水体内物质循环速度减慢。在运输中，合理地调整水中 pH，可以有效地降低水产品的死亡率和代谢率。

五、控制措施

1. 温度控制

对食品的温度监控能够有效地保证食品安全。从贮藏温度变化对水产品品质影响的研究现状来看，非人为的温度波动缩短了食品的贮藏期，对食品贮藏不利。因此，在贮藏过程中，温度的选择和变化应根据不同的食品来确定。

2. 对氧气的控制

包装可使鱼肉处于相对良好的卫生条件下，降低了空气引起的脂肪氧化，避免了灰尘污染、长时间贮藏后发生的干耗及重量损失等情况，也可在一定程度上保持鱼肉的色泽，提高鱼类商业价值及消费者购买欲。N_2 是一种无色无味的惰性气体，对于水产品的贮藏品质影响微小，常被添加作为气调包装中的填充气体，以 N_2 置换包装中的 O_2，可以抑制需氧微生物的生长并延缓水产品的氧化酸败；CO 也常作为部分产品气调包装中的气体组分，CO 能与肌红蛋白结合产生一氧化碳结合肌红蛋白，使肉品呈鲜红色，同时还具有抑菌和抗氧化作用。

3. 湿度控制

改变鱼体表面相对湿度一般可以通过在鱼体表面镀冰衣的方式，该方式可防止鱼体与贮藏环境的空气发生水分迁移，从而降低冻品的干耗，进而防止冻结烧现象的发生。给鱼体镀冰衣可以有效减缓鱼体内水分的蒸发和升华，降低温度波动对鱼体的影响等。赵启蒙等将鲶鱼分为镀冰衣组和无冰衣组，经过 TVB-N 值、pH、持水力和质构指标检测后发现，在相同的冻藏温度下，镀冰衣组各指标的变化幅度小于无冰衣组，鲶鱼镀冰衣能够起到延缓鱼肉变质的作用。同时也需要加强冰衣用水的水质管理，优化水质环境。

除了添加冷冻保护剂、适度盐腌、包装，还有其他一些方法可以减少水产品不良品质的产生。通过物理方式对水产品进行处理可以在很大程度上减少水产品的品质劣变，延长水产品的保质期。常见的有紫外线照射和原子能辐射等方式，但这些方法的成本很高，并且局限性很大，原子能辐射很容易使水产品产生放射性的物质，必须严格按照规定来进行使用。化学方式是利用化学物质的一些防腐作用来对水产品进行保鲜的，但在水产品的保鲜过程中，能够经过批准用于食品防腐剂的化学剂很少，所以，化学方式也有较大的局限性。

第三节　水产品中ATP及其关联化合物研究进展

新鲜度是水产品的重要评价指标，*K*值涉及水产品体内核苷酸在降解过程中产生的一系列化合物，是目前衡量水产品新鲜度最常用的指标。*K*值在20%以下为高鲜度，20%~40%为中等鲜度，超过80%为不可接受范围。捕获后的鱼立即宰杀，*K*值一般在10%以下，此后，ATP在酶的作用下逐步分解，相关研究表明ATP的不断降解为鱼体内源酶及微生物产生的外源酶共同作用的结果。

活体水产品的肌肉运动和生理代谢都需要来自三磷酸腺苷（ATP）转化提供的能量，而水产品死后其体内所含的ATP在酶和微生物的共同作用下会降解为二磷酸腺苷（ADP）、腺苷酸（AMP）、肌苷酸（IMP）、次黄嘌呤核苷（HxR）和次黄嘌呤（Hx）。*K*值就是次黄嘌呤核苷（HxR）、次黄嘌呤（Hx）量之和与ATP及降解产物总量的百分比。*K*值的大小，能反映鱼体在死亡至自溶阶段的新鲜程度，是水产品质评价的重要鲜度指标。*K*值计算公式如式（4-1）所示。

$$K = \frac{HxR + Hx}{ATP + ADP + AMP + IMP + HxR + Hx} \times 100\% \quad (4-1)$$

一、ATP代谢机制

三磷酸腺苷（ATP）是由核糖、腺嘌呤及三个磷酸基团连接而成的高能化合物，水解时高能磷酸键断裂可产生大量能量以维持细胞的各项生命活动，是生物体最直接的能量来源。鲜活水产品肌肉中的ATP含量始终维持在相对稳定的状态，死后随着肌肉中的储能化合物的消耗，ATP合成受到限制，当储能物质消耗完全时ATP开始迅速分解。人们普遍认为伴随着ATP分解，肌动蛋白和肌球蛋白之间形成永久性横桥，使肌丝滑动，肌节缩短，肌肉收缩导致鱼体僵硬。当ATP分解完全时，肌肉逐渐重新恢复弹性，开始进入自溶和腐败阶段。在此过程中由于不同水产品 ARC（ATP 关联化合物）代谢途径存在差异，因此 ARC 作为鲜度评价指标的适用性及对风味的影响也不同。

鱼体中 ATP 的分解途径如下所示，各分解产物的降解速率主要受酶活性的影响，由于降解 ATP、ADP 及 AMP 的酶活性较强，三者在贮藏初期迅速被逐步降解成 IMP，而 IMP 降解酶的有效活性有限，后续分解缓慢，成为 ATP 降解阶段的限速步骤。Saito 等早期研究者认为海洋无脊椎动物体内不含 AMP 脱氨酶，因此不产生 IMP，AMP 经 Ado 代谢生成 HxR。蛤蜊、扇贝等代谢途径遵循 ATP→ADP→AMP→Ado→HxR→Hx，而鲍鱼、赤贝的代谢途径为 ATP→ADP→AMP→Ado→Ad。然而，Dingle 等在龙虾体内检测出了 AMP 脱氨酶及 IMP，随着研究的深入，后有报道在扇贝及牡蛎等软体动物中也检测出了 IMP 的存在。Wang 等检测了牡蛎肌肉、鳃等不同组织 ATP 及其各分解产物的含量，结果表明各被测组织中 IMP 含量虽有明显差异，但 IMP 途径仍是各组织的主要代谢途径。总的来说，关于软体动物中 IMP 代谢途径的研究结果不尽相同，出现这种差异的原因可能与检测样本的种类、性别、生活环境及季节等因素有关。

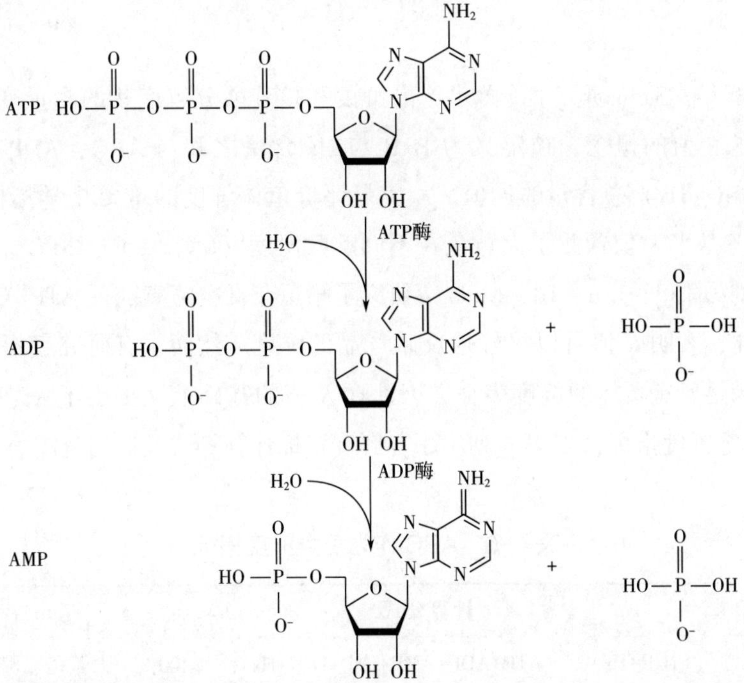

ATP

H_2O　ATP酶

ADP　+　$HO—P(=O)(O^-)—OH$

H_2O　ADP酶

AMP　+　$HO—P(=O)(O^-)—OH$

H_2O AMP脱氨酶

IMP + NH_3

H_2O IMP磷酸酶

HxP + H_3PO_4

H_2O 核苷酶

Hx + 核糖

1959 年，Satio 研究了冷藏水产品鲜度和核苷酸分解产物的含量变化关系并提出了 *K* 值的概念，被定义为 HxR 与 Hx 含量之和与 ARC（ADP、AMP、IMP、HxR、Hx）总含量的比值。*K* 值是评价鱼体鲜度的重要化学指标之一，Guizani 等基于 *K* 值预测了大黄鱼在不同贮藏温度（0℃、8℃、20℃）下的保质期分别为 15d、12d、1d。Kuda 等研究了鲭鱼在真空蒸煮前后 ATP 关联物含量的变化，表明 *K* 值可以很好地反映产品的鲜度。然而，有研究者提出 *K* 值并不能满足所有鱼体的鲜度表征，因此在 *K* 值的基础上又提出了 K_i、F_r、P、G、H 值等鲜度指标，表 4-6 列出了各鲜度指标计算等式及适用范围。

表 4-6 ARC 作为鱼类鲜度指标

鲜度指标	计算公式	适用性举例
K	[（HxR+Hx）/（ATP+ADP+AMP+IMP+HxR+Hx）]×100%	大黄鱼、鲱鱼等
K_i	[（HxR+Hx）/（IMP+HxR+Hx）]×100%	海鲈鱼等

续表

鲜度指标	计算公式	适用性举例
K_r	［IMP/（IMP+HxR+Hx）］×100%	金枪鱼
P	［（HxR+Hx）/（AMP+IMP+HxR+Hx）］×100%	鳕鱼、鲭鱼
G	［（HxR+Hx）/（AMP+IMP+HxR）］×100%	鲭鱼、鳕鱼
H	［Hx/（IMP+HxR+Hx）］×100%	鲑鱼、鲷鱼、鲭鱼、飞鱼

ATP 是细胞的能量货币，它是一种核苷三磷酸，作为一种辅酶，将细胞内的化学能量运输到细胞内的各个空间，并将化学能量传递给酶，使酶能够利用它来完成代谢过程的一部分功能。大部分能量被肌肉细胞用来做机械工作，合成蛋白质、尿素和其他代谢中间体。因此，生物体试图在每个细胞内保持相对恒定的 ATP 含量。

鱼死后，鱼的肌肉在鱼死后的演变过程包括捕获、僵死、僵死的分解、自溶和腐烂。在死鱼中，肌糖原不断被消耗，丰富的 ATP 迅速产生。然后在一天内 ATP 降解产生二磷酸腺苷（ADP）和一磷酸腺苷（AMP）。与鱼的鲜味(一种愉快的味道）有关的 IMP 是第三种被分解的 ATP 化合物，IMP 及其盐在食品工业中被广泛用于提升食品的风味。它由腺苷单磷酸脱氨酶（adenosine monophosphate deaminase，AMPD）在 AMP 中去除氨后产生。然后，在磷酸酶和核苷磷酸化酶的作用下，IMP 在级联反应中继续降解，产生次黄嘌呤核糖核苷（HxR）和次黄嘌呤（Hx）。ATP 在一系列酶的作用下分解产生的关联化合物包括二磷酸腺苷（adenosine diphosphate，ADP）、一磷酸腺苷（adenosine monophosphate，AMP）、肌苷酸（inosine monophosphate，IMP）、次黄嘌呤核苷(hypoxanthine riboside，HxR）、次黄嘌呤（hypoxanthine，Hx）、腺苷（adenosine，AdR 或 Ado）及腺嘌呤（adenine，Ad）等化合物。鱼体中 ATP 各分解产物的降解速率主要受酶活性的影响，由于降解 ATP、ADP 及 AMP 的酶活性较强，三者在贮藏初期迅速被逐步降解成 IMP，而 IMP 降解酶的有效活性有限，后续分解缓慢，成为 ATP 降解阶段的限速步骤。

Saito 等早期研究者认为海洋无脊椎动物体内不含 AMP 脱氨酶，因此不产生 IMP，AMP 经 Ado 代谢生成 HxR。蛤蜊、扇贝等代谢途径遵循 ATP→ADP→

AMP→Ado→HxR→Hx，而鲍鱼和赤贝的代谢途径为ATP→ADP→AMP→Ado→Ad。然而，Dingle等在龙虾体内检测出了AMP脱氨酶及IMP，随着研究的深入，后有报道在扇贝及牡蛎等软体动物中也检测出了IMP的存在。Wang等检测了牡蛎肌肉、鳃等不同组织ATP及其各分解产物的含量，结果表明各被测组织中IMP含量虽有明显差异，但IMP途径仍是各组织的主要代谢途径。总的来说，关于软体动物中IMP代谢途径的研究结果不尽相同，出现这种差异的原因可能与检测样本的种类、性别、生活环境及季节等因素有关。

海洋无脊椎动物ATP的降解途径一直备受争议，且由于生存环境及性别因素的影响，同种类虾贝的代谢途径也不尽相同。因此，需要针对所研究的对象对鲜度指标进行修正。王丹妮对缢蛏和文蛤体内ATP降解途径进行探究，并结合死后感官评价及TVB-N的变化，修正K值得到K_{ax}值，认为K_{ax}值更适合作为2种贝死后的鲜度评价指标。Matsumoto等研究了不同温度贮藏下的日本对虾的保质期时，发现K值可以很好地评价对虾的鲜度变化且Hx的含量变化也作为鲜度评价的潜在指标。宋雪通过研究冷藏条件下中华绒螯蟹与三疣梭子蟹ATP降解途径得出修正后的鲜度评价指标。虽然ATP的降解及相关化合物的含量变化对水产品鲜度及品质预测具有一定的参考意义，但没有单一的指标能够准确地评价水产品的保质期，需要结合感官评价指标、物理化学指标及微生物指标全面分析产品品质。鲜味是水产品的重要风味特征，是继酸、甜、苦、咸四种传统基本味觉之后的第五种味觉，可赋予食物愉快的香味和口感。游离氨基酸及核苷酸是肌肉中的主要鲜味物质，其中呈味核苷酸主要有IMP、AMP及GMP，IMP是大多数鱼类肌肉中的主要呈味核苷酸，而AMP是甲壳类水产品的主要呈味核苷酸。IMP单独存在时没有任何鲜味，但与谷氨酸钠（即味精）相互作用时，可以使人们对鲜味的敏感度增加数倍，因此IMP及其盐类常作为鲜味增强剂，用于各种复合调味品。AMP对食品鲜味的影响取决于其浓度，Chen等发现低浓度（50~100mg/100mL）的AMP可以增强食品甜味，而且与IMP相互作用时也能产生鲜味协同效应。IMP、AMP是ATP代谢的重要中间产物，Xu等发现新对虾中AMP是主要核苷酸，而Hwang等的研究表明IMP是河豚鱼的主要核苷酸。然而，随着贮藏时间的延长IMP逐渐被分解，代谢产生的Hx在肌肉中累积并与一些氨基酸及多肽相互作用产生苦味，使产品的鲜度和鲜味降低。由此可见，控制IMP代谢速率，维持鱼体内IMP的含量有助于保持产品的鲜味。

二、ARC 的前处理及检测方法

合适的分析方法对于研究 ARC 的代谢与含量变化是必不可少的。目前 ARC 含量测定方法主要有色谱法、电泳法、生物传感器及光学分析等，但在测定之前必须先将肌肉中的 ARC 提取出来。

1. 色谱法离子交换色谱

色谱法离子交换色谱是利用被分离组分与固定相之间发生离子交换的能力差异来实现分离的一种色谱技术，1950 年，Cohn 和 Carter 利用离子交换色谱分离了 ATP、ADP 及 AMP，该法虽能实现核苷酸的分离，但耗时较长。1985 年，Ryder 报道了利用反相高效液相色谱法测定 ATP 及其关联产物的方法，该方法因操作简单、测定速度快而被沿用至今。高效液相色谱可以定量分析样品中 ARC 单一组分的含量，色谱柱、缓冲液及流速等色谱条件的选择影响高效液相色谱的分离效果。分离 ARC 通常使用 C18 色谱柱做固定相，且不同厂家不同型号的色谱柱所适应的色谱条件并不相同，选择合适的色谱柱并优化分离条件是确保检测结果的关键。在此基础上，也有研究者利用离子对反相高效液相色谱分离 ARC，该法是将与目标离子所带电荷相反的离子加入固定相或流动相中，通过与目标离子形成离子对控制其保留能力从而达到分离目的的方法，具有高选择性和分离度，但因离子对极易污染色谱柱而使使用受到限制。Mora 等基于亲水相互作用建立了一种新的高效液相色谱法用于测定猪肉中的 ARC 含量，并通过与离子对反相高效液相色谱法比较，证明了该法具有较好的重复性、准确性和较高的回收率。可见，亲水相互作用色谱有望作为分析鱼肉 ARC 的方法。

2. 电泳法

电泳法是利用带电粒子在电场中移动速度不同而达到分离目的的技术，称为电泳技术。电泳技术可分离蛋白质、多肽等大分子物质，也可用于分离核苷、细胞等小分子物质。毛细管电泳法具有柱效高、样品消耗少等优点，适用于分离检测各种组织中核苷酸。

Nguyen 等首次将毛细管电泳法用于提取鱼组织中的核苷酸，测定了虹鳟鱼中的 IMP、HxR 及 Hx 的含量。近年来，毛细管电泳与质谱联用技术也备受研究者关注，Soga 等基于压力辅助毛细管电泳联合电喷雾电离质谱法测定大肠杆菌中核苷酸，但该法能否应用于测定肉类中的核苷酸，还有待进一步研究。毛细管电泳法虽具有其自身优势，但因再现性差、设备价格昂贵只适用于科学研究。

3. 其他方法

其他方法包括化学滴定法以及分光光度法，可以分析样品中核苷酸的总量，其优点是操作简单、成本低，但适用范围窄，灵敏度低。

近年来，关于生物传感器的研究及其在测定肉品鲜度中的应用逐渐引起人们关注，其是由固定化的生物材料作识别元件（包括酶、抗体及微生物等生物活性物质）与适当的换能器件（如氧电极和场效应管等）密切接触而构成的分析工具。酶电极传感器在鱼类鲜度测定中的应用较多，由于 ATP 分解快速易引起中间代谢产物 ADP 及 AMP 含量变动，因此一般将与 IMP、HxR 及 Hx 代谢有关的酶固定，通过电流变化测定其浓度并根据 Ki 或 H 指标预测鱼肉鲜度。而 Okuma 和 Watanabe 制备的多酶反应系统可同时测定 6 种 ARC，所得 *K* 值与高效液相色谱法测得 *K* 值具有良好的线性相关性（相关系数为 0.9888）。生物传感器具测定速度快、灵敏度高及操作简单等优点，适合用于肉类产品市场快速检测。

三、贮藏对 ARC 含量变化的影响

在研究贮藏及加工过程中 ARC 含量变化时，通过采取适当的贮藏及加工方式是保持水产品鲜度及品质、提高其经济效益的有效手段。不同的贮藏温度、贮藏方式及加工方式直接影响水产品 ARC 的代谢速率。下面分别讨论不同水产品在贮藏和加工过程中的 ARC 含量变化情况，以期为水产品的加工流通方法提供科学依据。低温冷藏是水产品最常用的保鲜方式，因此冷藏温度是影响水产品鲜度的重要因素之一。

为研究温度对 ATP 代谢的影响，Chiou 等以杂色鲍肌肉为研究对象，比较分析了 5℃、15℃和 25℃贮藏条件下 ATP 的代谢过程及 ARC 的含量变化，初始 ARC 的总含量为（3.62±0.11）mmol/g 且由于肌肉水分的流失短时间后含

量略有增加，ATP 及 ADP 均表现为初期快速分解，相应的 AMP 随着贮藏时间的延长逐渐积累，是杂色鲍的主要呈味核苷酸，实验者在贮藏后期测得 ATP 的分解产物最终以 Hx 的形式累积。Annamalai 等将新鲜凡纳滨对虾分为三组，即一组将收获后的对虾即刻冷冻保藏，其余两组分别放置在（30±2）℃环境中延迟冷藏 2~4h，结果显示三组对虾 K 值的增长速度和延迟冷冻的时间成正比，贮藏 6d 后对照组延迟冷藏 2h 及 4h 的样品 K 值分别为 40.78%、42.19% 及 44.21%，这说明对虾 ATP 在室温下分解较快，及时冷藏处理捕获后的水产品可以延长其保质期。冷冻保藏更适合需长期贮藏的水产品，Wang 等发现 -20℃及-30℃冷冻条件下牡蛎的 ARC 分解速率明显低于对照组，研究者分析这与低温限制酶活性有关，同时通过对 K 及 K_i 等鲜度指标分析得出在相同的贮藏时间内，-30℃冷藏样品的鲜度更接近于新鲜样品。

四、加工过程中 ARC 含量变化

1. 传统烹饪方式对 ARC 含量的影响

烹饪可赋予水产品良好的风味和口感，我国传统烹饪方式多样，不同的烹饪方式及条件的选择也会对水产品中 ARC 的代谢产生影响。Xu 等探究了传统蒸制方式对核苷酸的影响，以不同的蒸制温度（75℃、80℃、85℃、90℃、95℃）处理新鲜对虾时发现，与对照组生鲜虾相比，各蒸制组 AMP 均有所增加，而 IMP 均减少，相比之下，80℃蒸制组总呈味核苷酸含量最多，而后随温度增加（85℃、90℃、95℃）呈味核苷酸损失逐渐增加，此项研究说明蒸制会提升对虾的风味，但高温会使核苷酸过度分解。在蒸制的基础上，Liu 等分析了二次蒸制对鲢鱼风味品质的影响，鲢鱼肌肉中 ATP 含量较低，而 IMP 存在高浓度，这说明原料在运输过程中由于高度紧张、挣扎等原因，体内积累了过多乳酸，使大部分 ATP 分解，经初次蒸制后 AMP 虽略有增加，但温度促进了 IMP 的分解，而再次蒸制使 Hx 集聚，此项研究表明原料状态及二次加工会影响核苷酸的含量，对风味影响较大。Zhang 等研究了不同烹饪方式及温度对南美白对虾、南极磷虾 ARC 的代谢影响，研究者通过设置不同温度（25℃、40℃、55℃、65℃、75℃、85℃、95℃），比较了微波加热、热水煮制及微波-水煮联用三种加工方式对研究对象中的风味物质的影响，微波加热对南美白对虾 AMP、IMP 影响较大，而对南极磷虾核苷酸影响不大；煮制温度超过 40℃

均会阻碍南美白虾及南极磷虾 ATP 的降解，从而使 IMP 减少，三种加工方式相比，微波-水煮联用对南美白对虾及南极磷虾的风味提升效果最好，此方式下，IMP 显著提高且所用时间较短。

综上，蒸制、煮制及微波等加工方式对水产品的呈味核苷酸含量均有提升作用，同时，温度是影响呈味核苷酸降解的主要因素，加工过程中应根据水产品种类选择合适的加工条件。

2. 超高压对 ARC 含量的影响

超高压对 ARC 含量的影响超高压技术作为一种非热加工技术，具有食品保鲜及改善食品品质的作用。为探究不同压力与水产品 ARC 含量特别是风味核苷酸的关系，Yue 等分别在 200MPa、400MPa 及 600MPa 压力下处理新鲜鱿鱼，在 200MPa 新鲜鱿鱼中 AMP 含量最高，其次是 GMP 和 IMP，采用 400MPa 及 600MPa 处理后 AMP、GMP 含量增加明显；第 10 天 600MPa 处理下的样品 AMP 含量是其余两组的 1.6~2.2 倍，总的来说，400MPa 及 600MPa 处理条件对提高鱿鱼呈味核苷酸的效果最好。甘晓玲等研究了超高压处理对南美白对虾虾仁 ARC 的影响，结果显示对照组 ARC 总含量为（254.34±11.52）mg/100g，经 5 组不同压力（100~500MPa）处理后，ARC 总含量均高于对照组。虾仁中含量最高的核苷酸是 AMP，其次是 IMP，且 300MPa 条件 AMP 含量最高为（205.57±11.56）mg/100g，而造成 400MPa 及 500MPa 高压条件下 AMP 含量下降的原因可能是抑制了 ATP 降解酶和 AMP 降解酶的活性使 ATP、AMP 没有完全转化为 AMP。由此说明超高压可以提高样品中的 ARC 含量，但过高的压力不利于 ATP 降解产生呈味核苷酸 AMP。选择适宜的超高压条件可在保持水产品鲜度的同时提高其呈味核苷酸含量，从而赋予产品鲜甜的滋味。

3. 存在的问题

根据 ARC 的相关研究及其市场应用性调查，现将我国对于 ARC 的研究不足总结如下：深入研究较少，局限于基础含量的检测及变化规律的研究；未建立统一的 ARC 检测技术标准，高效液相色谱是目前使用最广泛的检测方法，但前处理过程较长，不适合应用于市场鲜度检测；缺少对 ATP 及其关联化合物，尤其是 IMP 代谢这一限速步骤的深入研究，未能系统阐明 IMP 对水产品鲜味的作用规律。

ATP 的降解在鱼虾贝等水产品的死后变化中扮演着重要的角色，其代谢程度可以反映水产品运输贮藏过程中的鲜度变化，而其分解产物 AMP 及 IMP 的含量对水产品的风味具有重要影响。受水产品自身酶系及微生物分泌的外源蛋白酶的影响，ATP 代谢途径复杂且代谢速率受外界环境影响较大。目前，我国对于水产品中 ARC 的研究存在多方面的不足，与国外相比还有较大的差距。

参考文献

[1] 林洪，张瑾．水产品保鲜技术［M］．北京：中国轻工业出版社，2001.

[2] 王扬．水产加工［M］．浙江：浙江科学技术出版社，2005.

[3] 章超桦，薛长湖．水产食品学 第2版［M］．北京：中国农业出版社，2010.

[4] 李启艳，谢强胜，刁飞燕，等．鱼油的化学成分及其药理活性研究进展［J］．药物分析杂志，2016，36（07）：1157-1161.

[5] 林心銮．海洋鱼、虾、贝类的生物活性肽研究进展［J］．福建水产，2007（03）：58-61.

[6] 吕颖，谢晶．温度波动对冻藏水产品品质影响及控制措施的研究进展［J］．食品与发酵工业，2020，406（10）：290-295.

[7] 李学鹏，刘慈坤，王金厢，等．水产品贮藏加工中的蛋白质氧化对其结构性质及品质的影响研究进展［J］．食品工业科技，2019，40（18）：329-325.

[8] 蔡路昀，王亚茹，王静，等．水产品中 ATP 及其关联化合物研究进展［J］．食品工业科技，2019，40（07）：278-284.

[9] 顾赛麒，胡彬超，杨晓霞，等．臭氧处理对丁香鱼干品质特性的影响［J］．浙江工业大学学报，2020，48（06）：89-97.

[10] 蔡路昀，吕艳芳，李学鹏，等．复合生物保鲜技术及其在生鲜食品中的应用研究进展［J］．食品工业科技，2014，35（010）：380-385.

[11] 李秀霞，孙攀，孙协军，等．超高压处理对冻藏南美白对虾理化指标及品质的影响［J］．中国食品学报，2019，19（01）：132-140.

[12] 蔡路昀，马帅，曹爱玲，等．香辛料在水产品保鲜应用中的研究进展［J］．食品安全质量检测学报，2015，6（10）：3935-3940.

[13] 潘俊娴，刘均，吕杨俊，等．茶多酚对水产品保鲜作用的研究进展［J］．中国茶叶加工，2018（03）：10-14.

[14] Zhang B，Yao H，Qi H，et al. Trehalose and alginate oligosaccharides increase the

stability of muscle proteins in frozen shrimp (Litopenaeus vannamei) [J]. *Food & Function*, 2020, 11 (12).

[15] Shahidi F, Hossain A. Preservation of aquatic food using edible films and coatings containing essential oils: a review [J]. *Critical Reviews in Food Science and Nutrition*, 2020 (1): 1-40.

第五章

鲜度的检测方法和指标

鲜度反映了水产品的新鲜程度，是评价水产品质量的重要指标。捕捞和养殖生产的水产品，其在体内生化变化及外界生物和理化因子作用下，其原有鲜度会逐渐发生变化，并在不同方面和不同程度上影响其作为食品、原料以至商品的质量。鲜度检测方法主要是新鲜度指标的检测，但是水产品的生化变化是相当复杂的，每一种指标及方法均有其针对性和相应的应用范围，因此凭单一指标或测定方法来确定鲜度有一定困难，往往需要根据水产品保鲜贮运、加工的实际需要将多个指标有针对性地结合起来进行综合评定。

根据水产品在腐败变质过程中微生物的变化、理化反应、风味物质的变化、体表颜色的变化，传统的感官检验法、化学检测法、物理检测法和微生物检测法分别被应用于水产品鲜度的检测中。传统的检测方法经典有效，但耗时且对样品多具有破坏性，无法实现大规模的样本分析。为实现水产品快速、无损、准确的检测，越来越多的检测技术包括生物仿生技术、光谱技术和生物传感器技术等也被广泛地应用到水产品鲜度的检测中。

一些感官、化学、微生物的鲜度指标已被制定出来，有国家标准、行业标准和商品检验的约定俗成的标准等。检验方法很多，但不一定全部适用，用一种还是几种方法，这要根据检测的目的、时间和地点等因素来确定。然而不管哪一种方法、哪一种指标都应该与感官指标相接近，因为水产品最终都要被我们的眼、鼻、耳、舌等器官所检验。但是对于那些尽管是微量的，但却能引起中毒的化学物质，而人类的感官又不能感觉到时，还是需要用化学检测来把关。

第一节　感官检验法

感官检验是通过人的感觉（视觉、味觉、嗅觉、听觉、触觉）来鉴别评价水产品质量的一种检验方法，可分为对生鲜品和对熟制样品的鉴定两种。在鱼贝类死后的不同阶段，感官特征清晰可见，可以根据这些特征快速地进行鲜度评定，这种鲜度评定方法现已被世界各国广泛采用。感官评定对某些项目的敏感度，有时会远远超出仪器检测，还能获得对异味、异臭的综合评价，故常被作为各种微生物学、化学、物理评定指标标准的依据。但人的感觉或认识总是不完全相同的，容易使结果存在差别；检查的结果也难以用数量表达，缺乏客观性。为了正确地进行判断，必须对鉴定人员有一定的要求，并要制定感官评定项目和标准。

国际通用的感官评价方法有欧盟法（EU scheme）和质量指标法（QIM），可以对各种水产品进行标准化的感官评定。EU 法是根据鱼的感官指标将其划分为 4 个鲜度等级，但不能体现处于同一个等级水平的鱼鲜度的差异，因此，逐渐被 QIM 法替代。QIM 法是用缺点评分的方法对鱼各个感官属性在 0~3 分进行打分的，再将各指标评分进行综合来评价鱼的鲜度，其中 0 分表示鲜度最高，分数越高则鲜度越差。《食品安全国家标准　鲜、冻动物性水产品》（GB 2733—2015）和行业标准《鲜活青鱼、草鱼、鲢、鳙、鲤》（SC/T 3108—2011）中规定了感官评定的具体要求，通过对相关项目的评判来确定水产品的等级。

感官评价法操作简单、实用且结果易得，可广泛应用于水产品贮藏、销售、加工等各个环节，但结果易受评定人员的主观影响，需要专业的感官测评小组，所以，感官评定法具有一定的局限性。对于变质初期的具体情况，感官评定难以得出准确的结论。因此，用感官评价的方法评价水产品鲜度时常与其他评价方法结合进行，使结果更加准确。此外，还可以使用色差计、电子鼻、电子舌等仪器对水产品的感官属性如颜色、气味和味道进行检测，从而对感官评价的结果进行校准。

一、生鲜品感官鉴定

生鲜品感官鉴定是利用除人的口腔之外的感官对样品进行鉴定的方法，对鱼的眼球、鳃部、肌肉、体表、腹部等方面进行评价，表 5-1 为一般鱼类鲜度的感官鉴定标准。感官鉴定对鉴定人员的要求较高，除具备一定的水产品基本知识外，还应身体健康、不偏食、不色盲、无不良嗜好，有鉴定和综合评定的能力。感官评定人员应具有良好的专业知识和职业道德，排除各种干扰因素，实事求是地进行鉴定。

表 5-1　一般鱼类鲜度的感官鉴定指标

项目	新鲜（僵硬阶段）	较新鲜（自溶阶段）	不新鲜（腐败阶段）
眼球	眼球饱满，角膜透明清亮，有弹性	眼角膜起皱，稍变混浊，有时由于内溢血发红	眼球塌陷，角膜混浊，虹膜和眼腔被血红素浸红
鳃部	鳃色鲜红，黏液透明，无异味或海水味（淡水鱼可带土腥味）	鳃色变暗呈淡红、深红或紫红，黏液带有发酸气味或稍有腥味	鳃色呈褐色、灰白色，有混浊的黏液，带有酸臭、腥臭或陈腐味
肌肉	坚实有弹性，手指压后凹陷立即消失，无异味，肌肉切面有光泽	稍松软，手指压后凹陷不能立即消失，稍有腥酸味，肌肉切面无光泽	松软，手指压后凹陷不易消失，有霉味和酸臭味，肌肉易与骨骼分离
体表	有透明黏液，鳞片完整有光泽，紧贴鱼体，不易脱落	黏液多不透明，并有酸味，鳞片光泽较差，易脱落	鳞片暗谈无光泽，易脱落，表面黏液污秽，并有腐败味
腹部	正常不膨胀，肛门紧缩	轻微膨胀，肛门稍突出	膨胀或变软，表面发暗色或淡绿色斑点，肛门突出

水产品质量感官鉴定主要通过体表形态、鲜活程度、色泽、气味、肉质的弹性和洁净程度等感官指标来进行综合评价。对于水产品，首先应观察其鲜活程度如何，是否具备一定的生命活力；其次是看其外观形体的完整性，注意有无伤痕、鳞片脱落、骨肉分离等现象；再次是观察其体表卫生洁净程度，即有无污秽物和杂质等；然后才是看其色泽，嗅其气味，有必要的话还要品尝其滋味。依据所述结果再进行感官评价。几种海水鱼的感官鉴定指标见表 5-2，几种淡水鱼的感官鉴定指标见表 5-3，虾蟹贝类的感官鉴定指标见表 5-4。

表 5-2 几种海水鱼的感官鉴定指标

名称	新鲜	不新鲜
鳓鱼	鳞片完整，体表洁净，色银白有光泽	眼发红，混浊下陷而变色，鳃发白，腹部破裂
海鳗	眼球突出明亮，肉质有弹性，黏液多	眼球下陷，肉质松软
梭鱼	鳃盖紧闭，肉质紧密，肛门处污泥黏	体软，肛门突出，有较重的泥臭味
鲈鱼	液不多体色鲜艳，肉质紧实	体色发乌，头部呈黄色
大黄鱼	色泽金黄，鳃鲜红，肌肉紧实有弹性	眼球下陷，体表色泽减退，渐至白色，腹部发软，肉易离刺
小黄鱼	眼突出，鳃鲜红，体表洁净，色泽呈金黄色而有光泽	眼塌陷，鳃部有很浓的腥臭味，鳞片脱落很多，色泽减退至灰白色，腹部发软甚至破裂
黄姑鱼	肌肉僵直而有弹性	色泽灰白，腹部塌陷
白姑鱼	色泽正常，肉质坚硬	体表有污秽黏液，肉质稍软有特殊气味
鳘鱼	眼球明亮突出，鳃色深红及褐色，肉质坚实	体色呈灰暗，眼变混浊，鳃褪色至灰白，腹部膨胀，肉质松软，肛门有分泌液溢出
真鲷	体色鲜艳有光泽，肉质紧密，肛门凹陷	色泽无光，鳞片易脱落，肉质弹性差，有异味
带鱼	眼突出，银鳞多而有光泽	眼塌陷，鳃黑，表皮有皱纹，失去光泽变成灰色，破肚，掉头，胆破裂，有胆汁渗出
鲅鱼	色泽光亮，腹部银白色，鳃色鲜红，肉质紧密，有弹性	鳃色发暗，破肚，肉成泥状，并有异味
鲳鱼	鲜艳有光泽，鳃红色，肉质坚实	体表发暗，鳃色发灰，肉质稍松
牙鲆鱼	鳃色深而鲜艳，正面为灰褐色至深色	鳃部黑而微黄，体色变浅，腹部先破，肉离骨呈泥状

表 5-3 几种淡水鱼的感官鉴定指标

名称	新鲜	不新鲜
青鱼	体色有光泽，鳃色鲜红	体表有大量黏液，腹部很软且开始膨胀
草鱼	鳃肉稍有青草气味	鳃肉有较重的酸味，腹部很软，肛门有溢出物
鲢鱼	体表黏液较少，有光泽，鳞片紧贴鱼体	眼带白蒙，腹部发软，肌肉无弹性，肛门有污物流出
鳙鱼	鳃色鲜红，鳞片紧密不易脱落	鳃有酸臭味，体表失去光泽，肉质特别松弛
鲫鱼	眼球透明，鳃鲜红，体质结实	鳃有异臭味，腹部发软呈污黄色，肛门处流黑水
鲤鱼	鳃鲜红鳞片贴体牢固不易脱落	鳃内充满很多黏液，并有酸臭味，腹部稍膨胀

表 5-4 虾蟹贝类的感官鉴定指标

名称	新鲜	不新鲜
对虾	色泽、气味正常，外壳有光泽、半透明，虾体肉质紧密，有弹性，甲壳紧密附着虾体 带头虾头胸部和腹部连接膜不破裂 养殖虾体色受养殖场底质影响，体表呈青黑色，色素斑点清晰明显	外壳失去光泽，甲壳黑变较多，体色变红，甲壳与虾体分离，虾肉组织松软，有氨臭味 带头虾头胸部和腹部脱开，头部甲壳变红、变黑
梭子蟹	色泽鲜艳，腹面甲壳和中央沟色泽洁白有光泽，手压腹面较坚实，螯足挺直	背面和腹面甲壳色暗，无光泽，腹面中央沟出现灰褐色斑点和斑块，有的能见到黄色颗粒状流动物质，螯足与背面呈垂直状态
头足类	具有鲜艳的色泽，色素斑清晰有光泽，黏液多而清亮，肌肉柔软而光滑，眼球饱满无异味	色素斑点模糊，并连成片呈红色，体表僵硬发涩，黏液浑浊并有臭味

二、熟制样品感官鉴定

对鲜度稍差或异味程度较轻的水产品，以感官鉴定方法判断品质鲜度较困难时，可以通过水煮试验后嗅其气味，观察样品色泽或汤汁色泽，品尝滋味、口感，从而判定样品的鲜度等级。进行水煮试验时，水煮样品一般不超过500g，放水量以刚好浸没样品为宜。对虾类等个体比较小的水产品，可以整个水煮。鱼类则去头去内脏后，切成3cm左右的段，待水煮沸后放入样品，盖严容器盖加热直到再次煮沸，撤掉热源后开盖嗅其蒸汽气味，再看汤汁，最后品尝滋味，鲜度判别参见表5-5。

表5-5　水煮试验鲜度判别

项目	新鲜	不新鲜
气味	具有本种类水产品固有的香味	有腥臭味或氨味
滋味	具有本种类水产品固有的鲜美味道，肉质口感有弹性	无鲜味，肉质糜烂，有氨味
汤汁	清澈或带有本种类水产品色素的色泽，汤内无碎肉	汤汁混浊，肉质腐败脱落，悬浮于汤内

三、感官仿生技术

感官仿生技术是在传统感官分析技术的基础上发展起来的，是模仿生物视觉、嗅觉和味觉等感官特性对样品的色、香、味和质地等特点进行检测并转化为直观结果的一种新型检测技术。电子鼻、嗅觉可视化、电子舌、质构仪和计算机视觉等感官仿生技术已应用到水产品检测中。依靠现代化信息技术和生物传感技术可以弥补传统感官评定主观性强、重复性差等缺陷，且相对于其他检测方法更易实现实时无损检测，大幅提高了检测效率和准确性，因此感官仿生技术在水产品鲜度检测方面的应用越来越广泛。

1. 电子鼻

电子鼻是利用气体传感器阵列的响应来识别气味的电子系统，可以对水产品贮存过程中产生的各种挥发性气味进行多方位识别，以达到鲜度检测的目的。电子鼻一般由气敏传感器阵列、信号预处理单元和模式识别单元三大部分组成。气敏传感器阵列用来感应气体中的化学成分，信号预处理单元对传感器阵列的响应模式进行特征提取，模式识别单元相当于动物和人类的神经中枢，把提取的特征参数进行模式识别，从而完成定性定量分析。根据所采用的原理不同，可分为金属氧化物、电化学、导电聚合物、光电离传感器等。在水产品鲜度检测中，应用最为广泛的是金属氧化物气体传感器。

电子鼻技术应用到水产品鲜度检测中比较早，被广泛地应用于水产品鲜度等级的划分、鲜度指标的预测，以及不同冷藏温度的水产品鲜度的区分中。电子鼻在检测鲜度方面具有检测速度快、检测范围广、重复利用率好、样品无需前期处理等优势，可以补充或取代其他昂贵和耗时的分析技术。但是，不同传感器对气味分子的敏感性和选择性可能不够、灵敏度不高、易受环境湿度的影响，从而导致结果不准确。此外一些现有气体传感器还存在工作温度高，长时间工作后响应基准值容易发生偏移等缺点，在一定程度上限制了其在水产品鲜度检测方面的应用。

2. 嗅觉可视化技术

嗅觉可视化技术又称比色传感器阵列，在一定程度上弥补了电子鼻技术的不足。该技术在2000年由美国伊利诺伊大学的Rakow提出，主要是利用金属卟啉等化学显色剂与待检测气体反应前后其颜色发生变化的这一性质，将嗅觉信息转化为视觉信息，对检测气体进行定性和定量分析。当显色剂与气体之间发生化学键合后，显色剂的吸收峰发生明显偏移，产生的光谱变化在可见光范围内，用肉眼可观察到传感器的颜色变化。为了精确量化，也可由图像采集装置提取传感器阵列图像，并进一步处理以量化结果。

将嗅觉可视化技术应用到水产品鲜度检测中是近几年才兴起的一个研究方向，因此大多为国外研究成果。嗅觉可视化相对于传统的电子鼻在精度和灵敏度都有较为明显的优势，且更易制作为便携式设备，应用于智能包装，持续监测水产品的鲜度。因为传感器阵列和气体之间的反应主要由金属键、氢键或

π-π 之间相互作用的强化学键作用，故比色传感器不能重复使用，且嗅觉可视化芯片的制作精度和效率有待进一步提高。

3. 电子舌

电子舌是通过模仿人体味觉的机制而发展起来的，主要由传感器阵列、信号采集系统和模式识别系统构成。信号采集电路将采集的信号输送到计算机中，由模式识别系统对样品数据进行分析处理，从而获得样本溶液的定性定量信息。针对液体状态的检测对象，由多种传感器阵列组成的电子舌可以实现其总体特征的快速分析和识别。它可以对样品贮存过程中酸、甜、苦、咸、鲜等味道的改变作出全面分析，进而达到对鲜度的准确判断。

电子舌传感器阵列对样品中的某些化学成分具有高交叉敏感性，并非只对某一组分具有反应，电子舌评价的是样本整体滋味信息。电子舌可以对水产品腐败早期产生的一些低浓度物质产生响应，较好地对水产品腐败早期阶段进行检测。电子舌检测水产品鲜度虽然比传统的理化分析和微生物检测更为简便，但由于电子舌的检测对象需为液体，所以检测对象通常为水产品浸泡后的浸提液，无法对水产品直接进行无损检测，这在很大程度上限制了其在水产品鲜度检测方面的应用。而且电子舌造价过高，相对于传统的气相、液相色谱仪在成本上面并没有很大节省，这限制了其应用。

4. 计算机视觉技术

颜色是水产品最重要的品质属性之一，与产品的鲜度密切相关。相比于传统的比色计和分光光度计，仪器传感器和计算机成像软件结合形成的新型计算机视觉系统和机器视觉系统，在水产品的颜色判别方面应用越来越广泛，大幅提高了样品检测的速度和准确度。计算机视觉技术对水产品鲜度的检测是通过模拟人眼检测水产品在腐败变质过程中颜色、形状、纹理等发生的变化，基于对图像的处理和分析，从中提取特征参数，进而对产品进行分类或分级的。计算机视觉技术的发展已经较为成熟，在检测食品质量方面具有自动化、非破坏性和低成本的优势。

在水产品鲜度的检测方面，计算机视觉技术虽然可以实现快速无损检测，但只能根据水产品表面的特征进行判别，而水产品的腐败初期，其体表的变化并不明显，故该技术在水产品鲜度检测方面具有一定的局限性。

5. 质构

质构特性主要包括硬度、弹性、咀嚼性，其中硬度是消费者判断鲜度最重要的指标，也是决定肉类工业应用价值的主要因素。水产品的肌肉组织可能因自溶而变柔软，或因冷冻贮藏而变坚硬，因此质构分析对水产品的科学研究、质量控制和产品开发具有重要作用。有多种机械方法可以用来测定水产品的质构特性，其中最为常用的是质构仪。

质构仪可以同时测定出肌肉的多种质构属性，操作简便且结果准确。此方法操作简单、快速，但质构仪测试条件的变化对测试结果的影响较大，需深入研究水产品鲜度在腐败变质过程中质构特性变化的原理后，再设置质构仪的测试条件。质构分析在检测水产品鲜度检测时，对象一般为鱼肉块，但会对鱼体本身有了破坏，限制了其适用范围。

第二节　化学检测法

化学检测法主要是检测水产品死后在细菌作用下或由生化反应所生成的物质进而进行鲜度评定的方法。水产品离水死亡后，其体内会发生了一系列的化学变化和生物化学变化，如蛋白质分解成胨、肽、氨基酸，微生物将其进一步降解可生成胺类、氨、吲哚、硫化氢等。ATP 逐渐降解分解为 ADP、AMP、IMP、Hx、HxR 等成分，氧化三甲胺被还原成三甲胺、二甲胺，磷脂中的胆碱也转变为三甲胺，再加上氨基酸分解出的胺，就使得挥发性盐基氮（TVB-N）逐渐积累增多。pH 也由于乳酸的产生和蛋白质的分解而先降后升。所以可以根据死后变化过程中生成的某一种或某几种化合物的增减来判定水产品鲜度的变化。化学检测法弥补了感官检测法的不足，是一类相对可靠、应用最多的水产品鲜度评价方法，但操作方法复杂，需要借助仪器，对水产品原料的采样有破坏作用。

一、挥发性成分测定

微生物活动及内源性酶的作用是导致水产品鲜度降低至腐败变质的主要原

因，此过程中会产生氮、胺、氨、醇类及含硫类挥发性物质。因此，挥发性物质是检测水产品鲜度的重要参数。

1. 挥发性盐基氮（TVB-N 或 VBN）

TVB-N 是指动物性食品在腐败过程中，由于细菌的作用蛋白质分解产生的氨、伯胺、仲胺及叔胺等碱性含氮物质，其沸点都很低，因其具挥发性而得名。鱼体死后初期，细菌繁殖慢，TVB-N 的数量很少；而自溶阶段后期，细菌大量繁殖，TVB-N 的量也大幅度增加。所以，TVB-N 不能反映出水产品死亡后的早期鲜度变化，但适用于评价从僵解自溶至腐败过程的水产品的鲜度变化，挥发性盐基氮含量越低，产品鲜度越高。

TVB-N 是我国食品相关法规中判定水产品鲜度的重要指标之一，其检测方法采用 GB 2733—2005 规定的半微量定氮法和微量扩散法。但这种方法前期准备工作多，操作烦琐，滴定时对颜色终点的判断带有一定的主观性。近年来也有大量的研究学者在自动凯氏定氮仪测定食品蛋白质的基础上，摸索出一套自动蒸馏、滴定及计算的新方法。

对于许多水产品来说，TVB-N 是一项灵敏的指标，可表征在几小时之内水产品鲜度的变化，尤其对于蛋白质含量高的水产品。但对于蛋白质含量较低而含糖量相对较鱼虾类高得多的贝类，TVB-N 灵敏度要低得多。另外 TVB-N 不能准确反映低温条件下水产品本身鲜度的变化，也不适用于软骨鱼。

2. 三甲胺（TMA）

多数海水鱼的鱼肉中含有氧化三甲胺（TMAO），在细菌腐败分解过程中被还原成三甲胺，其含量随鱼体鲜度的降低而逐渐增加，三甲胺的含量值可作为海水鱼的鲜度指标。一般认为，鲜鱼体内的 TMAO 会随着鱼的鲜度而降低，在微生物和酶的作用下降解生成 TMA。纯净的 TMA 仅有氨味，在很新鲜的鱼中并不存在，当 TMA 与不新鲜鱼的 δ-氨基戊酸、六氢吡啶等成分共同存在时，则增强了鱼的腥臭味。

TMA 与 TVB-N 相比有明显的相关性，海水鱼的 TMA，随鲜度的变化较其他水产品更为灵敏，而对于淡水鱼及贝类，TMA 随鲜度的下降灵敏性变差，因为淡水鱼中 TMAO 含量很少，故不适用于此方法。随着鲜度的下降，TMA 的含量会越来越高。当 TMA 含量在 15mg/100g 以下时，鱼类是新鲜的；含量在 15~35mg/100g 时，肉质下降但无腐败臭味；含量 70mg/100g 以上时，鱼类基本失去食用价值。三甲胺的检测方法主要有康威氏法和苦味酸比色法。但方法操作烦琐、所需试剂多、检测时间长，适用于实验室检测，而且在检测过程中容易引起 TMA 外溢，造成试验结果不准确。

3. 氨基态氮

水产品氨基态氮的变化与水产品鲜度变化呈负相关。当水产品鲜度未降低时，氨基态氮增加较缓慢，氨基态氮迅速增加时水产品的鲜度也显著下降。样品中的氨在碱性条件下，随水蒸气蒸出，可用盐酸吸收蒸出的氨，再用氢氧化钠滴定多余的盐酸，从而可以计算出氨的含量。氨基态氮对水产品风味的影响明显，随着贮存时间的延长，水产品风味不断下降。但有人指出氨基态氮变化和水产品本身的鲜度变化没有明显的相关性，是否可用氨基态氮含量作为水产品鲜度评价指标有待进一步的研究。

二、 ATP 降解物测定

鱼死后，肌肉中的物质发生复杂的生化反应，其中 ATP 的降解贯穿于整个代谢过程中，因此，通过检测 ATP 降解产物的变化可以判断出水产品的新鲜程度。

1. *K* 值

水产品死亡后其肌肉中所含的 ATP（三磷酸腺苷二钠）会按 ATP→ADP（二磷酸腺苷）→AMP（一磷酸腺苷）→IMP（肌苷酸）→HxR（肌苷）→Hx（次黄嘌呤）途径降解，在此过程中，Hx 与 HxR 所占比例逐渐增高，鲜度降低。测定其最终分解产物（次黄嘌呤核苷和次黄嘌呤）所占总的 ATP 代谢产物的百分比，即为鲜度指标 *K* 值，可用式（5-1）表示：

$$K=\frac{HxR+Hx}{ATP+ADP+AMP+IMP+HxR+Hx}\times 100\% \tag{5-1}$$

K 值是评价低硬以前及僵硬至解僵过程中水产品鲜度的良好指标，一般情况下，水产品的 *K* 值随鲜度下降而升高，*K* 值越低说明鲜度越好。*K* 值所代表的鲜度和一般与细菌腐败有关的鲜度不同，它是反映水产品初期鲜度变化以及

与品质风味有关的生化质量指标，也称鲜活质量指标。即杀鱼的 K 值一般小于10%，新鲜鱼的 K 值在 10%~20%，K 值在 20%~40%的鱼的鲜度为二级鲜度，在 60%~80%的鱼则处于初期腐败。对大多数鱼来说，在贮藏的第一天 K 值呈线性增加，所以 K 值是表征鲜度的一个极好的化学指标。

K 值作为水产品鲜度的检测指标已经被广泛应用。《鱼类鲜度指标 K 值的测定　高效液相色谱法》（SC/T 3048—2014）中规定了 K 值作为水产品鲜度的指标，检测方法为高效液相色谱法，此外酶电极传感器法也可以用于 K 值的测定。K 值采用高效液相色谱法测定，评价结果较准确，尤其适用于对水产品早期鲜度变化的评价。然而 K 值检测仪器昂贵，检测单个样本时间长，需要专业操作人员，因此该方法只能局限于抽样检查，不适合广泛应用。

2. K_i 值

ATP 和 ADP 降解迅速，鱼死后约 24h 消失，AMP 也很快降解，浓度下降至 1μmol/g 以下。另一方面，鱼死后 5~24h，IMP 急剧增加，然后缓慢减少，而肌苷和次黄嘌呤则缓慢增加。为了减少测定工作量，可用 K_i 代替 K 值，如式（5-2）所示：

$$K_i = \frac{\mathrm{HxR+Hx}}{\mathrm{IMP+HxR+Hx}} \times 100\% \tag{5-2}$$

当 K_i<20%时，鱼是新鲜的；当 K_i>40%时，鱼已不宜食用。但在一些易形成 HxR 的鱼品种中（如鳕鱼、金枪鱼等），其 K_i 值可迅速升高至 100%，因此，K_i 不能用于指示这些鱼的鲜度。在这种情况下，可以使用次黄嘌呤指数（H），如式（5-3）所示：

$$H = \frac{\mathrm{Hx}}{\mathrm{IMP+HxR+Hx}} \times 100\% \tag{5-3}$$

鱼肉在腐败初期，次黄嘌呤的含量随贮存时间的延长而增加。因此，可用次黄嘌呤指标作为淡水鱼类鲜度质量的指标。新鲜鱼类其次黄嘌呤≤3.6×10^{-4}g/5g；次新鲜鱼类的次黄嘌呤 3.6×10^{-4}g/5g~5.9×10^{-4}g/5g；腐败鱼类的次黄嘌呤>5.9×10^{-4}g/5g。Hx 含量在同一种鱼内甚至同一个体内都存在相当程度的差异（红色肉中含量要高于白色肉）。冷藏前期，随着鱼的鲜度下降，次黄嘌呤上升，冷藏后期当鱼开始腐败时，次黄嘌呤含量开始下降，所以用次黄嘌呤含量表示鱼鲜度指标只适用于鱼在新鲜及次新鲜状态下，当鱼腐败后则不能用此指标。

三、脂肪氧化指标

水产品中含有丰富的不饱和脂肪酸，其可在光照和高温下逐渐水解，产生游离脂肪酸，继而催化脂肪氧化分解成醛、酮和羧酸类等低分子质量物质，使水产品的气味、质构、颜色和营养价值发生改变。

油脂在贮藏期间水解产生的游离脂肪酸（FFA），可以直接以油酸计算出其含量或通过酸价（AV）来反映。脂肪氧化第一阶段的产物是过氧化物，故过氧化值（PV）可作为脂肪氧化的评价指标之一，但过氧化物极不稳定，会进一步分解成羰基化合物，脂肪氧化二次产物中的羰基化合物的积聚量为COV 值，也可用来表示脂肪氧化的程度。

硫代巴比妥酸值（TBA）是测定脂肪氧化最通用的方法。脂肪氧化最终降解为丙二醛（MDA），与 TBA 试剂反应生成稳定的红色化合物，在 532nm 波长处有最大吸收。所以，在该波长处测定有色物的吸光度，可反映脂肪氧化的程度，从而以实现对水产品鲜度的检测。

四、蛋白质变化指标

蛋白质是水产品的基本组成成分和营养成分，微生物和酶的作用以及不适当的加工处理都会使蛋白质降解或变性，从而影响水产品的鲜度。水产品蛋白质变性主要是由肌原纤维蛋白变性引起的，主要表现为肌球蛋白盐溶性、肌原纤维蛋白 Ca^{2+}-ATP 酶活性和巯基含量的变化。有研究表明，鲫、鳙、草鱼、鲻在冻藏期间，其肌球蛋白盐溶性、肌原纤维蛋白 ATP 酶活性和巯基含量会随贮藏时间的延长呈下降趋势。这些指标的变化表明，鱼类蛋白质在贮藏期间会随时间的延长而出现规律性的变化，因此可以用来评价样品鲜度。

然而，由于受到蛋白质分离、分析、鉴定手段的限制，关于可作为指示物的蛋白质及其结构与功能的研究较少。目前越来越多的学者开始利用蛋白组学分析技术，对水产品品质进行检测，并对其变化机制进行了详细的解释说明。传统的十二烷基硫酸钠-聚丙烯酰胺凝胶电泳（SDS-PAGE）技术是蛋白组学技术发展的基础，它主要是将蛋白质按照亚基分子质量的不同而进行分离，然后通过对比电泳图对蛋白变化进行分析的。但水产品肌肉中蛋白种类繁多、变化过程复杂，仅依靠传统的分离方法无法将一些分子质量相近的蛋白分离。为了解水产品肌肉中更多且更详细的蛋白信息，所以，在此基础上加入了等电点分离和质谱技术，即二维电泳-质谱联用技术（2DE-LC/MS），最多可对2000~3000种蛋白进行分离和分析。目前，采用2DE-LC/MS技术可从分子水平揭示水产品鲜度变化，该技术显示出了相当大的潜力。但是，二维电泳-质谱联用技术在蛋白质鉴定过程中也存在部分缺陷，例如对太大或太小的蛋白质、极度疏水和低丰度的蛋白质很难识别。

随着蛋白组学的发展，多肽体外标记技术在研究多个样品之间差异蛋白方面具有突出优势。其中iTRAQ和TMT技术是生物学领域应用广泛的两种蛋白质标记定量技术。iTRAQ标记试剂主要是通过与多肽氨基末端以及赖氨酸残基伯氨基结合来实现对多肽的标记的，可同时对最多8组样品进行定量分析。TMT蛋白定量技术的标记原理与iTRAQ相似，可同时比较最多10组不同样品中蛋白质的相对含量。

目前，使用新型蛋白质标记定量技术评价水产品鲜度的研究还较少，未来有待进一步深入探索。与基础的二维电泳技术相比，新型蛋白质标记定量技术提高了多个样品检测的准确性，降低了实验误差，克服了二维电泳无法分离过酸或过碱蛋白的缺点。蛋白组学技术的不断突破为开发水产品鲜度新型检测技术提供了新的契机，为从鲜度机制层面研究鲜度变化、实现渔获物冷链物流过程中对鲜度变化的实时监测奠定了理论基础。

五、 pH

pH的变化与水产品的腐败变质之间存在一定相关性。鱼体鲜活时肌肉的pH接近中性（pH 7.1~7.2），死后1h由于糖原分解成乳酸，ATP分解产生磷酸，pH下降。但达到最低值后，随着鲜度的变化蛋白质分解后会产生氨以及胺类等碱性含氮物质，使pH回升。

pH多采用肉浸液pH试纸法、比色法和酸度计法进行测定，但因鱼种和鱼体部位不同，pH的变化进程也不同。该方法方便、省时，不需要大量的前处理工作，也不需要特定的场所，适合用于农贸市场监督和快速检测。但易受鱼种类和外界环境影响，也无法如实反映贮藏过程中鲜度的变化程度，单纯凭借 pH 判断水产品品质存在一定的误差，因此该技术只能作为补充，与其他技术联合可用来实现水产品品质的综合评价。

此外，也有采用测定随鱼肉鲜度下降产生的甲酸、丙酸、丁酸等挥发性有机酸的方法，测定挥发性还原物质的方法等。但因鱼种不同其值有差异，操作也较复杂，一般不采用。

第三节　物理检测法

物理方法是根据水产品僵硬情况及体表的物理化学、光学的变化，来评价水产品鲜度的一类方法。随着鱼鲜度下降，鱼体的硬度及电阻、鱼肉压榨液的黏度、眼球水晶体混浊度等均会发生变化。传统的物理检测法主要有僵硬指数法、色差分析法等，近年来电特性与光谱技术等新兴无损快速检测技术也得到了一定程度的发展。其中光谱技术通常可以用于非破坏性实时监测，并可以通过优化获取最佳波长确定水产品鲜度的光谱指纹信息，实现鲜度的快速鉴别和检测。

用物理方法判断水产品鲜度操作简便，但因品种、个体不同存在很大差异，故还不是一个一般情况都能适用的鲜度评定方法。由于物理学测定还未建立起系统的参照标准，故测定结果只能相对比而言，要准确判断水产品的鲜度等级还较困难。

一、僵硬指数

鱼体腐败的过程为：活鱼—死亡—僵硬开始—完全僵硬—解硬—软化—腐败，因此，鱼的腐败程度不同，其僵硬程度也随之变化，可分为 3 个阶段：僵硬初期、僵硬期和解硬期。僵硬指数法适用于鱼体僵硬初期到僵硬期再到解僵期过程的鱼体鲜度评价，在解僵后则不适用。鱼体死后其肌肉因僵直而硬化，之后随时间延长，僵硬的鱼体又发生软化。用硬度计测定鱼体肌肉硬度的变化，并加以数值化，可用来判断鱼的鲜度。然而僵硬指数具有一定的针对性，鱼的种类和贮藏温度不同，僵硬指数变化也有着较大的差异，所以单一的僵硬指数不能如实反映储藏过程中鲜度的变化程度。

二、色差分析

色差分析方法是用色差计从亮度、明度、纯度方面进行数值化分析，比较样品色泽随贮藏时间的变化，其测定结果与感官评价具有很好的相关性。利用色差计对水产品表面颜色的变化进行量化是反映水产品鲜度的重要指标之一，也是对产品感官属性及化学成分变化的间接评价。水产品在贮藏过程中，伴随着蛋白质的分解和脂肪的氧化，体表的亮度、颜色会随着腐败而发生着变化，水产品表面色泽的改变与感官评定的结果有着很好的相关性。因此，通过对水产品的色差分析能够对鱼的鲜度实现快速检测。但此方法的局限性在于水产品表面颜色变化的程度与储藏温度有很大的关系，容易引起误差。随着科技的进步，出现了一些新的、对水产品样品无破坏的、快速的色泽测定方法，如计算机视觉技术、高光谱成像技术。

三、导电特性

水产品死后及在贮藏期间，脂肪、蛋白质等营养物质被酶及微生物分解产生大量短链脂肪酸、氨基酸等小分子带电荷物质，使鱼肉及其制品的导电能力增加，因此，可以通过检测样品的电特性指标（电阻、电导率和电容）来直观评价水产品鲜度。电特性是反映整个鱼体或构成部分电学性质的物理量，因此可以通过借助体表电极将低于兴奋值的微弱交变直流或电压施加于生物组织，并测量其上的电位差的变化情况来获取相关的生理和病理信息。

鱼体的电阻通常随鱼鲜度的下降而降低。新鲜样品电阻约为2000Ω，电导率约为500μS，而变质样品电阻降至50Ω，电导率升至20000μS，这是由于贮藏过程中细胞膜破裂，细胞液泄漏到细胞间隙导致的。利用这一现象，可采用测定鱼体电阻来判断鱼的鲜度，但这种方法同样存在因鱼种不同而差异较大，甚至出现鱼体压伤影响测定值的现象。英国托里研究所曾开发过一种便携式鲜度测定仪，是通过测定鱼肉介电常数的变化来判断鱼鲜度的。由于此种方法因鱼种不同而存在着显著的差异，因而会影响其判断的正确性。

利用电特性对水产品的鲜度进行评价是一种无损检测技术，测定快速、简便、灵敏，具有重要的实用价值。但目前对于水产品组织阻抗特性的研究还处于初步阶段，大多集中在研究影响阻抗幅值或相位的某一因素上。但水产品在贮藏过程中有机械损伤或冷冻变性，会导致检测结果存在差异，影响所测数据的准确性。

四、光谱技术

随着化学计量学的发展，许多光谱技术，包括可见/近红外光谱技术、光谱成像技术、荧光光谱技术和拉曼光谱技术等已被应用于水产品鲜度的检测中，其核心是建立通过光谱采集和预处理获得的光谱指纹与传统技术确定的鲜度参数相关联的模型。这些技术可以提供分子结构和物理状态等丰富的信息，在快速、无损、全面地评价水产品鲜度方面显示出相当大的潜力。

1. 可见/近红外光谱技术

可见/近红外光谱（400~2500nm）可测定水产品中的有机官能团吸收强度，随着贮藏时间的变长，水产品的内部和外部会发生各种生化变化，产生不同的物质或官能团，导致吸收光谱和吸收强度的变化。因此，可见/近红外光谱学具有检测水产品鲜度的能力。

与传统方法相比，可见/近红外光谱法具有分析速度快、无损、重现性好、适用范围广等优点，可实现快速在线分析与远程检测，在检测水产品鲜度方面更具优势，即使在微生物生长不显著的初始阶段，样品的特征光谱仍然会改变，所以，即使在水产品储藏的初始阶段仍可检测其鲜度。但是，可见/近红外光谱设备造价较高，还没有开发出针对水产品鲜度检测的便携式仪器，而且在线检测精度不高，且不同的存储条件需要不同的模型故需要频繁校准。

2. 光谱成像技术

使用传统的光谱技术仅仅能够以聚焦的镜头扫描样品来获得整个样品的平均特性。为了获得研究对象更全面的物质、结构信息，融合了图像分析技术和光谱分析技术双重优点的光谱成像技术被逐渐应用于食品检测中。其中多光谱成像技术采用的光谱分辨率在 0. 1mm 数量级，一般包含可见光至近红外区域内的几个波段，主要能够测定水产品中的水分含量、挥发性盐基氮含量、*K* 值和微生物总数等。

高光谱成像快速无损检测技术是在多光谱成像的基础上，利用从可见光至近红外光谱范围内的数十或数百条光谱波段对目标物体进行连续成像的技术，其分辨率达到了 0.01mm 数量级。高光谱成像将传统的光谱分析与图像处理有机地融合，可以同时获得样品图像上每个像素点的连续光谱信息和每个光谱波段的连续图像信息，重新呈现了样品的物理和化学特征及其分布。通过光谱仪或检测样品移动，对检测样品连续扫描 N 次，就可得到该检测样品 N 条扫描线处的高光谱图像。采用高光谱成像技术所得数据图像上的每一个像素点都包含全波长范围的光谱信息，大幅提高了分析精细度。

由于高光谱是一种新兴的检测技术，因此相关研究内容较少。高光谱成像技术既有光谱技术的优点，又融合了图像技术的优点，其光谱信息能反映样本的化学成分和组织结构，图像信息能反映样本的空间分布、外部属性和几何结构。因此，高光谱技术可以实现鲜度属性的快速、无损和可视化，并可用于实时监测。但是，由于算法和化学计量学发展的限制，光谱数据利用率不高。

3. 荧光光谱技术

荧光光谱法是根据物质的荧光谱线的位置及其强度进行物质鉴定和含量测定的方法，为分子相互作用和化学反应的表征提供了大量的帮助，在水产品鲜度的快速无损评价方法的发展中具有很大的潜力。水产品含有较高的多不饱和脂肪酸，在加工或贮藏期间，多不饱和脂肪酸能降解产生初级和次级代谢产物，导致荧光化合物的形成，同时也会造成其营养物质的损失。因此通过测定水产品在不同激发/辐射强度时的荧光特性，可以对许多水产品鲜度进行评价。

前表面荧光光谱（FFFS）技术以特殊入射角照射样品，可以最大限度地减少散射、反射光以及去极化，因此 FFFS 更适合用于分析复杂的食品基质。因此，基于该技术，鱼类样品的固有荧光光谱可以作为含有理化信息和质构信息的指纹，以识别新鲜和腐败的鱼片。与其他常规仪器或感官评价相比，荧光光谱法能够直接检测冷冻的鱼样品，无需解冻。但是，需要更多的研究来识别最有效的发射波长。

4. 拉曼光谱技术

拉曼光谱技术以拉曼散射效应为基础，不仅能够检测完整细胞和组织内生化分子的浓度、结构和相互作用，而且可以检测水产品肌肉中的蛋白质和脂质并获得基团的强度和位置变化。拉曼光谱技术可以分析肽骨架结构和氨基酸侧链的特性，对脂质氧化情况进行判断，进而达到检测鲜度的目的。

拉曼光谱技术用于检测水产品鲜度，具有无损检测、样品使用量少、和不需要前处理等特点。但是检测过程中，拉曼散射的微弱影响、生物荧光背景信号的强干扰以及激光产生的一些热量，可能会影响评估的有效性。同时，它不适合发射强荧光的材料，并且由于有强可见激光照射，不稳定的化合物通常会遇到光分解或发生光异构化。

第四节　其他检测方法

一、微生物学方法

微生物学方法是通过检测贮藏保鲜过程中细菌总数来评价水产品鲜度的一种方法。水产品的腐败是由微生物作用引起的，鱼体在死后僵硬阶段细菌繁殖缓慢，到自溶阶段后期含氮物质分解增多，细菌繁殖很快。国家标准 GB 4789—2010 系列标准规定了食品中多种微生物的检测要求，在各种微生物指标中，细菌的菌落总数（TVC）可以有效地表征水产品的鲜度。许多国家在菌落总数方面制定了水产品鲜度标准，通常新鲜鱼类初始 TVC 为 $10^2 \sim 10^4$CFU/g，中国无公害水产品安全要求 TVC 不超过 10^6CFU/g。

在依据微生物对水产品鲜度和保质期进行评估和预测时，除了检测 TVC，微生物种类和生长趋势等也要在考虑范围内，这样才能实现水产品品质的综合评价。微生物评价在判断水产品新鲜程度时具有较高的应用价值，但不能单独作为鲜度定性的指标，需与其他检测方法相结合。细菌总数的测定操作简单、易行，适用于水产品加工单位，但检测时间较长，需有专业人员操作，不能进行实时监控，故不适用于农贸市场监督和快速检测。因此，需要建立通用且快速的微生物检测平台，以满足同时进行多样品、多指标的需求。

二、生物传感器

生物传感技术主要是通过酶等生物识别元件对水产品在腐败过程中产生的一系列特征物质如ATP降解产物或胺类物质产生响应，然后由换能器件将生化信号转换成可定量的电或光信号来实现对鲜度的检测的。生物传感器凭借其高效、操作简单、对环境友好以及可直接检测水产品腐败引起的化学成分变化等优势在水产品鲜度检测应用方面受到了广泛关注。近年来，随着纳米材料在传感领域的快速发展，生物传感器在水产品鲜度的检测应用方面迎来了新的突破。

当前生物传感器已经能够实现次黄嘌呤、黄嘌呤、尿酸、组胺、腐胺等物质的快速检测。针对不同的水产品建立相应的数学模型，并通过模型有效判断鲜度也是未来水产品鲜度评估研究的一个前进方向。但制备生物传感器过程复杂，难以大规模推广，且生物传感器大多本身含有活性，保存较困难，这使得限制了生物传感器的适用范围。此外，目前所设计的水产品鲜度检测用生物传感器在检测范围、灵敏度、抗干扰能力、重现性、造价或重复使用率等方面仍存在一定的不足。随着新型纳米材料的不断发现以及测试技术、微流控技术、纸基芯片和人工智能等技术的不断突破，生物传感器将进一步发展，走出实验室，真正应用于市场。

生物传感器一般都含有2个结构：一种或数种生物敏感材料（生物识别元件）以及能把生物活性表达的信号转换成为电信号或光信号的物理或者化学换能器（信号转换器）；其主要通过生物识别元件对所检测样品的特征性物质产生响应，并通过信号转换器将这种持续、有规律性的信息转换成为人们可以理解的信息，从而实现对某一种物质的测定的，具体原理如图5-1所示。

根据生物分子识别元件的不同，生物传感器可分为酶传感器、微生物传感器、免疫传感器、DNA/RNA传感器、细胞传感器等；根据信号转换器的不同，可分为电化学生物传感器、半导体生物传感器、光学生物传感器、声学生物传感器等。目前，生物传感器已被广泛研究并应用于兽药残留、毒素、致病菌、重金属等威胁水产品食用安全的有害物质检测以及鲜度等水产品品质指标

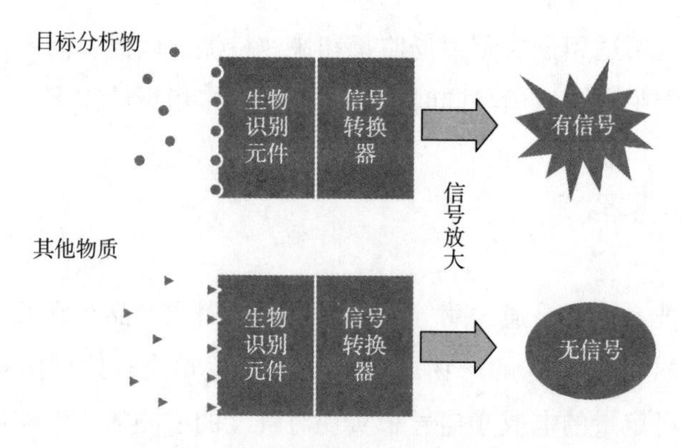

图 5-1　生物传感器工作原理示意图

的测定。一般用于水产品鲜度测定的生物传感器包括：电化学生物传感器、酶生物传感器、微生物传感器和新型纳米传感器。

1. 电化学生物传感器

电化学生物传感器的电极能够与被测气体发生反应，对一些水产品变质产生的化合物的氧化还原反应具有良好的电催化能力或可被这些腐败物吸附，从而影响电极的电子特性，产生与气体浓度相关的电信号，从而实现对水产品鲜度的快速检测的目标。电化学生物传感器具有快速和准确检测水产品鲜度的潜力，可用于测定挥发性胺成分，并且成本较低。但是，因为其原理是基于物理吸附或电催化能力，因此容易受到杂质的干扰，导致精确度下降。

2. 酶生物传感器

在酶生物传感器中，电极上的固定化酶可与目标材料反应产生电活性物质，电极将电活性物质转化为电信号，然后可以通过获得的标准曲线计算出目标浓度。酶生物传感器在水产品鲜度方面的应用主要集中在检测水产品死后的化学代谢产物方面。目前，检测水产品鲜度最常用的酶识别元件是参与三磷酸腺苷分解反应链的黄嘌呤氧化酶。

固定化酶具有特异性，酶生物传感器具有高度选择性，比电化学生物传感器更敏感。但是，酶生物传感器会出现电极表面缺乏再现性、工作电极表面钝化等问题，若要进行高精度的定量分析，样品需要预处理。此外，酶的分离和纯化步骤烦琐，而且酶可能受外部环境影响而失活，导致检测准确度下降。

在今后研究中，酶传感器的传感材料改进和电极选择是亟待解决的问题，比如考虑如何将纳米材料、纳米材料与高分子材料的复合以及碳基纳米材料等应用于酶传感器。此外，促进其向微型化和智能化方向发展，也是酶传感器的发展趋势。

3. 微生物传感器

微生物传感器是由固定化微生物细胞与具有信号转换功能的介质结合而成的生物传感器，主要根据微生物的呼吸或代谢作用产生电流、电压、电导的变化进行测定。微生物传感器系统利用了引起鲜度变化的整体化学和酶反应，能够快速、准确评价水产品鲜度。由于生物识别元件即微生物细胞的选择较为单一，因此制约了微生物传感器的进一步发展。

4. 新型纳米传感器

纳米材料除作为酶固定载体外，还可使生物传感器朝着多元化的方向发展，如纳米材料优秀的催化性能使其能够代替酶，又如金纳米棒和银纳米棒等纳米材料吸收波长可随尺寸变化而调节，由此建立的各种光学检测方法已成为生物传感器研究热点之一。此外，组胺抗体等生物敏感材料也可作为酶的替代物，应用于水产品鲜度的检测中。

参考文献

[1] 章超桦，薛长湖．水产食品学 第2版［M］．北京：中国农业出版社，2010.

[2] 林洪，张瑾等．水产品保鲜技术［M］．北京：中国轻工业出版社，2001：240.

[3] 夏文水，罗永康，熊善柏，许艳顺．大宗淡水鱼贮运保鲜与加工技术［M］．北京：中国农业出版社，2014：337.

[4] 张秀娟．食品保鲜与贮运管理［M］．北京：对外经济贸易大学出版社，2013：279.

[5] 彭增起，刘承初，邓尚贵．水产品加工学［M］．北京：中国轻工业出版社，2010：345.

[6] 刘建华，曾倩华，徐霞，丁玉庭．鱼体新鲜度新型检测方法的研究进展［J］．食品与发酵工业，2022，48（06）：281-289.

[7] 徐霞，吴笑天，徐嘉钰，等．生物传感器在水产品新鲜度检测中的应用与研究进展［J］. 核农学报，2020，34（07）：1525-1533.
[8] 马聪聪，张九凯，卢征，等．水产品新鲜度检测方法研究进展［J］. 食品科学，2020，41（19）：334-342.
[9] 杨明远，蔡杨杨，谢晶，卢瑛．鱼体新鲜度快速检测技术的研究进展［J］. 食品工业科技，2020，41（09）：334-339，347.
[10] 赵永强，李娜，李来好，等．鱼类鲜度评价指标及测定方法的研究进展［J］. 大连海洋大学学报，2016，31（04）：456-462.
[11] 吕日琴，黄星奕，辛君伟，等．鱼新鲜度检测方法研究进展［J］. 中国农业科技导报，2015，17（05）：18-26.

第六章

水产品贮运危害因素控制

在水产品贮运过程中，微生物是导致水产品腐败变质的根本原因。了解微生物侵染的病原、侵染过程、流行特性、微生物生长繁殖的环境条件，以及如何防治微生物污染，对于控制水产品贮运危害因素的控制至关重要。

第一节　水产品腐烂变质的基本成因

鱼类等水产品肉质鲜美，营养丰富，已经成为人类饮食的重要组成部分。与陆地的畜、禽相比，鱼类因其栖息环境、渔获方式以及自身特点等更易腐败变质。首先，鱼的生活环境不是无菌的，鱼类生活的环境（海洋、江河湖泊、池塘等）容易受到污染，所以在鱼的表面、鳃和消化道中都有一定数量的微生物。经过运输、储存和加工，鱼的表面微生物种类和数量可能会增加；其次，捕获过程中容易造成鱼类死伤，致使微生物有更多的机会侵入鱼体，且渔获后一般不立即清洗加工鱼类，多数情况下，带着容易腐败的内脏和鳃进行运输。水产品作为一种成分复杂的有机体，其腐败变质往往是多因素共同作用的结果，尤其是微生物间的相互作用会对水产品腐败气味的产生和有害物质的生成等具有极为重要的影响。总的来说，水产品的腐败变质既可因内源性污染引发也可因外源性污染引发。

一、内源性污染

凡是作为水产品加工原料的动植物体在生活过程中，由于本身带有的微生物而造成的水产品污染，称为内源性污染，也称第一次污染。

1. 外界环境

近年来随着环境的日益恶化，水体污染越来越严重，导致水产动物自身携带的微生物种类和数量也在不断增加。当水产动物的肌体抵抗力下降时，这些微生物就会侵入它们的肌体里面，造成水产品肉质的污染。在一定条件下，这些污染又成为水产品腐败变质和引起食物中毒的重要的微生物来源。水中环境与空气中不同，在水中生长的鱼类被捕获后很容易受到陆地上致病菌的污染。

2. 水产品自身的微生物和酶

鱼外皮较薄，鱼鳞很容易脱落，细菌容易侵入受伤部位，鱼表面有较多的黏液，是细菌良好的培养基，鱼死后肌肉的变化和酶的共同作用使得鱼肉迅速质变，自溶没控制好的话，表面黏液很快就会增加，同时使得气味、颜色、组织结构发生变化，最终导致鱼肉腐败。鱼体内含有活力很强的酶，如内脏中的蛋白质分解酶、脂肪分解酶、肌肉中的三磷酸腺苷（ATP）分解酶等。一般来说，鱼贝类的蛋白质容易变性，在各种蛋白质分解酶的作用下，蛋白质分解，游离氨基酸增加，氨基酸和低分子的含氮化合物为细菌的生长繁殖创造了条件，加速了鱼体的腐败进程。

鱼类的水分含量高，肌纤维较短，肌组织脆弱，有利于细菌的生长繁殖。鱼体内酶的作用强烈，特别是离开水域后，由于陆地较水域温度高，可使酶的活力加强。鱼的糖原含量少，僵直时间很短即进入自溶阶段；肌肉组织呈碱性，pH 在 7.0 以上，利于细菌的生长繁殖。若鱼捕获后不作处理，体表、内脏和鳃所污染的细菌很容易就进入到肌肉组织。

3. 污染的机制

微生物对水产品的污染机制主要有以下三方面。①微生物代谢产生的蛋白酶、酯酶等可分解水产品中的蛋白质、脂质等营养物质，从而导致肌肉质构特性及营养价值改变；②微生物可形成被膜等物质，导致水产品发黏；③微生物进一步利用氨基酸、寡肽产生 H_2S、三甲胺（TMA）、腐胺、尸胺等小分子挥发性物质。

鱼的腐败变质同畜肉一样，是腐败细菌生长繁殖的结果。若鱼捕获后不作解体处理，则细菌侵入的部位是最早出现腐败变质的部位。细菌由肾脏或鳃部经循环进入肌肉和由皮肤或者通过黏膜直接侵入肌肉，鱼鳃、眼窝、皮肤、创伤及内脏部位最早呈腐烂现象。濒死时，体外分泌黏液，新鲜时黏液透明，微生物对分泌的黏液进行分解，使黏液变浑浊，鱼腥变恶臭。鱼鳃由红色变为暗红色，眼球周围结缔组织被分解，鱼眼塌陷，混浊无光。表皮鳞与皮肤相连接的结缔组织被分解，造成鱼鳞分解，由于肠道内细菌大量繁殖产气，腹部膨胀，肛门、肠管脱出。胃肠道、胃壁溶解消失变成糊状，肝脏分解、液化。胆囊由于通透性增加，胆汁外溢，绿染临近组织。腐败菌沿血管蔓延，可引发溶血，血液成分外渗，染红周围组织。在脊椎旁大血管处最明显，称为“脊椎旁发红”现象。腐败菌进一步侵入，分解肌肉组织，使鱼肉组织丧失弹性，甚至出现肌肉与鱼骨分离的现象，到严重腐败阶段。

二、外源性污染

水产品在捕捞、运输、加工、储存、销售等环节，不遵守操作规程，使其受到微生物的污染，称为外源性污染，也称第二次污染。

在水产品捕捞过程中，水产品出水后一般很快死亡。通过水产品表面的海洋细菌或在甲板上处理和冲洗过程中沾染的微生物，立即开始了微生物的腐败分解过程。和水产品一同捕到的其他海洋生物，也可能通过黏液和分泌出的肠道内容物将水产品污染。在加工过程中，由于操作过程不规范，操作环境不干净，操作器械没有彻底清洁消毒，可导致水产品污染。在储存环节，没有严格遵守储存条件（如低温储存中温度不够低，臭氧储存中臭氧浓度太低，干制储存中水分没有完全脱干等）可导致水产品污染。在销售过程中，没有采取适当的保鲜措施，或者包装不严密，可导致水产品受到污染。

沙门氏菌在鱼类产品的加工过程中易造成交叉污染。金枪鱼的加工过程未涉及杀菌处理，在所有的加工过程如运输、去内脏、去皮，以及使用的木板、刀具和盛放鱼肉的托盘等中易发生交叉污染，这就给生食金枪鱼产品的食用人群带来极大的感染食源性疾病的风险。无论是内源性污染还是外源性污染，归根到底都是微生物作用的结果，对水产品的贮运是不利的。

第二节　微生物侵染的病原

相比于其他产品，水产品由于蛋白含量高、水分含量高更易受到微生物的侵染，各种致病菌会寄生于水产品的肌肉、肠道、上皮细胞等部位，在一定条件下生长繁殖成为优势菌群并代谢产生腐败产物、最终导致食品腐败变质。一般海水鱼携带的能引起鱼体腐烂的细菌常见有假单胞菌、无色芽孢杆菌、黄杆菌、大肠杆菌等。淡水鱼除上述细菌外，还有产碱杆菌、气单胞菌、短杆菌等细菌。这里介绍几种常见且对水产品影响广泛的病原微生物及其相关的检测方法。

一、沙门氏菌

沙门氏菌属于肠杆菌科，革兰阴性肠杆菌，两端钝圆，直径为（0.7~1.5）μm×（2.0~5）μm，沙门氏菌大部分可以运动，因为它们的整个身体都覆盖有鞭毛。对热刺激、化学消毒剂和5%的乙醇酸的抵抗力较低。沙门氏菌在普通培养基上生长情况良好，可以形成肉眼可见的光滑、无色圆形透明的小菌落。在肉汤培养基中会形成均匀浑浊，少量沉淀物会沉淀在试管底部。营养琼脂上的沙门氏菌菌落将出现圆形、半透明、光滑和略微升高的露珠样菌落，边缘整齐，针尖大小。

沙门氏菌不是水生环境固有菌，已从渔业产品中分离出来，沙门氏菌在鱼类中的致病机制尚不清楚，可在鱼类肠道以短暂的方式存在，通过肠黏膜进入鱼（如虹鳟、罗非鱼、大西洋鲑鱼）的内脏和肌肉组织，并且在鱼类的粪便中可发现沙门氏菌的存在，这是环境污染和细菌传播的一个重要因素。所以，因食用海产品导致食物中毒事件时常发生。此外，鲜鱼、鱼粉、牡蛎和养殖冷冻虾、鲶鱼等存在沙门氏菌，特别是来源于粪便污染区的或是在污染的加工条件下储存、包装的渔业制品更易存在沙门氏菌，美国曾暴发海鲜相关的沙门氏菌疫情，其中由白鲑鱼引起的疫情有4次，因鲈鱼引起的疫情有1次。2016年，美国由沙门氏菌引起食物中毒事件7728起。

沙门氏菌有多种鉴定方法，其中包括酶联免疫吸附、实时荧光定量PCR、环介导等温扩增、酶生物传感器等。

1. 酶联免疫吸附（ELISA）

在基于免疫学的测定中，ELISA是检测沙门氏菌属抗原或产物的最常用测定法。已经开发了不同的ELISA系统。在ELISA分析中，沙门氏菌属特异性的抗原与结合至固体基质的适当抗体结合。形成抗原抗体复合物后，通过生色底物的酶促裂解引起的颜色变化来测量沙门氏菌的浓度。目前基于ELISA的商业化试剂盒市面上已经有多种，其在特异性及准确性上具有优势，在沙门氏菌的筛查方面已经发挥了巨大的作用。

2. 实时荧光定量PCR

实时荧光定量PCR是一种在DNA扩增反应中加入荧光化学物质，利用荧光信号积累实时监测整个PCR过程，最后通过标准曲线对未知模板进行定量分析的一种方法。不同的物种其包含的特异性基因也存在差异，针对不同基因序列设计不同的引物及探针可以对沙门氏菌进行鉴定。

3. 环介导等温扩增

环介导等温扩增技术（loop-mediated isotherma lamp lification，LAMP），是利用具有链置换活性的BstDNA聚合酶，通过识别靶序列上6段特异区域的2条内引物（FIP和BIP）和2条外引物（F3和B3）在恒温条件件下短时间内催化合成新的链，并通过靶基因的扩增产物产生反应出现焦磷酸镁的白色沉淀来判断靶基因是否存在的技术。

4. 酶生物传感器

酶生物传感器是一种将酶与换能器整合在一起以产生信号的分析设备，该信号是由酶催化反应引起的不同物理化学变化产生的。信号被转换为可测量的响应，例如电流、温度变化和光吸收，以确定目标分析物浓度。酶生物传感器具有高度的选择性、快速性和易用性，但价格昂贵，并且固定在换能器上，酶有时会失去活性。在这种类型的生物传感器中使用的酶包括葡萄糖氧化酶、半乳糖苷酶、葡萄糖淀粉酶、乳酸氧化酶和其他酶等。

控制好食品源头，做好环境消毒，防止交叉污染是控制沙门氏菌的关键。

二、金黄色葡萄球菌

金黄色葡萄球菌（*Staphylococcus aureus*）为兼性厌氧球菌或者革兰阳性需氧，不产芽孢，没有动力，最适合在37℃生长，最适合生长的pH为7.4，耐高盐，在盐质量浓度接近100g/L的环境中依旧能够生长。在自然界中广泛存在，能分泌具有毒性的肠毒素，严重威胁食品安全。

金黄色葡萄球菌是导致毒素型细菌性食物中毒案例最多的病原菌。金黄色葡萄球菌食物中毒并不是由活菌引起的，而是由其先前所产生的肠毒素引起的。人类和动物是金黄色葡萄球菌的主要宿主，特别是当水产品加工者在手部有化脓的疮疖或伤口仍然不离开岗位而接触水产品时，非常容易发生金黄色葡萄球菌污染事件。加工水产品员工的洗手消毒和适当的储藏温度是控制金黄色葡萄球菌食物中毒的关键。

金黄色葡萄球菌可以产生多种能引发急性中毒的肠毒素，目前已发现的金黄色葡萄球菌肠毒素（staphylococcal enterotoxin，SE）超过 33 种，包括 SEA～SEE、SEI 及类肠毒素 G（enterotoxin-like serotypes G，selG）、selH 和 selJ～selU 等，其中 SEA～SEE 被认为是引起中毒的主要毒素，尤其是 SEB 的毒性大且稳定性强，被认为是最强效的毒素之一。SEB 可诱导 T 细胞活化，引起中毒反应甚至引发毒性休克综合征，危害极大；同时，SEB 的热稳定性强、易雾化，被认为是潜在的生物战剂；此外，MRSA 的出现，也对新型药物的开发提出了迫切要求。目前还无针对 SEB 感染的疫苗和药物上市，只有疫苗 STEB-Vax 进入了 I 期临床阶段。

针对金黄色葡萄球菌的检测，多采用生化鉴定的方法。我国检测食品中的金黄色葡萄球菌是根据《食品安全国家标准　食品微生物学检验　金黄色葡萄球菌》（GB 4789.10—2016）法进行的。国家标准执行方法将其内容分为两部分，即定性检测和定量检测。在无菌条件下在肉汤中进行前增菌，然后将培养物接种划线，再进行血清学鉴定。传统的鉴定方法简单易操作，成本低且稳定性强，是当前最常用的鉴定方法。

免疫学检验方法是根据免疫学理论研究，通过设计的抗原、抗体和免疫细胞，检测抗体和抗原的结合及免疫细胞分泌细胞因子的方法，主要有三种方法。①酶联免疫法：它的原理是抗体和抗原在载体表面发生特异性结合，再加入某种酶，酶与抗原或者抗体结合在一起形成一种新的可以跟踪抗原或抗体的标记物，抗原和抗体与受检样品反应可产生新的复合物，此时加入酶反应显色底物，产物量的大小与检测物质量的大小呈正相关，因此可根据显色情况确定样品中待检测物的含量。目前，已经根据 ELISA 技术开发了几种用于检测的培养上清液和食物样品，如火腿、干酪、土豆沙拉和牛乳中的金黄色葡萄球菌；②免疫荧光法：对抗原和抗体通过荧光色素进行标记，然后对抗原或抗体进行检测，在抗原和抗体进行特异性结合后，利用荧光信号的强弱能进行定量定性检测。与酶介导的免疫测定相比较，荧光免疫测定法对提供高通量的分析和提高灵敏度具有更大的潜力；③免疫胶体金法：借助硝酸纤维膜为固定载体，样品溶液利用毛细作用在试纸条中移动，同时在试纸条中加入具有特异性的抗原或抗体。免疫胶体金法相比于ELISA技术，其操作更为简单，对实验的人员也没有严格的要求，比较适合用于现场诊断和基层单位。但是其灵敏度比较低，且适用范围也有一定的局限性。

分子生物学检测方法有以下三种。①聚合酶链反应技术：在DNA聚合酶的作用下，游离的脱氧核糖核酸参照碱基互补配对的原则，以DNA模板为主链，提供一段引物，迅速扩增DNA的双螺旋结构。目前，灵敏度高、特异型强的PCR技术已经广泛应用于生物学和医学等领域中。因其强稳定性成为了致病微生物的主流检测方法。但是在实验过程中需要对样品增菌，而食物中的成分比较复杂，增菌会对实验造成干扰。与其他的方法相比，PCR技术的价格较高且花费的成本也较多，故该方法也存在一定的局限性；②核酸探针技术：利用基因特异性核苷酸序列与DNA杂交的技术检测该段的特异性标记物，判断其是否含有目标微生物。核酸探针技术具有灵敏度高、特异型强的优点，但是其操作烦琐且实验周期较长，若样品中的目标微生物含量过低，会得出样品目标未检出的结果，对试验结果造成影响；③环介导等温扩增技术：在DNA扩增技术的基础上，能够在恒温条件下，根据多对引物利用链置DNA聚合酶进行扩增。与PCR技术比较，环介导等温扩增技术更加方便，花费成本也较低，且对仪器的要求也低，可以广泛应用到食源性致病微生物的检测中。

目前，对金黄色葡萄球菌的主要抑制办法是通过添加广谱抗生素和化学杀菌剂来抑制其生长的。对金黄色葡萄球菌有抑制作用的天然食品防腐剂也成为了食品行业研究的热门领域。

三、单核细胞增生李斯特菌

单核细胞增生李斯特菌（*Listeria monocytogenes*，LM）是革兰阳性菌，没有孢子，是一种兼性厌氧性食源性致病菌，耐强酸强碱（pH 4.5~9），并可在冷藏温度和高盐浓度（100g/L NaCl）下繁殖，且对消毒剂具有高抵抗力。它在自然界中分布非常广泛，主要定居在各种环境和土壤中，在水产品加工环境中，通常潜伏在湿冷环境中如下水道、地板和冷冻设备中。

该菌具有特别强的耐受冷的能力，且感染剂量低，死亡率高达20%以上，主要感染免疫力低下的人群。在保质期较长的冷冻食品特别是冷藏速食食品中需要特别关注该病原菌。在食品工业中，这种病原菌可以在环境、设备和器皿中繁殖并形成生物膜，并在其中保留数月甚至数年，从而引发交叉污染。受污染的即食食品、鱼和鱼产品、肉和肉产品、乳制品、水果与果汁、蔬菜都可能是该菌的传染媒介。

为解决这种生物危害，需要在冷链运输和储藏等环节实时监控以确定污染源，因此，高效、快速的检测方法的开发显得尤为重要。免疫层析试纸条是一种简便的检测工具。在毛细作用下，抗原与抗体可在硝酸纤维素膜等固相载体上发生结合反应，利用标记材料的显色作用或荧光效应，通过肉眼观察检测条带或在荧光激发状态下观察荧光区域可获得检测结果。目前有胶体金、荧光素、量子点等多种标记材料。与ELISA相比，蛋白芯片检测线低，并且受食品成分的影响少，在固相载体上固定多种特异抗体可同时检测不同的致病菌，具有高通量的特点，但是实验需要前增菌来满足实验要求，同时也需要强化抗体固定和标记技术。

聚合酶链式反应（polymerase chain reaction，PCR）检测方法因其在检测时效性、灵敏度、特异性以及成本方面的优势而得到迅速发展。但是由于食物成分通常会干扰酶反应，所以食物样本在PCR前需要预处理，通过离心或磁分离技术分离或浓缩病原体，然后从浓缩的细胞中提取DNA作为PCR的模板，以提高PCR检测的灵敏度和准确性。由于常规PCR检测目标具有单一性，无法实现对多种病原菌的同时检测，而被致病菌污染的食品中经常是多种致病菌共存，因此人们在常规PCR基础上发展了多种更优的PCR技术。

四、副溶血性弧菌

副溶血性弧菌（*Vibrio parahaemolyticus*，VP）是一种嗜盐性兼性厌氧菌，在不含氯化钠的培养基上无法生长；该菌对高温、酸承受能力较低，最佳繁殖温度为（36±1）℃，最佳pH为7.7。在TCBS上菌落形态为绿色、圆形；在30g/L氯化钠三糖铁琼脂中的特点为底部黄色，无气体产生，上部颜色不变化或为暗深红，动力学测试为阳性。

副溶血性弧菌常存在于沿海环境及水产品中，主要来源于鱼、虾、蟹、贝类和海藻等海产品。生食携带副溶血性弧菌的水产品，极易引发食物中毒。经检测显示，45%~49%的海鱼、海虾、蛏子都携带副溶血性弧菌。副溶血性弧菌是水生环境中的“土著”微生物，其在海水、淡水及水产品中皆能增殖，尤其是夏季水温较高时，水体和水产品中的弧菌污染率最高，这也是食源性疾病频发的主要原因之一。从食品类别来看，动物性水产品中副溶血性弧菌检出率一直维持在较高水平，并呈上升趋势，已连续多年为我国主要的食源性水产品致病菌。水产品是副溶血性弧菌的主要污染来源，海水产品受副溶血性弧菌污染较为严重，在鱼类、贝类、甲壳类、软体类中的检出率较高，而受污染程度与海产品的类别、海域环境条件有关。近年来，淡水产品中副溶血性弧菌污染呈现上升趋势，其污染率为 1.39%~80.07%；鱼类、甲壳类、双壳类均有污染的报道，表现出多物种、多环节以及季节性高污染特征。时间分布上，第三季度是副溶血性弧菌食物中毒高发的时间段，其原因为副溶血性弧菌受温度影响较大，病例发病高峰在气温较高的夏秋季节。水域范围中，沿海区域自然水体致病性弧菌分布广泛，各种水源带菌率高达 93.1%，沿海江水与河水的带菌率最高，海水和塘水次之。侵染环节方面，养殖环节、贮运环节、餐饮环节以及销售环节的水产品均可被致病性弧菌侵染，其中加工、销售环节污染率较高。

副溶血性弧菌的污染和增殖已经成为了水产品检测与监管的关键因素之一。鉴于副溶血性弧菌污染的广泛性和严重的危害性，《食品安全国家标准　预包装食品中致病菌限量》（GB 29921—2021）中明确将水产品中的副溶血性弧菌作为强制性检测的指标之一。目前对副溶血性弧菌的检测主要依据《食品安全国家标准　食品微生物学检验　副溶血性弧菌》（GB 4789.7—2013），利用选择培养基，在一定温度条件下培养 48~72h，选择可疑菌株进行生化检测。此外，研究人员开发了多种检测副溶血性弧菌的方法，诸如以抗原抗体特异性识别为基础而建立的免疫磁珠分离法（IMS）、酶联免疫吸附法（ELISA）、免疫层析检测法（ICA）、免疫传感器法，以及以 DNA 为探针而建立的 PCR 技术、环介导等温扩增技术（LAMP）、适配体传感器（aptasensor）、DNA 杂交技术。相比于传统培养检测方法，上述技术广泛应用于致病菌的富集检测，效率显著性提高。

在防治副溶血性弧菌污染的三个主要环节（污染水产品、控制繁殖和杀灭致病菌）中，控制繁殖和杀灭致病菌尤为重要。水产品应低温保存，鱼、虾、蟹、贝类等产品在食用前应彻底煮熟，冷食应洗净醋浸 10min 或在 100℃ 沸水中焯几分钟，以杀灭副溶血性弧菌。

五、腐败希瓦氏菌

腐败希瓦氏菌是一种兼性厌氧型革兰阴性运动杆菌，在自然界分布广泛，对生长环境中的盐度和温度耐受性极强。希瓦氏菌菌属下有很多分支，其中有的菌种可以作为生物燃料电池、四氯化碳的生物脱氯剂和矿业中洁净的黄钾铁矾还原物等。

腐败希瓦氏菌是大黄鱼、地中海牡蛎、南美白对虾、大菱鲆、部分禽类及牛肉等高蛋白类产品在常温及低温贮藏过程中的优势腐败菌，它能把氧化三甲胺（trimethylamine oxide，TMAO）还原为三甲胺（trimethylamine，TMA），产生具有强烈的腐败异臭味的代谢产物，是水产品腐败后生成异味的主要来源。高浓度的腐败希瓦氏菌能感染活体生物，例如大黄鱼、鲤鱼、鳟鱼、河蟹、欧洲海鲈、异育银鲫等从而引发群体性传染类疾病。腐败希瓦氏菌在正常的水生环境中总量及分布浓度较低，但其致腐、致病能力极强，对鲢鱼的致腐能力明显高于荧光假单胞菌和温和气单胞菌，对大菱鲆 15d 半数致死量 LD_{50} 为 3.73×10^7CFU/g，对异育银鲫 28d 的半数致死量 LD_{50} 为 2.1×10^3CFU/g。

食品中腐败希瓦氏菌传统鉴定首先需用培养基分离，再进行生化鉴定，整个周期过长，且由于培养基的敏感性、生化反应的稳定性等因素严重影响了腐败希瓦氏菌的检出率和准确性。近年来，随着分子生物学的发展，普通 PCR 和实时荧光 PCR 被用于细菌等微生物的快速鉴定。但普通 PCR 和实时荧光 PCR 也能扩增死菌或自由状态的 DNA，进而导致对腐败希瓦氏菌活菌检验时会有假阳性的产生。叠氮溴乙啶（EMA）能够选择性的渗透进入死细胞，在光作用下与死细胞内的 DNA 发生共价不可逆的结合，从而抑制死细胞 DNA 的 PCR 扩增，但对活细胞 DNA 影响甚微，能够有效降低普通 PCR 和实时荧光 PCR 检测时的假阳性。

目前对腐败希瓦式菌的抗菌药物主要为庆大霉素、青霉素、四环素、头孢、诺氟沙星等常见抗生素，但抗生素的滥用已经导致很多菌种具有多重耐药性，腐败希瓦氏菌已被报道对卡那霉素、青霉素G、洁霉素、头孢、四环素等抗生素产生了耐药性，在水生环境中或保鲜过程中使用抗生素的可行性正在下降。而化学杀菌剂在食物中的累积作用正在迫使人类放弃这种控制微生物增长的方式。目前研究者们将抗菌类物质的研究重点放在不易产生耐药性且对人体无害的天然产物上，例如植物源的茶多酚、植酸、百里酚等。

第三节　微生物侵染过程和流行特性

鱼类的复合感染在自然界中是时常发生的。鱼类生活的环境是复杂多变的，感染的病原也是多样的，包括一些寄生虫、细菌、真菌以及病毒。鱼类生存的水体中，存在着复杂的病原微生物。然而，人们对于暴露于复杂环境下的鱼类的复合感染知之甚少。

复合感染是指同时被两种或者两种以上的病原微生物感染，感染宿主的病原微生物引发的病症是相同或者相似的。在复合感染中，复合感染的多种病原微生物之间的关系可能是协同或者抑制。协同作用是因为原发感染的病原微生物，抑制了宿主的免疫反应，从而增加了宿主对于其他微生物的敏感性和致死率。抑制作用往往是因为病原微生物之间会竞争结合位点、营养等，从而抑制了病原微生物种群的增加。另外，存在一些拮抗作用的复合感染，是因为原发感染微生物引发了宿主的免疫反应，从而抑制了继发感染。复合感染提高了水产品的腐败率，对于水产品的贮运来说，是非常不利的。

一、同源的病原微生物引发的联合感染

1. 细菌引发的复合感染

细菌引发的复合感染，包括双重感染、三重感染和多重感染。使用爱德华氏菌攻毒的斑点叉尾鮰会发生细菌性败血症，该病症是因嗜水气单胞菌感染引起的。后续试验证明，并不是爱德华氏菌引起病症发生了改变，而是在试验过程中，试验动物感染了嗜水气单胞菌。在没有感染嗜水气单胞菌的情况下，爱德华氏菌并不能引发鮰鱼的细菌性败血症。同时使用浸泡的方法用爱德华氏菌

和嗜水气单胞菌攻毒，苏氏圆腹鱼芒的病死率可达95%，单独使用爱德华氏菌攻毒的病死率为80%，而单独使用嗜水气单胞菌攻毒的病死率只有10%。基于以上的研究结果，猜测在这种复合感染中，爱德华氏菌是主要的病原体，而嗜水气单胞菌则是随机感染的病原体。

除了人工感染之外，在感染沙门氏菌的鱼中发现嗜水气单胞菌的数量比随机预测的要多。由于沙门氏菌的免疫抑制特性，致病性嗜水气单胞菌是一种机会致病菌，能与沙门氏菌协同作用。在野生棕色鳟鱼中，Salmo trutta 等报道了在鳃样本中同时存在两种不同的衣原体细菌，导致鳃片会发生上皮囊肿。“冬季溃疡综合征”是一种与发生在低温海水中的皮肤溃疡相关的综合征。尽管 *Moritella viscosa* 是该病的主要病原体，然而 *Moritella viscosa* 和鲑弧菌通常是一起或单独从被感染的鱼中分离。事实上，感染鲑弧菌可能会降低 *M. viscosa* 毒力。这一现象的原因可能是由于鲑弧菌改变了 *M. viscosa* 基因表达谱。鲑弧菌可能通过竞争相同的细胞结合位点和营养物质介导的种间竞争，以及通过分泌细菌素等抑制了 *M. ciscosa* 的繁殖。

2. 病毒引发的联合感染

病毒干扰现象，它的定义是一种病毒干扰另一种病毒复制的能力，这种现象一般发生在几种水生病毒之间。推断病毒直接相互干扰是多种机制相互作用的结果，包括一种病毒抑制另一种病毒的增殖，或通过下调病毒受体干扰病毒的进入，或病毒之间直接竞争一个共同受体。此外，感染第一种病毒还可以抑制或改变宿主细胞中第二种入侵病毒所需要的某些功能。最后，第一种病毒感染可诱导干扰素或抗病毒因子抑制第二种病毒的复制。

病毒干扰的一个例子发生于斑点叉尾鮰，呼肠孤病毒（CRV）和斑点叉尾鮰病毒（CCV）共感染时，发现 CRV 在体外降低了 CCV 的病毒滴度和细胞病变效应（CPE）。当细胞首次感染 CRV，然后在 16h 后与 CCV 同时感染时，CRV 对细胞的干扰是相当大的，而当同时感染时则不是这样的。此外，研究还发现，虹鳟鱼传染性造血坏死病毒（IHNV）感染会受到病毒性出血性败血症病毒（VHSV）感染的阻碍，导致 IHNV 在虹鳟内脏中的分布受限。作者认为这种干扰和拮抗作用可能是由于对细胞表面相同受体的竞争，抗体干扰表明至少在脑中，病毒使用相似的受体。Hedrick 等还发现无毒性割喉鳟病毒（CTV）和 IHNV 共同感染过程中存在病毒干扰，表明虹鳟之前感染 CTV 降低了与后来感染IHNV相关的病死率。同样，初次接触无毒鲑鱼呼肠孤病毒，8周后再与IHNV共同攻毒，可以提高虹鳟鱼的存活率。

3. 寄生虫诱发的联合感染

寄生虫通常与宿主处于动态平衡状态，环境的变化可以改变对位点、宿主的平衡，从而导致疾病的暴发。寄生虫可引起鳃片增殖、融合等机械损伤，也可引起细胞增殖、免疫调节、鱼体状态改变或消极行为反应等生理损伤并可影响鱼的生殖能力。多种寄生虫共感染对宿主-寄生虫生态影响较大。

黄鳝寄生虫可使黄鳝的肠道壁变薄、黏膜层的黏液明显增多、产生黄色积液、内脏粘连、肠道充血发炎、部分组织增生或硬化、溃疡甚至肠壁穿孔造成死亡。其中新棘衣棘头虫对黄鳝的主要危害有：通过吻突刺进黄鳝肠道黏膜造成机械损伤，进而使黄鳝容易感染细菌性疾病；其代谢产物能扰乱黄鳝组织细胞的正常生理功能，进而对黄鳝免疫系统产生影响，导致其免疫力下降；消耗营养物质，影响黄鳝的肥满度，影响黄鳝的贮运。

贝类中常见的寄生虫有异尖线虫、广州管圆线虫、刚棘颚口线虫、肝吸虫、肺吸虫和曼氏迭宫绦虫等，其他还有菲律宾毛细线虫、裂头蚴、后睾吸虫、并殖吸虫、异形吸虫、华支睾吸虫和棘口吸虫等。如果处理不当不仅对贝类的贮运产生影响，而且也会对人体造成损害，严重的可能带来生命危险，如福寿螺中的寄生管圆线虫导致的寄生虫疾病等。尽管中国目前主要的膳食消费方式是以熟食为主，规避了部分风险，但近年来生食消费不断增多以及不当的烹饪方式，使得贝类中有害生物的风险不容忽视。

二、异源病原体的联合

1. 寄生虫和细菌联合感染

寄生虫感染增加继发性细菌性疾病的风险，并可作为传播细菌病原体的媒介。许多研究证实了这种协同作用，研究表明，被寄生虫和细菌联合感染的鱼的病死率较高。这种协同效应被解释为寄生虫造成的损伤降低了鱼类对其他继发性细菌感染的抵抗力，以及寄生虫造成的破坏作用，为细菌入侵提供了途径。在某些情况下，寄生虫为细菌提供庇护，并将其传递给其他宿主。应更加重视鱼类寄生虫感染的预防，以降低继发性细菌感染引起的鱼类病死率。

在罗非鱼的密集养殖中，联合感染发生概率较大，会造成巨大损失。然而，大多数研究都集中在单一的寄生虫或单一的细菌病原体上。有研究者研究了罗非鱼感染三代成虫并用致病菌海豚链球菌攻毒的试验模型。结果显示，在攻毒的前 2 周内，联合感染组的病死率（42.2%）高于仅感染海豚链球菌的组（6.7%），而仅感染三代虫的鱼没有死亡记录。Xu 等认为这种体外寄生虫通过机械损伤侵入机体。此外，作为细菌的机械载体，还从三代虫中分离出海豚链球菌活菌。

小瓜虫是一种有纤毛的体外寄生原生动物，对世界各地的淡水鱼类造成了相当大的损失。它会破坏鱼鳃和皮肤上皮，增加了细菌入侵和鱼类病死率。小瓜虫表面含有 D-半乳糖、D-甘露糖、D-葡萄糖和 *N*-乙酰半乳糖等糖分子，而鲶爱德华氏菌具有结合并附着于这些糖的能力。因此，鲶爱德华氏菌与小瓜虫在合并感染中的结合是由鲶爱德华氏菌凝集素样受体与小瓜虫表面 D-半乳糖或 D-甘露糖相互作用的结果。这种结合不影响小瓜虫的复制、运动和附着能力。在斑点叉尾鮰中，与旋毛虫共寄生后，其对海豚链球菌的敏感性显著增加，病死率达到 100%。外界寄生虫与细菌之间的协同作用被解释为旋毛虫对鱼皮肤的破坏作用，增强了浸泡暴露后海豚链球菌的入侵。

Xu 等进行了另一项原生动物与细菌共感染的试验。结果证实，寄生小瓜虫的斑点叉尾鮰暴露于嗜水气单胞菌后，其病死率显著提高（80%），内脏细菌载量明显增加。小瓜虫感染通过显著增加虹鳟鱼的皮质醇水平，可使鱼的免疫抑制产生协同效应。

2. 寄生虫和病毒联合感染

在某些水产品中会出现寄生虫和病毒联合感染的情况，在寄生虫感染后，对水产品产生的影响可能恰恰为病毒感染提供了有利条件。对于水产品的贮运来说，此种联合感染比单独感染病毒或者寄生虫更加严重。

在采自黑海地区的牙鳕中同时检出了出血性败血症病毒 VHSV 和车轮虫。野外研究表明，感染 VHSV 的牙鳕比非感染 VHSV 的鱼具有更高的车轮虫载量，这说明病毒载量与体外寄生虫的存在有关。这些体外寄生虫的载量，可能与产卵或水温等其他因素一起，对牙鳕 VHSV 的产生有显著影响。Nylund 等探讨了鱼虱和海虱作为鲑传染性贫血病毒（ISAV）传播媒介的作用，前者通过皮肤损伤和免疫抑制，导致流行的病暴发和病死率的升高。Valdes-Donoso 等提到，2007—2009 年在智利南部暴发的 ISAV 疫情是由 ISAV 和海虱共同感染大西洋鲑鱼引起的。

3. 细菌和病毒联合感染

在某些水产品中，会存在细菌和病毒共同感染的现象，这远远比单独的细菌感染或病毒感染要严重得多。

在鲷鱼幼鱼暴发的病害中，对病原体的分离和鉴定显示感染鱼中存在细菌和病毒。分离出的细菌分别为弧菌和美人鱼发光杆菌，病毒是神经坏死病毒（VNNV）和出血性败血症病毒（VHSV）。这些结果表明，在鱼中可能发生不同细菌和病毒的共感染，导致这些病害的暴发。对大西洋鲑鱼中细菌和病毒联合感染做了深入的研究。鱼首先被传染性胰腺坏死病毒（IPNV）感染，然后继发感染 ISAV 或杀鲑弧菌。观察到 IPNV-杀鲑弧菌组的累积死亡率较高。与仅感染杀鲑弧菌的鱼相比，共感染组的死亡开始较早，这证实了两种病原体之间具有协同作用。相反，感染 IPNV 的大西洋鲑鱼继发感染 ISAV 可导致病死率低于只感染 ISAV 组，这说明 IPNV 对 ISAV 有拮抗效应，这种作用可能是通过表达干扰素（IFN）或 IFN 类似物产生的。Lee 等研究了对石斑鱼进行 IPNV 和鲨鱼弧菌联合攻毒。试验结果表明暴露于 IPNV 无死亡记录，而二次暴露于鲨鱼弧菌可导致 100%死亡。

4. 真菌和细菌共感染

真菌和细菌有时会共同感染，真菌感染在养殖鱼类和海洋鱼类中都有发生。Cutuli 等报道了首例真菌细菌共同感染的案例。在罗非鱼的皮肤上，检测出了尖孢镰刀菌与嗜水气单胞菌。组织病理学结果显示鱼肝实质严重充血，肝组织有坏死灶，并有大量中性粒细胞浸润。真菌引起组织损伤，促进嗜水气单胞菌入侵，增加了鱼的病死率。在埃及，从当地渔场采集的合齿鲷鱼突然发生眼云、腹水、极端体黏液和尾部腐烂等死亡后，发现其中含有不同种类的真菌，如索氏镰刀菌、棘孢菌和念珠菌。此外，还从 60%的检查病例中再次分离出了嗜水气单胞菌，从 80%的感染病例中再次分离出了鱼寄生虫鞭毛虫。这表明，合齿鲷鱼致死的病原体是多种病原体的复合体，如真菌、细菌和寄生虫。

第四节　鱼贝类病原微生物生长繁殖的环境条件

环境条件对于微生物的生长至关重要。温度、水分、盐度、氧浓度、重金属及其化合物、pH 等都是会对微生物产生重要影响的因素，这也会间接影响到水产品的贮运。

一、温度

微生物生长繁殖必须有其适宜的温度范围，最适生长温度可能是由温度对生物体内酶反应的综合作用决定的。微生物在最适生长温度以上生长速率下降，可能是由一些限速酶或其他酶的变性导致的。附着在鱼贝类中的细菌多为低温菌，因此，其最低发育温度要比其他菌要低；而且随着温度的降低，细菌的温度系数 Q_{10} 将增大，这表明在低温区的降温对腐败菌的抑制作用更强。细菌的温度系数 Q_{10} 常表示细菌生长速度和温度的关系，它是指在一定温度范围内，细菌在温度上升 10℃后的生长速度与未升高温度前的生长速度的比值。水产制品必须在 10℃以下储存，才能防止细菌的生长发育。

水温高低及变化亦会影响鱼的生长繁殖。鱼种类不同，生长发育所需的适温也不同；同种鱼类的不同发育阶段，适温不同，对温度变化的抵抗力也不同。

水温高低及变化亦会影响微生物的生长繁殖。微生物对高温的耐受性差，高温往往引起蛋白质的凝固、变性，最终导致微生物死亡，故可用热力灭菌。低温时微生物的生长繁殖会受到抑制，但是多数微生物生理活动下降，生长缓慢、停滞或处于休眠状态。温度波动使细胞中酶活性增加而促进微生物的生长和繁殖。

水温高于或低于适温，或水温激变，会导致鱼食欲下降，新陈代谢减弱，体质下降，抗病能力降低，易被病原微生物感染而致病。

1. 高温对微生物的影响

对大多数微生物来讲，在温度高于大约50℃条件下即引起死亡。有机体的生命活动主要是由酶催化的，酶又是由易发生热变性的蛋白质构成的，所以，微生物的热致死多是因细胞酶的热钝化所引起的。已知呼吸酶，特别是在催化三羧酸循环反应中的那些酶对热变性是特别敏感的，这些呼吸酶的变性能导致生物体的死亡。一般来说，当温度升高到破坏呼吸酶的程度时，细菌即不能生长。另外，微生物在高温下死亡也很可能起因于部分RNA热钝化以及原生质膜的损坏。

2. 低温对微生物的影响

低温并不能减少水产品中微生物的数量，只能抑制微生物的生长繁殖，低温会减少或停止微生物的代谢作用。温度低于冰点时，可以使原生质内的水分结冰，导致细胞死亡。冻死与热死一样，其生物化学根据也未完全了解。一般认为冻死是由于细胞内水分结冰形成冰晶扰乱了原生质胶体状态和对原生质膜与细胞壁的结构产生机械破坏所致。另一方面，当微生物的悬液被冰冻时，尽管悬液中形成冰，而细胞内的水分仍保持着过冷的液体状态，悬液中结冰后，细胞外溶液浓度上升，细胞内水分外渗而使细胞内溶质浓度增加，以至于质壁分离，造成细胞死亡。

但是真空冷冻干燥处理并不会造成菌体死亡。这是因为真空冷冻干燥时，由于冷冻迅速，菌体溶液中的水分不形成结晶，而呈不定形玻璃状，当被迅速融化时，玻璃状水分也不形成结晶，这就是冷冻干燥保藏菌种的依据。

二、水分

水是微生物细胞的主要组分，也是微生物生命活动的基本条件之一，一些微生物在水溶液中生活，还有一些微生物可以从培养基表面的水膜吸取水分。空气湿度对微生物的生命活动也有很大影响，湿度大有利于它们的繁殖。若环境过于干燥，微生物不能生长，长期失水会导致菌体死亡。

环境中水的供给一般以水活度 A_w（water activity）来表示，微生物的生长繁殖与水分活度有关。水分活度反映了供微生物生长所需的自由水的情况，如

表 6-1 所示。

表 6-1　不同水分活度下微生物的生长情况

水分活度（A_w）	微生物生长情况
A_w<0.90	大部分细菌无法繁殖
A_w 低至 0.75	大部分嗜盐菌生长
A_w>0.87	多数酵母繁殖
A_w 为 0.60~0.65	一些耐高渗透压酵母可以生长
A_w 为 0.80~0.87	大部分霉菌可生长
A_w 低至 0.60	嗜旱霉菌甚至可在存活
A_w<0.5	任何微生物都不能生存

有研究表明，微生物虽然在低 A_w 环境中难以生长、繁殖，但可以在不同的贮藏条件下存活数月至数年，且一些耐低水分活度的食源性致病菌和腐败菌被不断发现，如沙门氏菌、埃希氏肠杆菌 O157：H7 等。已有证据表明 A_w 的降低可增加微生物的耐热性，尤其是营养细胞和孢子，据报道细菌孢子热抵抗力在 A_w 为 0.2~0.4 条件下最高。如果低 A_w 食品中含有病原菌，一旦条件适宜它们就会生长繁殖，对人的健康产生威胁。

三、盐度

低浓度的食盐对微生物没有作用，有些种类的微生物在 10~20g/L 食盐溶液中反而能更好地发育。高浓度食盐对微生物有明显的抑制作用，表现为降低水分活度并提高渗透压。此时，微生物的细胞由于渗透压作用可发生脱水、崩坏或原生质分离。对于不同类型的微生物来说，产生抑制效果的盐浓度各不相同，一般腐败菌为 80~120g/L、酵母为 150~200g/L、霉菌为 200~300g/L，与腐败菌相比，一些病原菌和食物中毒原因菌在更低的浓度即可被抑制。

非嗜盐菌分为盐感受菌和耐盐性菌，20g/L 食盐浓度能抑制盐感受菌的发育，主要有厌氧性芽孢菌、好氧性芽孢菌。而嗜盐菌包括盐杆菌、小球菌和无色杆菌、海洋细菌。

四、氧浓度

水体中的溶氧量直接影响鱼类生存，溶氧量低于1mg/L时，鱼就会“浮头”，降低至0.2~0.6mg/L时，鱼类会缺氧窒息而死亡。根据微生物与分子氧的关系，可将微生物分为专性好氧微生物、兼性好氧微生物及专性厌氧微生物。

专性好氧微生物：包括所有需要氧才能生长的微生物。专性好氧微生物有两类：一类是专性好氧微生物，它们的生长必需要氧，快速分裂的细胞比缓慢分裂的细胞需要的氧更多，通常生长在培养基表面附近；另一类是微好氧微生物，它们在有少量自由氧存在条件下生长最好，因此生长在培养基表面之下的某区域，该区域氧浓度正好符合它们生长的需要。

兼性好氧微生物：在有氧存在下通常进行好氧代谢，但氧缺乏时可以转变为厌氧代谢，有氧条件下的生长比无氧条件下的生长更旺盛，因此可以看到菌体在各个培养基中都有分布。兼性好氧微生物有两套酶系统，一套能利用氧作为电子受体，另一套则可在氧缺乏时利用其他物质作为电子受体，因此在有氧或无氧条件下都可以生长。

专性厌氧微生物：缺乏呼吸系统而不能利用氧作为末端电子受体的微生物称为厌氧微生物。可分为两类：耐氧厌氧微生物和严格厌氧微生物。前者是指那些尽管不需要氧，但可耐受氧，并在氧存在条件下仍能生长的类群；而后者则是指那些对氧敏感，在有氧时即被杀死的类群，所以专性厌氧微生物只能生长在氧气几乎不能达到的培养基底部附近。严格厌氧微生物并不是被气态的氧所杀死的，而是由于不能解除某些氧代谢产物的毒性而死亡的。

五、重金属及其化合物

某些金属离子是微生物生命活动不可缺少的成分，有的参与酶的组成，有的是细胞的结构成分。因此，微生物需要微量的Cu、Fe、Mn、Co等，但当环境中金属离子浓度比较高时，就会对微生物产生抑制作用。

六、 pH

四大家鱼（青鱼、草鱼、鲢鱼、鳙鱼）虽对池水酸碱度有较大的适应范围，但以7~8.5为宜。若池水pH低于5或超过9.5，可引起鱼体生长不良或死亡。

pH对微生物的影响：①导致细胞膜电荷的改变；②直接影响酶的活性；③pH影响环境中营养物的解离状态及所带电荷的性质。细菌一般要求环境的pH为中性或偏碱性。某些细菌，例如氧化硫硫杆菌和极端嗜酸菌，需在酸性环境中生活，其最适pH为3，在pH为1.5时仍可生活。各种工业废水的pH不同，通常在6~9，个别有偏低或偏高的，可用本厂的废酸或废碱性水加以调节，使曝气池pH维持在7左右。事实上，净化污（废）水的微生物适应pH变化的能力比较强，曝气池中的pH维持在6.5~8.0均可不加调节。

第五节　防止微生物侵染的方法

微生物会引起鱼肉的腐败变质，防治微生物污染，归根到底就是要创造一定的环境，防止附着在水产品上的微生物的生长和繁殖，延缓腐败过程以保持鱼肉的新鲜感。下面就介绍一些比较成熟的防腐保鲜措施。

一、低温保鲜

低温贮藏的主要原理是抑制微生物的生长活动。微生物最适宜生长的温度范围是25~46℃；10℃以下时生长会受到抑制；降到-10℃时，繁殖就很困难；-30℃左右的低温可杀死微生物或抑制微生物的活动。

低温保藏一般分为冷藏和冻藏：冷藏就是将水产品保存在冰点以上但接近冰点的温度，通常为-1~7℃。但由于部分微生物仍可以生长繁殖，因此冷藏只能作短期保存，水产品难以进入流通领域。冻藏保鲜则是采用更低的温度（-20~-18℃）使水产品组织内的水分绝大部分被冻结，生成的冰晶使微生物细胞受到破坏，使其活力丧失而不能繁殖。

二、干燥保鲜

干燥贮藏可以去除材料中的部分水分，达到抑制微生物生长繁殖的目的。它是一种有利于产品生产和长期保存的方法。在水产品加工中采用干燥技术可以降低水分活度，这里的水分活度是指水产品中能够被微生物利用的游离水的含量。当水产品中的水分活度小于微生物生长所需要的水分活度时，微生物的生长就会受到抑制。水分活度小于 0.78 时，除了极少数的嗜盐性细菌和耐渗透压酵母能生长，大部分霉菌不能生长，绝大部分细菌和酵母不能生长。

除了一般的阳光和热空气干燥的传统干燥技术外，近年来不断出现的各种新型的干燥方法，如真空冷冻干燥、真空干燥、空气干燥、微波干燥、红外干燥技术，通过以上新的干燥脱水技术处理，不仅可以节约包装和运输成本，也可以有效防止或延迟产品质量恶化，最大限度地保留水产品品质的特色风味和气味。因此，国内外企业利用各种干燥方法生产出种类丰富的干水产品，如腌沙丁鱼、腌鳕鱼、海蜇干、鲍鱼干、海参干、鱿鱼干、虾米干等，深受广大消费者的喜爱。

三、气调包装保鲜

气调包装保鲜技术（MAP）是指采用高阻隔性的包装材料，将 CO_2、O_2、N_2 等气体按预定比例装到容器中来抑制微生物的生长繁殖，减缓食品包装容器中的氧化速率，实现对产品保鲜、保色、保味等效果的技术。在实际应用中，经常采用不同的 CO_2、O_2、N_2 等混合气体来填充不同的水产品。气体成分的选择主要依据产品微生物群落的生长特性、对 CO_2、O_2 等气体的敏感性、颜色稳定性等因素。

CO_2 是水产品气调包装保鲜中的主要抑菌因子，它在水和脂肪中的溶解度高，可以降低产品表面的 pH，从而抑制细菌、真菌等微生物的繁殖。研究表明，25%~100%（体积分数）CO_2 含量对微生物的生长繁殖具有抑制作用。O_2 也是气调包装保鲜的关键成分之一，它可以促进好氧菌的生长，抑制大量厌氧菌的生长。N_2 是一种无色、无臭的惰性气体，对水产品的贮藏质量影响不大。它常被添加作为空气调节包装的填充气体。包装中 N_2 代替了 O_2，可以抑制好氧微生物的生长，延缓水产品的氧化酸败。

四、栅栏保鲜

栅栏保鲜是指在水产品贮藏过程中，为抑制微生物的生长繁殖，采用的多种处理方法，每一种方法就是一道栅栏，称为栅栏因子。我们通常采用的方法是加热、冷冻、干燥、降低 pH、真空包装、加防腐剂等，都可作为栅栏因子。这些栅栏因子具有协同作用，当有两个或两个以上的栅栏因子发生协同作用时，其作用效果强于这些因子单独作用的叠加。这主要是因为不同的栅栏因子可攻击微生物细胞的不同部位，如细胞壁、DNA、酶系统等，改变细胞内的 pH、A_w 和氧化还原电位，从而破坏了微生物体内的动态平衡。但是某个单独的栅栏因子，其作用强度的轻微增加会对产品的货架稳定性产生显著影响（即“平衡”原则）。

五、化学保鲜

1. 防腐剂保鲜

防腐保鲜是指在水产品的储存和运输过程中添加的对人体无害的防腐剂，用以提高产品的贮存性能并保持产品的质量新鲜。防腐剂通过干扰微生物的酶系，使微生物的蛋白质凝固和变性，改变细胞浆膜的通透性来达到杀死微生物的目的。防腐剂可分为天然防腐剂、化学防腐剂和生物防腐剂。化学防腐剂具有防腐效果好、成本低的优点，被广泛应用于食品各种加工领域的防腐保鲜环节中。常用的化学防腐剂有苯甲酸钠、硝酸盐和亚硝酸盐等。单核细胞增生李斯特菌在新鲜和冷冻水产品中往往存在，特别是在长期冷藏条件下，容易引起李斯特菌食源性中毒，导致严重后果。研究表明，添加乳酸链球菌水产品（nisin）可以抑制李斯特菌的生长

2. 抗氧化剂保鲜

许多抗氧化剂，如丁基羟基茴香醚、丁基羟基甲苯和特丁基对苯二酚已经被用来减缓食品氧化过程。在抗菌药物中，柠檬酸和山梨酸钾通常被认为是安

全的，并已使用了几十年。所有国家都允许使用山梨酸和山梨酸盐作为保存鱼类和渔业产品的有效真菌抑制剂。

六、生物保鲜

生物保鲜剂是一种新型保鲜剂，具有无毒无害、来源广泛、应用前景好、成本低等优点。根据来源不同，生物保鲜剂又可分为植物源、动物源和微生物源。微生物源生物保鲜剂的主要成分一般可分为微生物菌体、微生物代谢物、微生物发酵液等，主要通过两个方面来达到抗菌保鲜的目的。一是抑菌作用。抑制或杀灭有害微生物，延缓水产品质量的恶化。二是竞争抑制。有益的和有害的微生物相互竞争营养，以抑制有害微生物的生长和繁殖。乳酸链球菌素、ε-聚赖氨酸、乳酸菌和双歧杆菌等微生物源生物保鲜剂已广泛应用于水产品的抑菌环节中。

1. 乳酸链球菌素

乳酸链球菌素（nisin）又称乳酸链球菌肽，是乳酸链球菌产生的一种多肽。它能有效抑制大多数引起食品变质的革兰阳性菌和孢子的繁殖，尤其对耐热芽孢杆菌、肉毒梭菌和单核增生李斯特菌有明显的抑制作用，是一种天然、安全的食品抗菌剂。

2. ε -聚赖氨酸

ε-聚赖氨酸具有广泛的抗菌活性，特别是对革兰阳性菌中的芽孢杆菌、革兰阴性菌中的大肠杆菌、酵母和霉菌。它首先作用于细菌细胞的细胞膜上，在细胞膜上形成小孔，导致内容物外溢。此时，细胞仍然可以存活。ε-聚赖氨酸通过膜孔道进入细胞，改变细胞膜的生长代谢和结构功能，阻碍细胞内物质、能量和信息的传递，进而作用于细胞内的物质，造成细胞核损伤，导致细菌死亡。

3. 乳酸菌

虽然新鲜水产品中的主要细菌是肠道菌群，但经过一定的生长繁殖，水产品中的乳酸菌可以逐渐成为优势菌群。乳酸菌的作用机制通常是产生有机酸、细菌素等代谢物来抑制腐败微生物的生长。与腐败细菌的生长环境和所需营养成分竞争，形成酸性环境。

4. 双歧杆菌

双歧杆菌是存在于人和哺乳动物肠道中的一种重要的有益生理细菌。它是一种革兰阳性、厌氧、不活跃的分歧杆菌。通过竞争营养成分、黏附部位、产生抗菌物质、增强机体免疫力等作用来拮抗肠道病原菌的生长并阻断致病途径，对常见的腐败菌和低温菌有较好的抑制作用。双歧杆菌能产生有机酸、细菌素、类细菌素等主要的抗菌物质，其代谢产物为乳酸、乙酸等，可以增加 H^+浓度，当浓度高于病原菌细胞内液态 H^+浓度时，H^+便进入致病细菌的细胞中，使细胞质酸化，影响细菌的生长，甚至会使病原菌死亡。

5. 酶法保鲜

酶法保鲜是利用酶的催化作用，防止或消除外界因素对食品的不利影响，从而保持食品原有品质的一种方法。目前，溶菌酶、葡萄糖氧化酶、谷氨酰胺转氨酶、脂肪酶、甘油三酯水解酶主要用于鱼类，其中溶菌酶保鲜技术应用最为广泛。溶菌酶，又称胞质酶，可以水解细菌细胞壁中的肽聚糖，导致细菌自溶性死亡。因此，溶菌酶被广泛应用于对人体细胞无害的具有细胞壁结构的细菌。

6. 茶多酚保鲜

茶多酚是食品工业经常用到的天然化合物，因为它们具有抗菌剂的功能特性。在鱼制品中应用茶多酚可以更好地抑制微生物的生长，从而延长水产品的保存时间。

七、利用微生物相互作用和群体感应保鲜

有研究者发现，有些微生物共同培养会加速水产品的腐败变质，如腐败希瓦氏菌和蜂房哈夫尼亚菌；肉杆菌和热死环丝菌；*S. putrefaciens* 与假单胞菌。而有些则会产生拮抗作用，如铜绿假单胞菌和荧光假单胞菌；腐败希瓦氏菌和嗜水气单胞菌等。细菌之间的相互作用也可能与群体感应（QS）现象有关。

群体感应是细菌通过感知外界环境或细菌浓度的变化，自发产生和释放某些特定信号分子，从而完成细胞间通信，调控微生物群落行为的一种方式。

近年来，国内外学者利用微生物群落相互作用原理探索了生物保鲜的相关方法，并将其应用于水产品的保存。一方面，细菌通过菌群之间的信息交换，释放 QS 信号分子，促进水产品的腐败。另一方面，一些细菌释放出 QS 信号分子，通过抑制其他竞争微生物的生长来控制种群。预计微生物种类间的拮抗特性将进一步发展并用于食品防腐生物拮抗剂的研制，而目前研究开发相对较多的生物防腐剂仅以乳酸菌为主。此外，国内外学者也试图通过特定的微生物 QS 系统的干预，阻止微生物之间的“沟通”，以减少降低危害因素的表达水平或延迟腐败的目的，即群体感应淬火（QQ），能够起到该作用效果的物质被称为群体感应抑制剂（QSI）。近年来，国内外学者研究了多种具有潜在活性的天然或合成的群体感应抑制剂，其中一些微生物也被发现能够释放 QSI。

八、加强水产品微生物检验

1. 传统的检验方法

水产品微生物检验是用细菌学方法对水产品质量进行检验。目前，据中国食品卫生标准，水产品的微生物检验通常是通过细菌总数、大肠菌群、大肠杆菌、沙门氏菌、金黄色葡萄球菌、副溶血性弧菌和单核细胞增生李斯特菌进行检验，以分离培养、生化试验、血清学试验进行判定。发现致病菌，及时解决处理，防止扩散到更大范围。

2. 快速检测技术

近年来，微生物的快速检测和自动化得到了迅速发展。一些快速有效的检测方法包括免疫技术、分子生物学等。免疫技术具有较高的灵敏度，样品经增菌后可在短时间内检测出细菌，通常根据检测技术的不同可分为免疫扩散反应、凝集反应、免疫荧光反应、酶免疫分析等方法。先进的分子生物学技术可分为核酸探针技术和聚合酶链式反应技术，它的特点是快速、灵敏，在微生物检测日益突出优势，在提高食源性病原微生物的检测和识别能力方面发挥积极作用。微生物检验本着“预防为主”的原则，可以有效预防和减少食用水产品中毒情况，保护人民健康。

参考文献

[1] 姜晓娜，孟璐，冯俊丽，戴志远．鲐鱼贮藏过程中的品质变化及腐败微生物多样性分析 [J]. 中国食品学报，2019，19（10）：197-205.

[2] 朱琳，郭全友．底物和环境因子对鱼源腐败希瓦氏菌和假单胞菌生长动力学的影响 [J]. 食品与发酵工业，2021，47（07）：58-63.

[3] 李婷婷，刘明爽，杨兵，等．腐败大菱鲆源格氏沙雷菌 SG-05 的分离鉴定及环境因素对其 AHLs 的调控 [J]. 中国食品学报，2018，18（03）：262-268.

[4] 黄庭艳．淡水鱼养殖中常见疾病的防治措施 [J]. 江西水产科技，2019，(01)：31+33.

[5] 杨怀珍，牟亚，罗薇．食源性沙门氏菌的研究进展 [J]. 黑龙江畜牧兽医，2016（7）：69-71+75.

[6] 黄静玮，汪铭书，程安春．沙门氏菌分子生物学研究进展 [J]. 中国人兽共患病学报，2011，27（7）：73-76.

[7] 胡丽君．沙门氏菌全基因组测序分析及其 DNA 等温扩增检测方法的建立和应用研究 [D]. 哈尔滨：东北农业大学 . 2017.

[8] 于庆华．鹿蹄草素对金黄色葡萄球菌抑制作用及其机制的研究 [D]. 呼和浩特：内蒙古农业大学 . 2007.

[9] 张念英．金黄色葡萄球菌的分离及其抗药性的研究 [J]. 中国畜牧兽医文摘，2015，31（6）：52-52.

[10] 俞蕙，吴霞．耐甲氧西林金黄色葡萄球菌耐药机制及研究进展 [J]. 中华实用儿科临床杂志，2012，27（22）：1704-1706.

[11] 刘秀峰，江建真，林萍．单核细胞增生李斯特菌研究进展 [J]. 海峡预防医学杂志，2010，16（5）：23-25.

[12] 吴雁军，曹亢，郭慧媛，等．单增李斯特菌检测方法的最新研究进展 [J]. 中国乳业，2011，(4)：32-48.

[13] 王红．副溶血性弧菌传播流行及分子检测技术概述 [J]. 大众科技，2018，20（04）：46-48.

[14] 李毅，朱心强．副溶血性弧菌及其溶血毒素研究进展 [J]. 中国卫生检验杂志，2008，18（12）：2835-2839.

[15] 林雪，陈泽辉，翁琴云，张建梅．应用多重实时荧光 PCR 方法检测副溶血性弧

菌及其毒力基因 [J]. 中国卫生检验杂志, 2015, 25 (06): 870-872.

[16] 何伟娜, 王中华, 张迪骏, 等. 基于蛋白组学和代谢组学技术解析腐败希瓦氏菌净化水产品加工废水的生物学机制 [J]. 中国食品学报, 2016, 16 (5): 136-146.

[17] 高志立, 谢晶. 水产品低温保鲜技术的研究进展 [J]. 广东农业科学, 2012, 39 (14): 98-101.

[18] 王艺静. 气调等离子体处理对罗非鱼片保鲜的研究 [J]. 包装与食品机械, 2021, 39 (02): 22-27.

[19] 胡庆兰, 余海霞, 杨水兵, 任西营, 叶兴乾, 胡亚芹. 栅栏技术在带鱼制品生产及保鲜中的应用 [J]. 中国食品学报, 2014, 14 (09): 147-156.

[20] 沈春玉, 赵玉巧, 颜冬梅. 鱼类产品中优势腐败菌、天然防腐剂及保鲜技术的研究进展 [J]. 中国食品添加剂, 2020, 31 (03): 172-178.

[21] Bradley J E, Jackson J A. Measuring immune system variation to help understand host-pathogen community dynamics. [J]. *Parasitology*, 2008, 135 (7): 807-823.

[22] Brudeseth B E, Castric J, Evensen O. Studies on pathogenesis following single and double infection with viral hemorrhagic septicemia virus and infectious hematopoietic necrosis virus in rainbow trout (Oncorhynchus mykiss). [J]. *Veterinary Pathology*, 2002, 39 (2): 180-189.

[23] Chinchar V G, Logue O, Antao A, et al. Channel catfish reovirus (CRV) inhibits replication of channel catfish herpesvirus (CCV) by two distinct mechanisms: viral interference and induction of an anti-viral factor. [J]. *Diseases of Aquatic Organisms*, 1998, 33 (2): 77-85.

[24] Chen Y, Huang B, Huang S, et al. Coinfection with Clonorchis sinensis modulates murine host response against Trichinella spiralis infection. [J]. *Parasitology Research*, 2013, 112 (9): 3167-3179.

[25] Hedrick R P, LaPatra S E, Yun S et al. Induction of protection from infectious hematopoietic necrosis virus in rainbow trout Oncorhynchus mykiss by preexposure to the avirulent cutthroat trout virus (CTV) [J]. *Diseases of Aquatic Organisms*, 1994 (20): 111-118.

[26] Klemme I., Katja-Riikka Louhi, Karvonen A. Host infection history modifies co-infection success of multiple parasite genotypes [J]. *Journal of Animal Ecology*, 2016, 85 (2): 591-597.

[27] Marancik, David. Examination of resistance and tolerance in rainbow trout bred for differential susceptibility to bacterial cold water disease [J]. *Aqnacalture Research*, 2013 (5): 293054.

[28] Marius, Karlsen, Are, et al. Characterization of Candidatus Clavochlamydia salmonicola. Characterization of Candidatus. ering salmonid fish [J]. *Environmental Microbiology*, 2008.

[29] Nusbaum K E, Morrison E E. Edwardsiella ictaluri bacteraemia elicits shedding of Aeromonas hydrophila complex in latently infected channel catfish, Ictalurus punctatus (Rafinesque) [J]. *Journal of Fish Diseases*, 2002, 25 (6): 343-350.

[30] Telfer S, Birtles R, Bennett M, et al. Parasite interactions in natural populations: insights from longitudinal data [J]. *Parasitology*, 2008, 135 (7): 767-781.

[31] Xu D H, Shoemaker C A, Klesius P H. Evaluation of the link between gyrodactylosis and streptococcosis of Nile tilapia, Oreochromis niloticus (L.). [J]. *Journal of Fish Diseases*, 2007, 30 (4): 233-238.

[32] Yousfi K, Bekal S, Usongo V,, et al. Current trends of human infections and antibiotic resistance of the genus *Shewanella* [J]. *European Journal of Clinical Microbiology & Infectious Diseases*, 2017, 36 (8): 1-10.

第七章

水产品捕捞及捕捞后商品处理

第一节　水产品的捕捞

世界的海产品生产主要来自大陆架的沿海地区，包括海湾和河口。对有鳍鱼类和其他水产品的需求创造了就业，但也造成了环境压力，例如扰乱生态系统平衡或影响生物栖息地。全球水产品消费量已从20世纪60年代的人均9.9kg增加到2014年的53kg。到2025年，全球人均水产品消费量预计将达到21.8kg，每年将产生3100万t水产品的额外需求，未来30年最重大的全球性挑战将是到2050年为近100亿人口提供安全和充足的营养。全球许多野生鱼类资源目前被过度开发，捕捞渔业将无法解决这一问题。自20世纪90年代末以来，世界渔业的衰落伴随着水产养殖业的强劲增长。

一、渔获量

使用捕捞工具捕获经济水生动物的生产活动，是水产业最主要的组成部分。占地球表面积约2/3的海洋历来是捕捞水产品的主要场所，世界海洋捕捞产量一般占总渔获量的90%左右，内陆水域捕捞量占10%左右。海洋捕捞可分为沿岸、近海和远洋（包括外海）作业。沿岸、近海水域水生动物资源丰富，单位渔获量较高；远洋捕捞离基地远，对捕捞设备和技术要求较高，资源密度较小，生产成本较高。因此，世界各国的捕捞量主要来自沿岸和近海。内陆水域捕捞以江河、湖泊、水库等水域中自然生长和人工放养的水生动物为对象，由于水域和捕捞规模较小，多使用种类繁多的小型渔具捕捞。

在中国四大领海及其周边海域中，东海的产量最大，其次是南海、黄海和渤海。传统的高价值海洋物种的渔获量一直不稳定。在四种传统上具有重要商业价值的品种中，即大黄鱼（假黄鱼）、黄花鱼（腊鱼）、大头带鱼（毛尾鲥）和无脊乌贼（黑刺墨鱼），只有带鱼的捕获量很高。在东海和黄海，更有价值的长生底栖和掠食性的中上层鱼类已被较低价值的物种所取代，捕获的主要是较小的中上层鱼类。

二、中国渔获来源

中国多年来一直是世界上最大的鱼类生产国。2020 年全国海水养殖业产值 3836. 2 亿元，淡水养殖业实现产值 6387. 15 亿元。中国生产了 6549. 2 万 t 食用鱼（不包括港澳台产量），其中 5224. 20 万 t（73%）来自水产养殖，1324. 82 万 t（27%）来自捕捞。水产养殖是中国农业结构中发展最快的产业之一，我国水产品产量主要来自水产养殖，水产养殖产量仍然保持稳定增长，2020 年全国水产品养殖产量为 5224. 20 万 t，同比增长 1. 06%。在水产品产量增速放缓以及养殖面积稳定的背景下，渔业养殖结构调整加快。2020 年，全国水产养殖面积 7036110hm^2，同比下降 1. 02%。2020 年在水产养殖面积汇总，海水养殖面积为 1995550hm^2，同比增长 0. 17%；淡水养殖面积为 5040560hm^2，同比下降 1. 48%。

总体而言，自 20 世纪 70 年代末以来，中国渔业经历了快速发展。渔业总产量由 1980 年的 440 万 t 增加到 2015 年的 6520 多万 t。近 20 年来，特别是“十二五”期间（2011—2015 年），渔业发展迅速。休闲渔业已成为渔业发展的新亮点。国家通过建立新的国家试点基地，大力发展休闲渔业。相关城市配备了创新的技术和管理，并成为其他地区的模范。海洋渔业是中国渔业的重要组成部分。我国水产品产量主要来自水产养殖，自改革开放以来水产养殖产量仍然保持稳定增长，2019 年，全国水产品养殖产量为 5079. 07 万 t，同比增长 1. 76%。

水产养殖是人为控制下繁殖、培育和收获水生动植物的生产活动，主要是指在人工饲养管理下从苗种养成水产品的全过程，广义上也可包括水产资源增殖。水产养殖有粗养、精养和高密度精养等方式。粗养是在中、小型天然水域中投放苗种，完全靠天然饵料养成水产品，如在湖泊水库养鱼和浅海养贝等。精养是在较小水体中用投饵、施肥方法养成水产品，如池塘养鱼、网箱养鱼和围栏养殖等。高密度精养采用流水、控温、增氧和投喂优质饵料等方法，在小水体中进行高密度养殖，从而获得高产的生产方式，如流水高密度养鱼、虾等。

三、渔获种类

2019年，全国海水养殖业产值3575.29亿元，淡水养殖业实现产值6186.60亿元。内陆水域中有超过700种淡水鱼和60种海洋淡水洄游鱼类。主要的商业品种有鲢鱼、鳙鱼、草鱼、黑鱼、鲫鱼、鲤科鱼、鲶鱼、黑鱼、鳗鱼、塘鱼、鲑鱼、鳟鱼、鲈鱼、中华蟹、软壳龟。为保护自然渔业资源，国家从20世纪80年代开始对渔业活动进行规范。自1999年以来，内陆捕捞渔业产量稳定在228万t左右，包括167万t鳍鱼、33万t甲壳类和26万t贝类。安徽、江苏、江西、湖北和广西五省是中国内地最重要的水产品生产省份。

四、渔获工具

2014年，全国共有海洋机械化渔船277453艘，动力1696万kW，其中渔业作业船263924艘，中转货物和提供基本服务的辅助性船263924艘。与2013年相比，运行船舶减少4729艘，但总功率增加了48.3万kW。中国水域记录的海洋物种超过3000种，其中150种具有重要的商业价值。超过100种可商业捕捞，包括带鱼、白鲑鲭鱼，太平洋鲱鱼、鲅鱼、中国鲱鱼、海鳗、大黄鱼、小黄鱼、银鲳鱼、比目鱼、墨鱼、鱿鱼、章鱼、鲍鱼、中国对虾、梭子蟹、泥蟹、海参、水母。

目前，水产品捕捞主要的捕捞工具是渔船和渔具。其中，渔船按照渔业捕捞许可管理规定和学术分类（渔业船舶及渔业机械）可分为大型捕捞渔船、中型捕捞渔船和小型捕捞渔船，其分类以主机功率和船长为主；此外，按照作业种类可分为捕捞作业船、加工船和运输船等；按作业水域可分为海洋渔船和淡水渔船，海洋渔船按照地域可分为沿岸、近岸以及远洋渔船，其中沿岸渔船从事岸边捕捞和采收水生植物的船舶，该类渔船吨位较小。沿岸渔船是从事岸边水域捕捞（渤海、黄海、东海、南海等）和采收水生动植物的船舶，该类渔船的吨位较大，一般为几十吨至百吨不等。远洋渔船主要是从事大洋性捕捞生产的船舶，该类渔船一般配有冷藏加工设备，渔船吨位最大一般为500t左右，少数能够达到上千吨。

现代化的大型捕捞作业渔船一般都配备比较齐全的捕捞机械、雷达、定位仪、卫星导航仪、鱼群探测仪等导航和助渔设备。使用的渔具种类繁多，包括拖网、围网、刺网、张网、地拉网、抄网等12大类，其中拖网、围网、刺网、张网等4大类的渔获量占海洋渔获量的90%以上；拖网适用于捕捞底形平坦的海洋渔场和内陆水域中的水产品，主要是底层鱼群，中层鱼群也可捕捞，产量占总捕捞量的40%左右；围网是捕捞集群性的中上层鱼类的有效工具，既可捕捞自然集群的表层鱼群，也可捕捞灯光诱集的鱼群，其捕捞量约占总捕捞量的25%；刺网主要用于海洋捕捞，在内陆水域也有使用，对捕捞对象的体长和体周有较强的选择性；张网主要用于海洋捕捞，在内陆水域也有使用。

五、水产品捕捞和渔业的管理

为了控制捕捞数量，自1987年以来，国家采取了两项政策，减少了渔船的数量和功率。海洋渔船数量从2003年最高峰时的22.5万艘减少到2014年底的18.95万艘，颁布了《水产资源再生产保护条例》，规定了捕捞许可证制度。1986年，《渔业法》将该体系写入法律。渔船的数量被削减，渔民被重新安置到其他地方工作。大部分退役渔船已被摧毁，有的变成了水产养殖辅助船，有的变成了人工礁。

为保护野生水生资源，除经原农业部批准外，一律禁止捕捞。2015年，全国共建立国家级水生资源保护区459个，其中内陆保护区405个，海洋保护区54个。2015年，全国共有国家级水生自然保护区26个，国家级海洋自然保护区13个，对海洋生物资源保护发挥着重要作用。保护了珊瑚礁、海龟、中华白海豚等珍稀濒危水生野生动植物及其栖息地，保护了生态环境和生物多样性。这些都对生态平衡做出了积极的贡献。

六、渔业领域的问题

1. 渔业存在的主要问题

现阶段渔业行业存在的主要问题：

（1）可捕捞量显著减少。

（2）不断增加的捕捞成本。

（3）水产品的捕捞品种发生变化。

2. 解决办法

解决这些问题对任何部门来说都是一项重大挑战，特别是传统渔业。因此，渔业必须变得更加高效，有完善的认证和质量标准体系将有利于渔民增加产品的价值。然而，采用这种标准方案并不简单，因为现有系统不容易改革，新的方法必须从不同的行业（如农业）进行调整。

（1）质量保证计划中最广为人知的例子是产地标签，它在养禽业中特别受欢迎，因为标签鸡和工业饲养鸡的质量有明显的差异，产地标签也用来标明货物的产地。

（2）地理注册商标（IGP）不是质量的标志，只提供原产地标签的保护，它能促进和提高当地生产。20 世纪 90 年代初一些渔民采取了这样的计划，以便找到一种方法来应对新的市场条件。这些新情况之一是消费者和超市对产品可追溯性的需求日益增长。因此，渔民们致力于提高产品的质量和特色，第三家认证机构的设立，这些集体商标保证生产过程中所使用的加工方法和鱼的新鲜度符合一定的质量标准。此外，标签可能会指定位置海洋、捕鱼方法和捕获该物种的区域。

第二节　水产品检验及预处理

从动物福利的角度来看，宰杀方法一定要使鱼迅速失去意识，使鱼快速地对外界的疼痛感觉迟钝，直到其死亡。或者使鱼麻醉死亡，或者有效地将其击晕致死，目的在于研究屠宰中的最优条件和屠宰的方法，以减少鱼被宰杀时的激烈的应激反应。减少鱼被宰杀时所受的痛苦，除了道德方面的考虑还有经济和商业的原因，因为对鱼的残忍将导致鱼肉品质的下降。因此水产品的致死方式对预处理有极大的影响。

一、致死方式的介绍及研究现状

众所周知，鱼宰杀前处理不恰当会加快鱼的腐败。因此，致死方法的研究是保证鱼类福利、提高鱼肉质量的一个重要方面。通过减小鱼在真正死亡之前对外部冲击的敏感程度，可以减少宰杀过程中鱼的挣扎。鱼类的击晕方法有很多，不同的鱼种对不同的宰杀方法产生的应激反应不同。有些是现实生活和水产加工企业中经常使用的，有些只是在实验研究中使用，并未用于现实生产中。根据是否使用化学药品，我们可以将致死方法大致分为两类：化学麻醉法和物理击晕或致死法。

1. 化学麻醉法

化学麻醉法就是使用化学药物，使鱼失去意识，处于昏迷状态，从而减少鱼在运输以及屠宰过程中的应激反应，减少了死亡时的痛苦，保证了动物福利，同时有利于最终的鱼肉产品质量。使用的化学药品有丁香油、2-苯氧乙醇、异丁香酚（iso-eugenol）等近 30 种。化学药物对鱼进行麻醉，既可以满足道德要求，又不会对最终的鱼肉质量造成坏的影响，但是使用化学药品会对消费者产生潜在的危险。因此，此类麻醉通常用于实验需要，对鱼进行麻醉。

2. 物理击晕致死法

物理击晕法就是利用物理的手段，使鱼昏迷或死亡的方法。物理致死方式很多都是传统的宰杀方式，主要有窒息法、冰激法、机械击晕法、二氧化碳麻醉法、去鳃放血法、电击晕法、N_2 致死法、盐浴法等。

3. 致死方式的研究现状

对于动物的宰杀方式的研究由来已久，尤其对于牛、猪等大型哺乳类动物的宰杀方法已经很成熟了，并且在工业化生产中有成功的应用。宰杀方式的研究，不仅影响动物的福利，还严重影响肉原料的品质，因此对于宰杀方式的研究是十分必要的。许多研究发现二氧化碳致晕能有效地减少肉质变灰白，从而可提高猪肉的品质。将电麻击晕方式与刺杀心脏的方式相比，电麻击晕方式能有效地减少猪的应激反应程度，电击组的皮质醇和乳酸水平均能显著低于直接刺杀组。但电击晕影响猪肉中背最长肌的 pH、色泽和持水力，会诱导猪肉品质的劣变。人们发现电击电压应控制在 70～100V，致晕时间较短，得到的肉质较好。国外研究曼切加羔羊的宰杀方式发现，80%（体积分数）CO_2，60s

致晕处理组的羊肉在第 7d 时的脂质氧化值最高，电击晕组的羊肉的微生物数量水平比其他组要高。对于鱼类的致死方式的研究，国外的研究对象大多为大西洋鲑鱼大菱鲆等海水鱼类。研究者用异丁香酚麻醉大西洋鲑鱼，与二氧化碳麻醉致死法进行比较，屠宰过程中产生的应激反应可以使鱼较早地进入僵直期，使组织软化多孔，滴水损失增加，保质期缩短，从而影响鱼肉品质。所以敲击头部的方式被认为是有麻醉效果，因为头部的出血可使鱼不会苏醒过来，因此符合人道宰杀的方法。而进行冰水浴，会引起鱼体温的降低和缺氧，这种方法是否会确保所需要的标准福利，人们对此有所质疑。窒息过程，通常会引起鱼的痛苦，影响死后鱼肉质量品质，使鱼肉风味较差。而空气中窒息和电击晕处理的鲈鱼，应激反应比敲击和冷冻致死的强烈。当黑鲈鱼离开水后，可产生剧烈的应激反应，随后出现肌肉活动的减少和肌痉挛，鱼在经历长时间痛苦后死亡。空气中窒息会导致海鲈鱼产生显著的血液应力响应，对鱼肉及其保质期产生不利的影响。冰水中冰激致死，同空气窒息相比，鱼死亡和痛苦的时间较短，但是并不确保鱼可以获得高标准的福利。

国内对于鱼类产品致死方式的研究则比较少，有研究表明相同的微冻条件下，冰水激死法能够有利于保持鱼肉的新鲜度，使鱼死后具有较长的僵硬期和较小的失水率。而打头击晕最利于鱼的保鲜，*K* 值变化缓慢，其次为电击晕，真空致死、氮气致死和超低温致死对提高三疣梭子蟹的品质，改善其贮藏特性具有重要作用。通过对银鲫致死方法的研究发现，氮气致死组的肌肉的硬度咀嚼性以及胶黏性显著增加，还通过双向电泳发现，不同致死方式可影响鲫鱼肌肉中的蛋白含量与代谢。

二、水产品的检测及预处理

水产品的检测大多采用食品的测试方法，有一定的相似性，但水产品的样品制备又有其特殊性：其一，水产品受温度等环境因素的影响极易腐败变质；其二，不少水产品出肉率较低，样品制备费时、费力、实验消耗较大。传统、常用的水产预处理的方法就是直接取得可食用的部分或是取所需要的部分，进行简单的宰杀、去除废物、擦拭干净，这样既可以缩短样品制备的时间，又能保证实验数据的准确，对传统方法有较好的互补作用。

1. 传统型方法

取可食部分，用干净纱布轻轻擦去样品表面的附着物，采用对角线切割法，取对角部分，将其切碎，置入食品搅拌机或者组织捣碎机中匀浆，制成待测样品后放入分装容器中备用。制样工具每处理一个样品前均应用自来水冲洗干净，并用干净的纱布擦干，严防发生交叉污染。为了保证样品的代表性，应将样品置于一块洁净、光滑的塑料薄膜上，充分混匀，摊平成正方形。在正方形上划对角线，分为 4 块，取相对的 2 块混匀，作为 1 份样品（即 4 分法取样），然后将其装入洁净容器内。样品采取量应根据具体情况而定，原则上每个样品的采集量不应少于 100g。

2. 改进型方法

（1）鱼类　取至少 3 尾清洗后，去头、骨、内脏，将肌肉等可食部分，绞碎混合均匀后备用。大多数鱼的出肉率较高，所以水产品预处理的通用方法基本上适用于鱼类的预处理方法。没有鳞片的鱼类，鳗鲡类，在解剖至其死亡的过程中会不断分泌出黏液，处理时，脱皮的过程耗时又费力。处理这类水产品时，首先，应将样品分装到聚乙烯袋中，置于-20℃冰柜中至少 24h 以上，将其冻死，然后取出解冻，再用自来水将表面附着的黏液冲洗干净，用不锈钢小刀在样品头部以下 1cm 处划一道环状口子，把肌肉与表皮分离开，然后一手抓住样品的头部，另一只手抓住分离开来的表皮慢慢往下拉，这样，整张鳗鲡的皮就很容易剥落下来。

（2）虾类　取 5~10 尾南美白对虾用自来水清洗后，去虾头、壳、肠腺，得到整条虾肉。将所取得的虾肉立即用孔径为 1.5~3mm 的食品搅拌机绞碎，也可用组织捣碎机将其打碎数分钟，为了避免虾肉黏性太大导致组织捣碎机工作时间过长造成一些异常情况，中间需不断停机。虾类的出肉率是所有水产品中最高的，处理起来相对比较容易，特别是冻虾仁，打开包装后将其置入组织捣碎机或食品搅拌机匀浆后就完成了虾样的制备。

（3）蟹类　取至少 5 只蟹清洗后，打开甲壳，取可食部分（肌肉及性腺），绞碎混合后备用。蟹类样品的出肉率非常低，所以样品制备的过程较困难。下面介绍一种方法可以快速取出蟹类样品中的可食部分，并使含油脂较高的膏和黄与肌肉分离。首先，进行严格筛选，活体样品如青蟹、河蟹发现死亡应立即弃置。较容易死亡的样品如梭子蟹，在运送回实验室的过程中要冰鲜保存，一旦发现有发臭变质的，应立即弃置。其次，把经过严格筛选后合格、有效的样品，用聚乙烯袋封装，放入-20℃冰柜内至少48h。再次，把待处理的样品从冰柜中取出，用清水冲洗表面。打开上盖，去鳃。此时，蟹的膏与黄已和肌肉分离，用不锈钢小刀轻轻刮去膏与黄，将蟹体用不锈钢剪刀剪开。此时，肌肉与蟹壳也已经分离，只需用小刀轻轻一刮，肌肉就很快脱落了。值得注意的是，蟹类样品极易变质，制样的速度一定要快，同时不要把样品一次性全部从冰柜中取出解冻，处理多少取多少。最后用4分法将样品分成待测样和备样，放入冰柜内待检。

（4）贝类　将样品用自来水清洗，开壳剥离后，收集全部软组织和体液匀浆后备用。制备贝类样品的难点不仅仅表现在出肉率低上，同时，有些贝壳非常坚硬，活体开壳剥离取其软组织的过程也相当困难。首先将贝类用清水洗净擦干后置入-20℃冰柜内冷冻24h以上。到规定时间后，取出样品，此时，贝壳间就会出现一道细缝，待样品完全解冻后用小刀沿细缝将贝壳撬开，取其软组织并收集体液匀浆即可。

（5）藻类　取藻类样品清洗干净后，除去根和末梢，切成段（或细条），然后在食品搅拌机或组织捣碎机中匀浆后，放入广口磨口玻璃瓶中密封，冰冻保存。

（6）龟鳖类　用自来水将龟鳖类样品洗净后解剖，每只样品应取其半边中的两条腿和裙边的可食部分。将同一检验批次所采样品混合均匀后，按4分法取样，试样不少于200g。龟鳖类样品是迄今为止我们遇到的最难处理的水产品样品。冷冻的方法并不适用于该类样品，因为龟鳖类样品属于冬眠的爬行类，生命力较强，并且有十分坚硬的背甲，用冷冻的方法并不能软化其坚固的背甲，且在-20℃的低温条件下在短期内并不能将其完全致死。同时，经过试验表明，冷冻致死的龟鳖类样品，在解剖过程中，其血液和体液会凝固结冰，处理时较活体样品的处理更为困难，肌肉、骨骼、脂肪更难分离。

三、捕捞现场处理

水产品在捕捞出水后，大部分都不能被及时处理，比较容易腐败变质。捕捞的时候，水产品由于挤压和挣扎，其体内或体外都极易受伤，再加上水产品本身的肌肉组织、成分、特性都比陆上动物脆弱，容易受伤，鱼鳞也易脱落，即使低温保存，细菌也极易从受伤部位入侵。另外，由于水产品的体表普遍都带有黏液，更加容易助长细菌的繁殖，况且水产品的肌肉因为本身就具有各种酶比陆上动物的肌肉活泼，所以水产品的肉质容易变坏，必须迅速加以适当的处理才能确保水产品的鲜度。

1. 水产品鲜度管理的现场处理方法

水产品鲜度管理的有效方法是“低温管理”，因为低温可缓和鲜鱼的酶降解作用并可抑制细菌的繁殖，减少水产品的腐败变质程度。

低温管理的分类：

（1）敷冰　以碎冰（或片冰）覆盖于鱼体，温度保持在5℃以内。

①供应商每天送来的水产品经运输过程，原覆盖的碎冰多已化解，使水产品的温度回升，为了避免影响鲜度，在验收完后，应立即将水产品运回陆地敷冰；

②经常关注冰台上陈列的水产品是否有足够的覆冰，并且随时添加碎冰及喷洒足量冰盐水，以保持水产品的鲜度。

（2）冷藏　用冷藏库低温保存水产品，冷藏库的正常温度为0℃，请勿让水产品裸露于外吹冷气。

（3）冷冻　用冷冻库设备来低温保存水产品，冷冻库的正常温度为-18℃以下。

2. 低温管理的内容

（1）严格要求供应商低温运送：水产品由产地、批发地运送到卖场的过程中，低温管理应注意不要产生冷却中断现象，使温度发生局部变化。温度不稳定容易破坏水产品的肌肉组织，从而影响其鲜度及品质。

（2）验收货与加工处理时应尽量减少水产品在常温中的裸露时间。

（3）水产冰鲜品，表面温度应维持在5℃以下。

（4）待处理的水产品应该存放于冷藏、冷冻库内，根据鱼大小或者种类分类存放。

（5）冷冻品解冻时需要在低温下进行，解冻时间应缓慢才能确保产品品质，就是运用冷库解冻法，即将冷冻水产品移至冷藏库中，使其温度升高到

0℃左右，然后再进行处理。

（6）冷冻水产品若要加工，最佳时间为鱼体尚未完全解冻前。

（7）冷藏库（柜）温度设定在-2～2℃，冷冻库（柜）温度设定在-25～-18℃，并定期检查库温，冷冻（冷藏）水产品存放不可以超过冷冻（藏）库的安全线（送、回风口）。每日记录冷冻（藏）库（柜）的除霜时间及次数，发现异常情况应立即转移冷冻（藏）品至安全区并及时汇报给相关部门。另外，注意冷冻（藏）库（柜）必须定期清洗与消毒，任何水产品都不可以二次冷冻。

（8）如果条件允许，操作间的温度应该控制在15℃以下。

（9）加工处理、包装要迅速，以免商品温度升高。

（10）已包装好的成品应该立即送入展示柜或冷冻库。

（11）检查到有鲜度不良或有异味的水产品应立即从冷冻（藏）库（柜）中剔除，避免发生交叉、连锁污染。

3. 水产品预处理后的存放管理

（1）分类存放、先进先出原则　熟食品与半成品、原料要分开存放，不要混合在一起，以免熟食品受到污染。产品进仓库后要标明日期，保证做到先进先出，例如，今天到货商品先不要急于陈列，先到仓库检查一遍是否前一天还有剩余产品，若有，先把前一天的商品排上面，然后再陈列今天的产品。补货时也一样，先拿保质期较短的商品陈列，保质期长的延后再补，依次类推，须加工的新鲜品和冻品操作方法相同。通常情况下，整理仓库时应先把日龄长的产品放在货架外端，新鲜刚到的产品存放在里面，并标明日期。

（2）制作加工时应注意原料是否过期、品质是否合格。

（3）原料品（未加工的商品）在冷藏或冷冻贮存时，需用篮子、箱子、袋子等封盖好，避免因风化造成鲜度降低。

（4）半成品或成品在冷藏时需用保鲜膜密封　冷藏库在工作时，制冷机不停地抽风转换，在库里温度降低的同时，里面的空气也变得干燥。若贮存的商品没有用保鲜膜密封，商品容易风化、变味。

（5）为了保证到货的成品、半成品、原料物的新鲜度，凡进到卖场的商品应尽快做好低温贮存。

（6）加工剩余的原料物或成品需尽快放进冷藏或冷冻库贮存，以免因时间过长导致产品变味、变质。

（7）进入冷藏库、冷冻库应随手关门，避免冷藏。

第三节　水产品包装

如今产品包装具有非常重要的意义，如果产品没有在第一时间吸引顾客，那么你的产品就永远不会在市场上成为一个品牌。产品包装是产品在市场上的封闭和分销、在仓库中储存、在零售商店和购物中心中销售以及保护产品直到供最终消费者使用这个过程都需要的措施，是用来保护和保存产品的，产品包装保护产品在它到达买家之前不受损坏。

公司使用产品包装来吸引更多的顾客，因为包装好的产品会被消费者认为是安全的。制造的产品容易损坏，需要密封，以保护制造的产品免受摩擦、震动、冲击、压缩、天气条件、温度、潮湿和静电等因素的影响。包装使产品易于储存、搬运、安全运输，并美观地陈列在货架上以供销售。包装产品的一些重要方面是考虑产品的长度、重量、尺寸、形状和类型。好的包装设计可能会吸引更多的顾客，但如果包装不足以运输和保持产品的新鲜，产品最终会失去它的消费者。在设计产品包装时，形式和功能是两个基本要素。在设计产品包装时，保证产品的安全是非常重要的。有些产品延长了保质期；有些容易过期，有些容易损坏，有些容易受热，有些对大气敏感；产品包装必须确保所有的因素都包括在内，以保证最终产品的安全。包装产品的功能是在运输、销售过程中保持产品的新鲜、清洁、安全，并被消费者接受。

产品包装设计者必须开发出能保护封闭产品不受事故、破坏和其他因素影响的包装。产品的包装必须便于搬运、运输和吸引顾客。为了充分利用市场营销机会，抢占市场份额，满足市场需求，应着力做好产品包装。一个包装好的产品可以吸引更多的潜在客户，最终为制造商带来更高的销量和更大的市场份额。一个好的包装定义并展示了产品的属性，如颜色、质量、设计、价格和产品的大小等。

一、包装基本要求

①应妥善包装，正确标贴，不应漏水、滴水、渗水和散发不良气味，保证在收运到交付的全过程中，不会损害行李、邮件、货物和飞机机体、设备。

②应能承受气温和气压的突然变化。

③应具有一定的抗压强度，保证在正常空运过程中不会被损坏。

④每件水产品运输包装件的质量不应超过 30kg。

二、包装材料

1. 包装材料的选用

水产品的包装材料应选用瓦楞纸箱、泡沫箱、聚氯乙烯贴布革水产袋、聚乙塑料袋、胶带及其他辅助材料。

2. 包装材料的技术要求

（1）瓦楞纸箱　就先用双瓦五层瓦楞纸制造，纸箱内外两层纸板应采用定量不低于 $250g/m^2$、具有防水性能的牛卡纸，中间应采用 $180g/m^2$ 瓦楞纸。瓦楞纸箱的性能要求，如表 7-1 所示。

表 7-1　瓦楞纸箱的性能要求

项目	指标
耐破强度/MPa	≥1.20
戳穿强度/J	≥7.04
边压强度/(kN/m)	≥6.57
抗压力/kN	≥8.12

（2）泡沫箱　泡沫箱原材料选用聚苯乙烯，泡沫外观应表面平整、无明显鼓胀及收缩变形；熔结良好，无明显掉粒现象；无明显污渍和杂质。泡沫箱

原材料的性能要求，如表 7-2 所示。

表 7-2　泡沫箱原材料的性能要求

项目	指标
粒度范围/m	1.2~1.6
密度/（g/cm^3）	≥0.015
压缩强度/MPa	≥0.07
抗张强度/（kg/cm^2）	≥2.8
水蒸气浸透率/[$g/(m^2 \cdot h)$]	≤2.40

（3）聚氯乙烯贴布革水产袋　材料选择聚氯乙烯贴布革，聚氯乙烯贴布革水产袋的性能要求，如表 7-3 所示。

表 7-3　聚氯乙烯贴布革水产袋的性能要求

项目	指标
拉断力（纵向）/（N/30mm）	≥75.3
断裂伸长率（纵向）/%	≥14.0
拉断力（横向）/（N/30mm）	≥184.3
断裂伸长率（横向）/%	≥15.6
戳穿强度/J	≥5.8
撕裂负荷（横向）/N	≥37.5
撕裂负荷（纵向）/N	≥18.4
气密性（在 20kPa 压力下）	无漏气
渗漏（储水 20kg；静止放置 24h）	无渗漏

（4）聚乙烯塑料袋　材料选用聚乙烯，聚乙烯塑料袋的性能要求，如表 7-4 所示。

表 7-4 聚乙烯塑料的性能要求

项目	指标
封口强度/（N/15mm）	≥14.6
耐压强度/kN	≥2.35
撕裂强度（横向）/（N/mm）	≥137.3
撕裂强度（纵向）/（N/mm）	≥110.5
断裂伸长率（纵向）/%	≥431.1
断裂伸长率（横向）/%	≥450.1
拉伸强度（纵向）/MPa	≥27.2
拉伸强度（横向）/MPa	≥27.2
渗漏（储水 20kg；静止放置 24h）	无渗漏

3. 包装材料的建议规格、尺寸

（1）瓦楞纸箱 为便于运输不同的水产品，瓦楞纸箱分为三种规格，其尺寸及重最要求，如表 7-5 所示。

表 7-5 瓦楞纸箱的三种规格

规格	第一种	第二种	第三种
体积/cm^3	50×50×30	51×46×30	61×36×36
厚度/cm	0.4	0.4	0.4
重量/g	≥1200	≥1100	≥1100

（2）泡沫箱 为便于运输不同的水产品，泡沫箱分为单层、半层、苗箱三种，其规格、尺寸及重量，如表 7-6 所示。

表 7-6 泡沫箱的三种分型

规格	单层		半层	苗箱
体积/cm^3	49×49×49	45×50×29	49×45×13.25	60×35×35
厚度/cm	底边^3 四边及箱盖 2.5	底边^3 四边及箱盖 2.5	底边^3 四边及箱盖 2.5	底边^3 四边及箱盖 2.5
重量（套）/g	≥500	≥470	≥600	≥550

三、包装方法

1. 包装前处理

将水产品的水或血尽量控干。对于冰鲜、保鲜水产品可进行冷冻，以减少运输过程中冰块的使用量。对于活的水产品，包装时尽量减少包装中的水量。各类水产品的包装顺序由内至外要求如下所述。

（1）冰鲜、苗类

①两层聚乙烯塑料袋；

②泡沫箱；

③聚乙烯塑料袋；

④瓦楞纸箱。

（2）活鱼

①聚氯乙烯贴布革水产袋；

②泡沫箱；

③聚乙烯塑料；

④瓦楞纸箱。

（3）活虾、贝类

①两层聚乙烯塑料袋；

②泡沫箱；

③瓦楞纸箱。

其中①与②顺序可对换。

（4）螃蟹、甲鱼、苗、蛙类

①泡沫箱；

②瓦楞纸箱。

（5）泥鳅、黄鳝、鳗鱼类

①聚乙烯塑料袋；

②泡沫箱；

③瓦楞纸箱。

其他水产品的包装顺序可参照以上顺序包装。

2. 包装材料的封口

(1) 聚乙烯塑料袋及聚氯乙烯贴布革水产袋的封口应采用以下三种方法的一种。

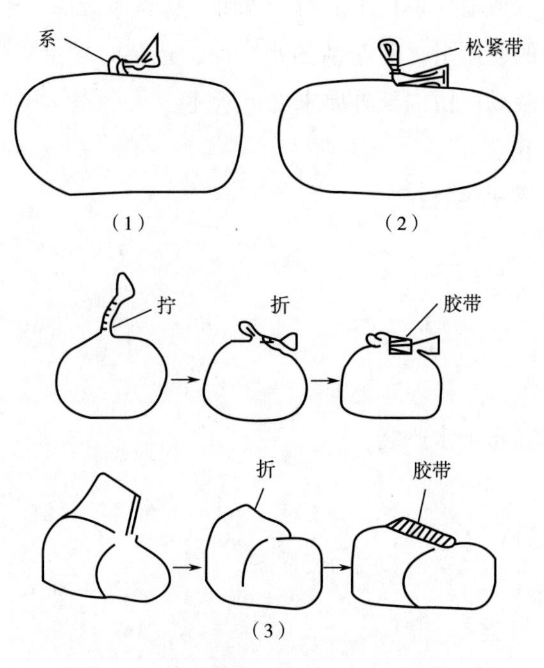

图 7-1　聚乙烯塑料袋的封口方法示意图

①在开口处打一结，见图 7-1（1）；

②将开品处拧紧并折过来用橡皮筋扎紧，见图 7-1（2）；

③将开口拧紧或折叠，再用胶带粘紧，见图 7-1（3）。

(2) 泡沫箱箱盖应用胶带将四边密封。

(3) 瓦楞纸箱应用胶带封。

3. 瓦楞纸箱的内侧处理

纸箱接缝处如用钉子连接，应用胶带在箱子内侧将钉子粘住。

4. 冰块的包装

冰块应采用两层聚乙烯塑料袋包装。

5. 多个聚乙烯塑料袋的封口

使用多个聚乙烯塑料的，聚乙烯袋应分别封口。

6. 对螃蟹等水产品特殊要求

对螃蟹等水产品，包装时应在泡沫箱内加上网袋、锯末等吸水性材料。包装中需挖孔的，挖孔位置应距底部100mm，孔的直径为300mm，挖在对应两面，每面三个。

四、产品包装类型

运输产品包装：这类包装在产品生命周期的物流中使用，其目的是运送、运输、运输和储存产品。消费品包装：这种类型是用来保持产品新鲜和安全的家庭使用的最终消费者和买家。初级产品包装：与产品内容直接接触的包装是初级产品包装，初级产品包装是保持包装内容的第一个要素。

1. 收缩包装

收缩经线用于实际产品的周围，以保持产品或包装在一起，便于运输和发货。收缩包装使产品抗穿刺、损坏、摩擦、磨损。制造商更喜欢收缩包装，因为它可使产品抗冲击，是由塑料制成的，这是一个比木箱和板条箱更便宜的选择。

2. 真空产品包装

这种类型的包装用于需要密封保鲜、水合和味道的易腐烂的货物或食品。这种真空产品包装有很多好处，是快速消费品的销售商和制造商最可取的选择。包装可以保护食品免受细菌、灰尘、空气、细菌、霉菌、真菌和酵母的侵害。

3. 保存包装

为保存产品以供以后使用而设计的包装，例如，罐子、罐头、铝容器、银片、纸箱、玻璃罐、塑料瓶、泡沫塑料和其他类型的产品包装，用于保护产品和食品的内容物。保藏产品包装保证了产品的安全和新鲜。

4. 气泡包装

最有效和廉价的方法来缓冲和保护货物免受冲击、摩擦和损坏，而运输便气泡扭曲。

5. 用于防止偷窃的初级包装外的包装是二次产品包装

（1）板条箱和托盘　板条箱和托盘是包装过程的一个组成部分，以确保产品在运输和交付期间的安全。这提供了防止水、防尘，水分和变形。

（2）缓冲垫　是最安全的包装，适合极端易碎的产品和成品。这种类型的产品包装可保护产品不受冲击和振动。包装使用减震技术，并提供产品安全防护，防潮、防尘。这种包装主要用于电子设备和化学容器。

参考文献

[1] 刘新中，2021年中国渔业统计年鉴［M］. 北京：中国农业出版社，2021：1-3.

[2] 2021-2022年中国水产养殖行业市场前瞻与投资战略规划分析报告.

[3] 陈国峰，陆芸，周乾宪. 我国成世界唯一养殖水产品总量超过捕捞总量的渔业国家［J］. 中国食品，2019（22）：154-155.

[4] 陈胜军，李来好，杨贤庆，等. 我国水产品安全风险来源与风险评估研究进展［J］. 食品科学，2015，36（17）：300-304.

[5] 胡学东. 公海生物资源管理制度研究［D］. 青岛：中国海洋大学，2012.

[6] 方静. 不同致死方式对罗非鱼生化特性的影响及其机制［D］. 青岛：中国海洋大学，2013.

[7] 黄玉柳，陈静，黎小正. 水产品微生物实验室质量控制探讨［J］. 微生物学杂志，2010，30（05）：108-110.

[8] 柳怡，黄家庆，郑重莺，张成. 简便实用的水产品预处理方法［J］. 浙江农业科学，2006（03）：342-344.

[9] 赵前，周进，刘俊荣，等. 水产品鲜活品质评价体系研究进展［J/OL］. 大连海洋大学学报. 2021，36（04）：706-716.

[10] 叶剑，徐仰丽，吴士专，等. 冷链流通过程中水产品低温保鲜技术研究进展

[J]. 食品安全质量检测学报，2018，9（08）：1769-1775.
[11] 谢晶，生鲜水产品冷藏保鲜和安全监控技术研究［D］. 上海：上海海洋大学，2012-01-12.
[12] 张亚瑾，焦阳 . 冷冻和解冻技术在水产品中的应用研究进展［J］. 食品与机械，2021，37（01）：215-221+236.
[13] 高志立，谢晶 . 水产品低温保鲜技术的研究进展［J］. 广东农业科学，2012，39（14）：98-101.
[14] 聂小宝，章艳，张长峰，等 . 水产品低温保活运输研究进展［J］. 食品研究与开发，2012，33（12）：218-223.
[15] 李常笛 . 低温技术在水产品加工中的应用探究［J］. 南方农业，2017，11（21）：103-104.
[16] 匡逸凡 . 水产品活性包装与智能化包装技术浅析［J］. 江西水产科技，2021（01）：33-34.
[17] 姚桂晓 . 低温下真空包装对水产品营养品质影响的研究［D］. 西安理工大学，2020.
[18] 钱韻芳，谢晶，俞滢洁，等 . 水产品低温贮运过程中水分迁移与品质劣变相关性研究［C］. 中国食品科学技术学会 . 中国食品科学技术学会第十七届年会摘要集 . 中国食品科学技术学会：中国食品科学技术学会，2020：488-489.
[19] 杨治东 . 无菌包装与水产品深加工制品保藏［J］. 江西水产科技，2021（01）：35-36.
[20] GB/T 26544—2011，水产品航空运输包装通用要求［S］.
[21] GB/T 26544—2011，水产品航空运输包装标准［S］.
[22] 杨方，胡方园，景电涛，夏文水 . 水产品活性包装和智能包装技术的研究进展［J］. 食品安全质量检测学报，2017，8（01）：6-12.
[23] 浙江省职业技能教学研究所组织编；李桂芬 . 水产品加工［M］. 杭州：浙江科学技术出版社 . 2008：190.
[24] 周本翔 . 水产加工增值技术［M］. 郑州：河南科学技术出版社 . 2009：185.
[25] 张秀娟 . 食品保鲜与贮运管理［M］. 北京：对外经济贸易大学出版社 . 2013：279.
[26] 李利，江敏，马允，李晓琴 . 水产品保活运输方法综述［J］. 安徽农业科学，2009，37（15）：7303-7305.
[27] 吕安涛，林玮静 . 浅谈活鱼运输车设计［J］. 专用汽车，1998（03）：19-20+65.

[28] 安徽长吉专用汽车制造有限公司．一种配置自动温控和给氧系统的智能鲜活水产品运输车［P］．安徽省：CN109866675A，．2019-06-11.
[29] 赵彦曾，赵博睿，赵翀，马思佳，杜佳媛．一种配置自动温控和给氧系统的智能鲜活水产品运输车［P］．安徽省：CN109866675A，2019-06-11.
[30] 江苏海润海洋工程研究院有限公司．活鱼运输船［P］．江苏省：CN113320651A. 2021-08-31.

第八章

水产品的贮藏保鲜方式

水产品营养价值高，含有多不饱和脂肪酸、必需氨基酸、微量元素等营养物质，是其他食品所不能媲美的。正因其营养丰富，水产品易在微生物代谢活动和本身酶的共同作用下发生一系列生物化学反应，导致腐败变质。据报道，全球每年因贮藏、运输等因素导致腐败变质的水产品占到30%。因此行业迫切需要研发有效的保鲜方法。

通常，水产品的保鲜技术应用物理、化学、生物等手段对原料进行处理，从而保持或尽量保持其原有的新鲜程度，其主要形式有低温贮藏、气调包装、化学保鲜剂、生物保鲜剂等形式。

水产品保鲜是一个复杂的系统工程，各种储藏保鲜技术都有其优缺点。在储藏运输过程中，外部环境变化比较大，因此在保鲜过程中，不仅要研究单一储藏技术或方式，而且要更加关注多种技术相互协调作用对肉类保鲜的效果，采用综合技术措施保证食用安全，满足市场需求，为产业提供发展方向。

第一节　水产品的物理保鲜

物理保鲜方法主要包括低温保鲜、气调保鲜、超高压保鲜、辐照保鲜等。微生物及酶的活力是影响鱼类质地的重要因素，微生物的存在可引起鱼肉中有机物的分解，酶的存在与核苷酸分解、脂肪氧化有关，两者均会导致水产品腐败变质，因此在其贮藏运输过程中，控制细菌的生长及酶活性是保证延长鱼类保质期的关键。其中，低温保鲜就是目前市场上采用的水产品运输销售过程中的保鲜方法之一，主要是通过低温来延缓水产品中微生物的生长的，并可使体内的酶失去活性以延长其保质期。

一、低温保鲜

低温贮藏保鲜是目前水产品贮藏流通过程中最常用的保鲜技术，指利用低温环境下水产品体内的组织蛋白酶活性受到抑制，微生物增殖受阻、不易发生自溶等现象的原理，使水产品保质期延长的方法。低温保鲜通过降低温度一方面可使微生物体内代谢酶活力下降和原生质体浓度增加，并且低温中产生的冰晶体会显著抑制微生物的生长繁殖；另一方面，低温可降低水产品中蛋白质分解、脂肪氧化等的速率，从而长时间地使水产品保持优良品质。通常，低温保鲜包括冷藏保鲜、冰温保鲜、微冻保鲜、冷冻保鲜、冷海水保鲜、超级快速冷却保鲜、抗冻保护剂保鲜等，特别是冰温保鲜和微冻保鲜凭借其良好的保鲜效果、营养流失少等优势得到国内外的广泛应用。

（一）冷藏保鲜

冷藏保鲜方法是使用最早、范围最广的保鲜方法。采用低温抑制水产品微生物生长及内源酶活力，可延长保质期。冷藏保鲜是一种不冻结的保鲜方式，温度范围为0~4℃（不包含0℃）。

冷藏保鲜具有可大批量冷却水产品，使用安全，价格低廉，可保持鱼体表面湿润等优点，在保鲜水产品方面的应用十分广泛。Lorentzen等通过感官、微生物和化学指标研究了雪蟹腿肉的保质期，发现在冷藏（4℃）和冰温（0℃）条件下，熟雪蟹的保质期分别为10d和14d，而生雪蟹在0℃的保质期为6d，并指出感官和微生物指标较适用于评价雪蟹腐败程度。李娜等研究了罗非鱼肌肉蛋白质在冷藏过程中的变化，发现不同溶解性和不同结构的蛋白质含量会随贮藏时间的延长而下降。肌原纤维蛋白和高盐溶性蛋白质在贮藏期间变化最为显著，使鱼肉的加工利用率降低。曹雷鹏等研究了草鱼在冷藏期间（1~7d）的新鲜度变化，并测定其在加热后的蒸煮损失率、收缩面积比及色泽的变化，结果表明鱼肉在冷藏7d期间新鲜度在逐渐下降，但未发生腐败变质现象。冷藏保鲜能够使鱼体温度降低，从而降低酶和微生物的代谢速率，但不能完全抑制嗜冷性微生物的生长，且大体型的鱼类降温较慢，所以此方法更适合小体型鱼类的短期保鲜。

（二）冰温保鲜

冰温保鲜是采用0℃到鱼体冰点之间的温度进行保鲜的方式，温度为−2~0℃，适用于成熟度较高及冰点较低的鱼体。冰温保鲜能维持鱼体活体性质，极小的温度波动也会生成较大、不均匀的冰晶，损伤肌原纤维，精确控温是其技术难点。日本20世纪就研发出了冰温保鲜冰箱和以蓄冷壁为核心的冰温库±0.5℃波动。冰点调节剂能下调鱼体冰点，拓展冰温带。米红波研究低温条件下 5% NaCl+5% $CaCl_2$+2. 5%山梨醇复配的化学冰点调节剂对中国对虾的保鲜效果，结果显示，冰温贮藏 8d，TVC、TVB-N、TMA-N 值与感官指标均在可接受范围内，肌肉微观结构接近于新鲜。冰温和其他保鲜方法联用，提高产品品质。龚婷研究指出在冰温条件下，以 3%食盐+0. 6%蔗糖为冰点调节剂，3%柠檬酸减菌处理后，采用 70%（体积分数）CO_2+30%（体积分数）N_2 气调包装，能抑制草鱼片中微生物的生长及质量劣变，可使保鲜期延长至 40d。

冰温保鲜技术是将食品贮藏于 0℃及以下、冰点以上的温度的一种保鲜方法，具有冷藏和冻藏的双重优势，前景十分看好，但其在水产品加工和保鲜方面的应用很少。研究发现，冰温保鲜技术对大麻哈鱼的保鲜效果优于天然保鲜剂和气调保鲜，李辉等比较了冷藏保鲜和冰温保鲜对牙坪鱼的鲜度及质构变化的影响，冰温保鲜比冷藏保鲜更有效地抑制牙坪鱼体内有害物质的活动及各种酶的活性等，能够延长保质期 15d 左右。

冰温保鲜可在不破坏细胞结构情况下，抑制有害微生物的活动，抑制各种酶的活性，提高鱼肉品质。冰温保鲜结合保鲜剂的使用，在保持水产品原有品质基础上，有效延长了保质期。由于冰温可利用的温度范围较小，一般为 1~2℃，故设定和维持温度带较为困难，控制温度难以恒定，对设备的要求较高。

（三）微冻保鲜

微冻保鲜技术又称过度冷却或部分冻结保鲜，是 20 世纪六七十年代发展起来的用于贮藏渔船捕获上来的水产品的技术，微冻保鲜采用略低于鱼体冻结点以下的一种轻度冻结保鲜技术，贮藏温度为冻结点至-5℃左右，水产品的冰点因各自水分含量不同而有所差异，其范围在-1~2. 5℃。

与冷藏保鲜和冰温保鲜相比，微冻保鲜克服了冷藏保鲜中组织代谢老化，高志立等研究低温条件下带鱼的保鲜效果，结果表明，冷藏保鲜、冰温保鲜和微冻保鲜条件下，带鱼保鲜期分别为 5d、7d、18d，微冻保鲜期是冰温保鲜的 2. 6 倍、冷藏保鲜的 3. 6 倍。相对于冷冻保鲜技术而言，微冻技术避免了低温冷冻中冰晶损伤组织结构，刘美华研究切片观察低温贮藏 30d 的大黄鱼，发现温度越低鱼体组织损坏越大，鱼肉冻结率越高（-3℃、-6℃、-20℃冻结率分别为 30%、65%、90%），生成的冰晶面积越大。鱼体因冻结膨胀产生的内压挤压肌肉组织，导致肌原纤维失水收缩产生空洞；微冻鱼体冰晶细小均匀，组织损伤较低。微冻保鲜与其他保鲜法联合，利用栅栏因子效应的保鲜效果更好，范文教等在4℃条件下，0.1%茶多酚浸渍鲢鱼90min后，置于-3℃贮藏，试验表明，鱼体感官指标下降缓慢，TVC、pH、TVB-N、TBA、*K*值等指标均低于对照组。

目前常用的微冻保鲜方法有冰盐混合物微冻、低温盐水浸渍微冻和冷风微冻，具体方法的选择要综合考虑不同鱼种的冻结点和消费者需求，该技术目前广泛应用于各类水产品的保鲜研究，普遍研究结果表明微冻条件下产品保质期明显长于冷藏条件下。产品的保质期虽然略少于冷冻条件下的保质期，但感官、汁液流失、质构等指标更佳，更适合水产品的运输与贮藏。Chang等研究发现，5℃下鲈鱼保质期为3d，0℃下保质期为2周，而微冻保鲜的鲈鱼的保质期超过4周。曹荣等研究表明，微冻保鲜（-3℃）能够抑制太平洋牡蛎在贮藏过程中的微生物增长，感官评分下降缓慢。

不同种类、形状和大小的产品需要不同的微冻温度，而在微冻过程中，冰晶形成的大小、位置、形状都会影响产品品质。Kaale等对鲑鱼片进行微冻处理，发现冷却速度越快、温度越低，冰晶的直径越小。在食品冷链贮运过程中，轻微的温度波动就会造成产品中冰晶的大小和数量变化，导致产品质量受影响，因此，微冻技术必须依托能精准控制温度的制冷设备，这对微冻保鲜技术的实际运用提出了更高要求。

（四）冷冻保鲜

冷冻保鲜指将鱼体中心温度降至-15℃，再置于-18℃冷库中贮藏的保鲜技术，适用于长期保鲜。鱼体冻藏质量及冻结速率与温度相关。采用液氮或干冰速冻，能较快地通过最大冰晶生长带，生成分布均匀、数量多的细小冰晶，但成本较高，主要用于名贵水产品的保鲜。速冻冻藏保鲜使鱼肉细胞内外产生细微冰晶，冰晶数量多，分布均匀，对组织结构损伤小，可减少解冻过程中的汁液流失。

但在长期保藏过程中，温度波动易导致蛋白质的变性，可通过优化冻结速度和控制冻结温度波动提高鱼肉蛋白质的品质。缓慢冻结生成的冰晶体积大、不规则且分布散乱，解冻时汁液流失较大。抗冻剂能够溶解和抑制冰晶生长，马晓斌等在-18℃条件下，用4%海藻糖+6%聚葡萄糖+5%乳酸钠复配抗冻剂，分析采用抗冻剂的速冻脆肉鲩品质变化，结果表明，冻藏180d后，鱼体保水性、抗氧化性和蛋白质性能均保持较好。低温与复合保鲜剂的协同作用效果更好，Alparslan 等研究含有 2%橙皮精油的壳聚糖薄膜（CH+OPEO）对深水粉红虾的保鲜效果，结果表明，-18℃冻藏，CH+OPEO 组、壳聚糖组和对照组保质期分别为 15d、10d、7d。

（五）冷海水保鲜

冷海水保鲜就是将鱼虾贝等水产品浸渍在海水中，通常需先将海水冷却至-1~0℃，然后再将水产品贮藏其中。船舶上对渔获物的保鲜多以冷海水法为主，其操作简单迅速，可以最大限度地保持鱼的鲜度。利用冷海水保鲜也存在诸多缺点，例如鱼体容易吸入盐水而变得膨胀，鱼肉盐分含量升高，表面容易变色等。Nicholas 等发现冷海水的温度对澳大利亚鲷鱼（*Petrus aerates*）的颜色有很大影响。由于冷海水盐分较高，长时间浸泡会导致鱼肉含盐量变高，使感官品质下降，因此不宜长期贮藏，且更适用于海水产品。

郑振霄等研究了不同低温保鲜方法对鲐鱼品质的影响，发现冷海水贮藏条件下产品保质期达 13d，略高于冰温保鲜方法；且将冷海水预冷与速冻集成，能够使鱼体快速通过最大冰晶生成带，抑制冻结前期微生物和酶的活动及冰晶的长大，更有效地抑制冻结前期和贮藏过程中品质的劣变。刘磷等采用冷海水结合臭氧技术对竹荚鱼鱼体进行处理，发现该方法能有效抑制细菌的生长繁殖、TVB-N 值的上升、色度 b^* 值的上升以及感官评分的下降；但同时也会促进脂肪的氧化，使硫代巴比妥酸反应物值上升加速。

在近几年的研究中，许多学者将一些抑菌的气体与冷海水相结合，对鱼体进行贮藏前的处理。刘书来等用含有 CO_2 的冷海水对南美白对虾进行处理，研究发现处理后的菌落总数、大肠杆菌数、产 H_2S 菌落数以及嗜冷菌数的数量都有所降低。结果显示贮藏 8d，虾的 TVB-N 为 195mg/kg，K 值为 20.3%，同时延缓了虾体的褐变。

（六）超级快速冷却保鲜

超级快速冷却保鲜是一种新型保鲜技术，也称超冷保鲜技术。具体的做法就是把捕获后的鱼立即用-10℃的盐水作吊水处理，根据鱼体大小的不同，可在 10~30min 使鱼体表面冻结而急速冷却，这样缓慢致死后的鱼处于鱼仓或集装箱内的冷水中，其体表解冻时要吸收热量，从而使得鱼体内部初步冷却。然后再根据不同保鲜目的及用途确定贮藏温度。现在渔获物被捞起后，大多数都是靠冰冷藏来保鲜的。虽说冰冷藏可使保藏的鲜鱼处于0℃附近，但是冰量不足，与冰的接触不均衡，会使鲜鱼冷却不充分，使鱼憋闷而死，使肉质氧化，导致K值上升等。日本学者发现超级快速冷却技术可对上述不良现象的出现有显著的抑制效果。这种技术与非冷冻部分冻结有着本质上的不同。鲜鱼冰冷藏保鲜、微冻保鲜等技术的目的是保持水产品的品质，而超级冷却是将鱼致死和前期的急速冷却同时实现，它可以最大限度地保持鱼体原本的鲜度和鱼肉品质，原因是它能抑制鱼体死后的生物化学变化。如果我们对渔获物的质量要求是首要的，则要采用非冻结的方法。非冻结只有冰冷藏、冷却海水、超冷技术。而其中超冷技术除质量保持得好以外，比冰冷藏的保质期还要延长1倍。如果我们对渔获物的保藏期要求是首位的，那么最好采用冻结或部分冻结的方法来保质。

（七）抗冻保护剂保鲜

保持冷冻食品的质感和感官特性以保证产品质量是食品行业面临的挑战。在这方面，防冻前处理的使用是最重要的。抗冻保护剂通常高度溶于水，对食品无毒无害。抗冻保护剂分为渗透性抗冻保护剂和非渗透性抗冻保护剂。渗透性的抗冻保护剂是能够穿透细胞膜并在细胞内外提供保护的低分子质量分子。非渗透性的抗冻保护剂可以通过混合、注射、浸泡或真空渗透等物理方式添加到食物中。早期的抗冻保护剂多为二糖、多糖和多元醇及少量高分子质量化合物，如聚葡萄糖和麦芽糊精等，其研究集中于冷冻鱼肉及其制品的低温保护。在此后发展过程中还出现了蛋白类、盐类等众多种类的抗冻保护剂，并且逐渐由单一的抗冻保护剂发展到复合配比多种类型抗冻保护剂成为复合抗冻保护剂来增强抗冻效果。尽管抗冻保护剂的种类不同，但是经过大量实验表明，在肉品和水产品的冷藏或冻藏中添加抗冻保护剂，均能提高Ca^{2+}-ATP酶活性，降低肌肉组织受到的机械损伤，减少脂质氧化、蛋白质变性，提高保水性，较好地保护细胞的完整性和产品的质地，减缓产品口感改变等。

低温保护剂如乙二醇、甘油和二甲亚砜的使用已经在医学领域和生物系统中得到了很好的研究。然而，由于它们的防冻性能不同，它们通常在中等浓度下（0.5mol/L）使用。

应用于水产品的抗冻保护剂大多是抗冻活性物质，包括多糖、蛋白质、氨基酸、脂肪酸、甘油、某些盐类等。抗冻保护剂的种类不同，其性质和特点均有差异，例如多糖等作为抗冻保护剂加入食品中形成凝胶，具有黏附性、结合性；抗冻蛋白可在动物被屠宰前进行注射以起到宰杀冷冻后的抗冻保护效果；多酚类抗冻保护剂还具有抗氧化、抗菌、护色等作用。基于此，经过多年研究，Noguchi 等总结出用作抗冻保护剂的物质必须具有以下 3 个特点：

①必须含有—OH 或—COOH 必需基团以及一个以上的—SH、—NH_2、—SO_3H、—OPO_3H_2 等辅助基团；

②必需基团和辅助基团位置要分布合理；

③相对分子质量较小。

食品中，使用高浓度的冷冻保护剂会引发消费者对毒性的关注，使用冷冻保护剂是否会引发的食品的自然颜色、味道和质地的变化，也会引起广大消费者的注意。近年来，防冻添加剂（主要是蛋白质和碳水化合物）的冷冻保护功能已经超出了最初在抗冻鱼类和昆虫中观察到的抑制冰晶生长的功能。抗冻蛋白（AFPs）已经得到了广泛的研究，它们在适应低温的生物体中进化，以控制暴露在零度以下温度的冰晶生长。此外，一些以碳水化合物为基础的水凝胶剂——如壳聚糖纳米颗粒、海藻糖和海藻酸寡糖、魔芋葡甘聚糖、低聚木糖、蔗糖也被鉴定为冰重结晶的有效抑制剂。低温保护剂能使食品产生更小的冰晶，它不仅可以防止水结冰，还可以防止大型冰晶对冷冻组织和细胞造成的机械损伤。

1. 卡拉胶低聚糖（CO）和低聚木糖（XO）

卡拉胶低聚糖 CO 和低聚木糖 XO 因其在各种技术上的潜在应用而受到广泛关注。卡拉胶低聚糖被认为在许多生物过程中发挥重要作用，包括受精、氧化、炎症、寄生虫感染、细胞生长和免疫防御。低聚木糖是木聚糖水解过程中产生的糖寡聚体，具有多种生理作用，如免疫调节、抗癌、生长调节和抗感染等。

Zhang 等对卡拉胶寡糖和低聚木糖在冷冻虾冻存过程中抑制冰生长的机制进行了研究，应用分子动力学模拟低聚糖和冰晶之间的变化，在模拟过程中，低聚糖的基础冰晶部分被破坏，模拟过程中 10s 后低聚糖分子周围出现了一些位错和解聚集现象；冰晶表面的部分融化可能会阻止它进一步生长。发现它们靠近冰表面并嵌入冰层中，在结合过程中冰表面和低聚木糖之间发生氢键和疏水和/或静电相互作用。推测 CO 和 XO 结合后可能通过氢键作用与肌原纤维网络中的肌蛋白结合并捕获水分子，从而抑制冰晶生长和再结晶引起的肌原纤维变性和组织结构破坏。因此，低聚糖的掺入抑制了冰晶的成核和生长，促进了溶化，从而保护了冰晶免受冻害。这个结果也在Zhang的研究再次被证实，在温度波动期间，冰晶在组织中经历融化-再冻结循环，导致大的、形状不规则的晶体不断生长，而核较小的晶体数量逐渐减少。CO和XO处理均显著抑制冰晶的生长，从而减少肌肉组织中小孔、裂缝和间隙的形成，增加完整性。一些研究发现，一些糖类（如海藻糖、蔗糖和麦芽糖）的处理可以保持形态稳定性，减少面积，增加冰晶的数量，这是由于糖类通过水化作用与水分子结合。

2. 海藻糖

海藻糖是一种稳定、无色、无气味、非还原性的双糖，由两个葡萄糖单元以α-1,1-糖苷键连接而成。它在自然界中广泛存在，因为它存在于各种生存形式的生物体中，包括细菌、酵母、真菌、昆虫、无脊椎动物和植物。它可以作为能量和碳的来源，并可能参与新陈代谢的活动。海藻糖和海藻酸寡糖是海藻中重要的糖类物质。

海藻糖具有潜在的生物技术重要性，因为它能有效地保护蛋白质和细胞膜不因各种应激条件（包括干燥、脱水、热、冷和氧化）而失活或变性。由藻酸盐介导的解聚反应制备的藻酸盐寡糖具有清除氧化自由基的活性，并能与肌原纤维蛋白结合以提高溶解性。某些研究中，糖类处理对虾肉具有良好的结构保存效果，这可能是由于在膜和蛋白质表面附近聚集了水分子，从而保护它们在冷冻过程中不受损伤。海藻糖和海藻酸寡糖具有良好的冷冻保护作用，可作为冷冻虾产品的替代冷冻保护剂，并可广泛应用于冷冻海产品，以实现其商品化，以更好地保证产品质量。Zhang研究了海藻糖和海藻酸寡糖在温度波动条件下对虾仁冷藏过程的保护作用。海藻糖和海藻酸寡糖分子通过氢键、疏水性/或静电相互作用与冰晶结合，抑制冰晶的生长和再结晶。同时，这些糖会影响肌肉蛋白周围水分子的分布和移动，保护它们不受大冰晶造成的机械损伤。在细胞冷冻保存过程中，这些糖也会避免细胞内外水的结晶和晶体生长对细胞造成损害。

Zhang等进行了虾肌球蛋白和寡糖动力学的计算以研究糖类在低温保护中的作用验证。

①卡拉胶寡糖可能通过与虾组织中蛋白质表面的极性基团形成氢键来取代

肌原纤维蛋白周围的水分子。这使得肌原纤维蛋白的天然构象、结构和功能得以保持，并在冷冻状态下减少大冰晶的形成，从而减少冷冻损伤。水截流理论认为，卡拉胶寡糖适度集中了膜和蛋白质表面附近的水分子，抑制了冰晶的成核和生长，从而在冻结时保持了蛋白质的结构；

②玻璃化假说认为，低聚糖的加入，使细胞成分进入玻璃态，限制了玻璃态低聚糖所束缚的水分子的流动性，从而阻止了冰晶的生长，从而避免了冻融过程中的破坏。

3. 甘油

甘油（GL）具有类似海藻糖的低温保护活性，是一种防止水结晶的冷冻保护剂。Baik 和 Chinachoti 研究结果显示，添加甘油的样品结构刚性增加，而且更快速地紧实，使支链淀粉重结晶比对照少。关于水分的相关性质，研究表明，甘油/盐组合显著降低了玉米饼的可冷冻水分含量，有助于控制水分的均匀性和分布。

结晶过程分两个明显的步骤进行，第一步与大的焓变有关，并归因于结晶成二维有序结构，加入甘油后，由于冰点降低，主要转变（接近 0℃）转移到较低的温，因甘油是低温生物医学技术中常用的低温保护剂之一，其分子结构相对简单，具有一定的代表性，溶液中的甘油分子与水分子形成氢键，减弱或抑制水分子的扩散运动进而降低冰晶生成的概率；甘油分子的添加破坏了水分子间的氢键网络从而减弱了冰晶生长的驱动力；甘油分子吸附到冰晶表面，破坏晶体界面结构和晶面对称性，对游离水分子的进一步对接产生空间位阻，增加冰晶生长的难度从而抑制冰晶生长（图 8-1）。

二、水产品的气调保鲜

19 世纪末期，气调包装第一次运用到商业中，直到 20 世纪 50 年代初，欧洲部分国家气调贮藏保鲜技术迅速发展起来，气调包装工艺在肉类工业中发展迅速。在零售市场中，包装最常用的是真空包装［如真空贴体包装（VSP）法］和气调包装（MAP）。在过去的几十年里，真空贴体包装方法，能够使产品更好的展示出来，引起了肉类工业和消费者部门的广泛关注。

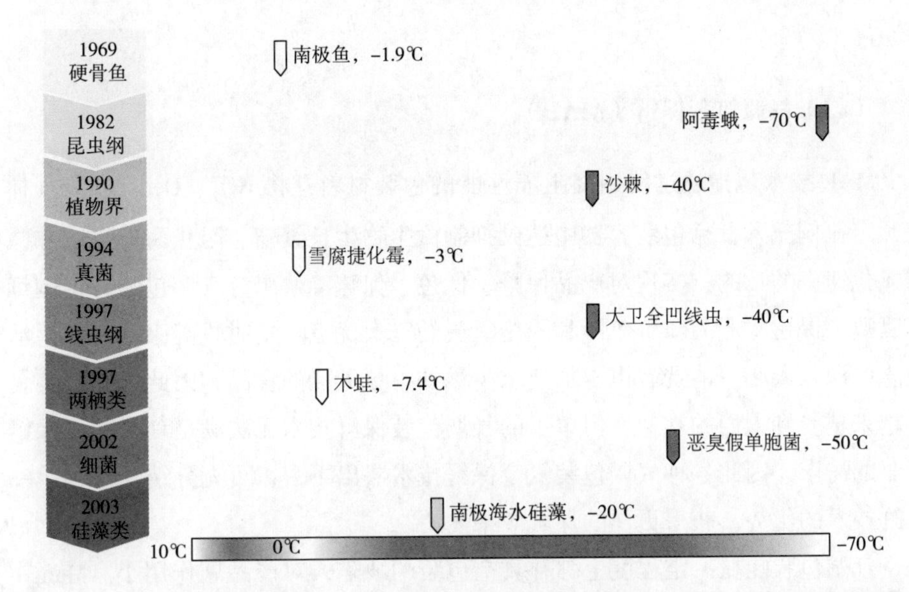

图 8-1　自然界中含有抗冻蛋白 AFPs 的不同生物体在极端寒冷天气中生存的最低温度

纵坐标代表物种和 AFPs 发现时间。横坐标为生存温度，10℃～-70℃

（一）真空包装

真空包装也称减压包装，是将包装容器内的空气抽出后密封，使袋内处于高度减压状态，空气稀少相当于低氧效果，微生物生长繁殖受到抑制，从而达到长期保鲜、防止腐败的目的。真空包装是延长食品保鲜期极为有效的方法，已广泛应用于食品加工领域。一般情况氧气体积分数小于 10%，微生物的生长和繁殖速度就会急剧下降，但真空包装不能抑制厌氧菌的繁殖和酶反应所引起的食品变色和变质。如果从去除氧气的角度考虑，气调保鲜与真空包装有异曲同工的作用。真空包装能为产品提供缺氧环境，有效抑制微生物的生长繁殖，防止产品再次遭受污染，是延长产品保鲜期的一项重要技术。真空包装适用于多数肉制品，低温肉制品进行真空包装能达到理想的保鲜效果。试验证明，4℃条件下采用真空包装的低温肉制品可以保存 40d。Summo 等研究发现，与普通包装相比，采用真空包装的香肠呈现出亮红色，产品可接受性强。将真空包装与添加天然保鲜剂及包装后的二次杀菌技术相结合，可以达到更好的保鲜效果。康怀彬等研究证明，以 0.05%Nisin+0.05%溶菌酶+2%乳酸钠+1%双乙酸钠的保鲜液处理再结合真空包装能使低温禽肉制品在 15℃～20℃条件下保鲜 20d。

（二）气调包装保鲜（MAP）

MAP 技术是指通过使用高阻隔性能的包装材料，将 CO_2、O_2、N_2 等气体按预定比例充入食品包装容器中达到抑制微生物生长繁殖、阻止酶促反应和减缓氧化速率的目的，实现对产品保鲜、保色、保味等效果。气调包装有抑制细菌腐败、保持水产品新鲜色泽和隔绝氧气的三大优点。新时代健康绿色的生活理念已深入人心，消费者也更加追求少添加、更天然的食品，因此气调包装食品越来越受到人们的欢迎，但单一的气调包装保鲜技术无法满足食品贮藏保鲜行业的需求，因此各种气调包装复合保鲜技术层出不穷，可充分结合每种单一保鲜技术的优势，获得更佳的保鲜效果。

气调包装能在一定程度上弥补真空包装的缺陷，对产品副作用小。Mahgo-ub 等将熏制火鸡片接种单核细胞增生李斯特菌，然后分别进行真空包装和气调包装（40%CO_2+60%N_2）。处理后的切片保存 179.88d 后，发现在火鸡片保质期内，MAP（0℃和 5℃）对熏制火鸡中单核细胞增多性李斯特菌的抑制作用明显高于 VP。海丹等用真空和气调（5% O_2+70% CO_2+25% N_2）包装酱牛肉。结果表明，在 18d 的贮藏期内（10℃），气调包装组的微生物总数、TBARs 和 TVB-N 含量显著低于真空包装。气调包装酱牛肉的红度（a^* 值）变化较真空包装平缓，真空包装的色泽不稳定，色泽保持效果不如气调包装。说明气调包装可有效提高酱牛肉品质稳定性，更有利于延长酱牛肉的保质期。气调包装中 CO_2 被肉制品吸收会导致气体体积减小，造成包装塌陷，使消费者误认为包装不严或包装材料存在缺陷。由于肉制品种类及气调包装气体比例不同，目前气调包装技术在肉制品中的应用效果各不相同，对于特定产品的气调包装还需要加深研究，寻求最适宜的气调包装条件。

气调保鲜主要通过 CO_2 抑制腐败微生物的生长和繁殖，从而延长水产品保质期，常与其他保鲜技术联合作用以延长保质期。齐凤生等用生物保鲜剂结合 80%CO_2+20%N_2 气调保鲜在低温（0±1）℃条件下有效延长冷藏海湾扇贝柱的保质期至 10d，CO_2 虽然抑菌效果明显，但随着 CO_2 浓度升高汁液流失严重，影响了产品的感官品质。张新林的研究表明，气调保鲜与其他保鲜技术结合使用明显优于单一气调保鲜技术，可以明显延长三文鱼的保质期。

在实际应用中，针对不同水产品常采用不同混合比例的 CO_2、O_2、N_2 等气体充注，气体组成的选择主要根据产品微生物菌群的生长特性，对CO_2、O_2等气体的敏感性、颜色稳定性等因素。CO_2是水产品MAP保鲜中的主要抑菌因子，在水和脂肪中有较高的溶解度，能降低产品表面pH从而抑制细菌和真菌等微生物的繁殖，一定范围内CO_2抑菌能力与产品中溶解的CO_2体积分数成正比。研究表明：25%~100%浓度范围的CO_2含量均可抑制微生物的生长繁殖，但应避免因高含量CO_2在产品组织中溶解导致包装塌陷、汁液损失升高、产生酸腐味或金属味等不良气味的问题。O_2也是气调包装中的关键组分之一，能促进需氧菌而抑制大多数厌氧菌的生长，不同比例的O_2会对水产品贮藏期间的品质产生不同的影响：高含量的O_2易加剧高脂水产品的氧化酸败，产生不良气味，因此为延缓高脂水产品的氧化酸败，通常在气调包装中添加少量或不添加O_2；同时O_2含量较高易引起蛋白质分子间交联，会降低肉品的嫩度与多汁性，还将造成必需氨基酸含量减少并影响消化吸收；O_2对于红肉鱼的色泽也有较大的影响，较低的氧气含量会促进肌红蛋白转化为高铁肌红蛋白，导致产品的色泽由鲜红色转变为红褐色；此外，有文献证明水产品在低温、低O_2含量的情况下有产生肉毒杆菌毒素的危险，威胁人体健康。N_2是一种无色无味的惰性气体，对于水产品的贮藏品质影响微小，常被添加作为气调包装中的填充气体，以N_2置换包装中的O_2，可以抑制需氧微生物的生长并延缓水产品的氧化酸败；对于CO_2含量较高的气调包装，N_2的适量添加可以减少包装塌陷问题。CO也常作为部分产品气调包装中气体组分，能与肌红蛋白结合产生一氧化碳结合肌红蛋白，使肉品呈鲜红色，同时还具有抑菌和抗氧化作用，有研究表明气体组分中CO浓度达到10%或更高时才能对微生物生长起到有效抑制作用，低于1%时的抑菌作用很小，但是不适当的CO添加及后续处理将导致CO在水产品中的残留量超标，易危害CO高敏人群的健康，同时CO的良好发色作用易误导消费者食用品质劣变的食物，产生安全隐患。

气调包装使用不同类型和比例的气体组合来实现不同的肉制品保鲜需求。新鲜红肉通常需要高氧气调包装，以保持氧合肌红蛋白的存在，从而维持颜色稳定。对于易腐败且无呼吸作用的熟肉，理想状态应是排除O_2，适当增加CO_2或N_2的浓度。马利华等研究高氧气调包装（80%O_2+20%CO_2）、真空包装和普通空气包装对腌制猪肉贮藏期间品质的影响，发现高氧气调包装肉制品的嫩度优于普通空气包装肉制品，感官品质优于普通包装和真空包装，蛋白质氧化程度低于普通包装和真空包装。任思婕等研究气调包装对冷藏微波辣子鸡丁品质的影响，测定冷藏过程中微波辣子鸡丁的过氧化值、TBARs、菌落总数、pH值，结果表明 O_2 体积分数越高，辣子鸡丁的氧化和微生物繁殖速率越快。对于气调包装材料而言，包装材料的组成成分、气体阻隔性会影响包装内的气体交换，对肉制品保鲜效果有一定的影响。聚乙烯（polyethylene，PE）、乙烯-乙烯醇共聚物（ethylenevinyl alcohol copolymer，EVOH）、乙烯-醋酸乙烯共聚物（ethylene-vinyl acetate copolymer，EVA）、聚丙烯（polypropylene，PP）、聚酰胺（polyamide，PA）、聚偏氯乙烯（polyvinylidenechloride，PVDC）、聚对苯二甲酸乙二醇脂（polyethylene terephthalate，PET）等人造聚合物常用于气调包装材料的制作。郭光平等采用阻隔性能低的PP/PP/胶黏剂（tackiness agent，TIE）/PA/TIE/PP/PP包装膜材料和高阻隔性的PP/TIE/PA/乙烯/EVOH/PA/TIE/PP包装膜对烧肉进行气调包装。发现低阻隔性的包装膜中烧肉蛋白质分解、脂质氧化速度加快，低阻隔性的包装膜不利于保持烧肉的品质。Lloret等制备了含有低密度聚乙烯（low densitypolyethylene，LDPE）和纯聚酰胺（polyamide，PA）或聚酰胺纳米复合材料（polyamidenanocomposite，PAN）层的两种新型共混物，并对其在MAP中用于熟制火腿冷藏的潜力进行了评价。在PAN袋中，火腿的红度在27d内保持稳定，而在PA袋中，第7d后颜色劣变严重。聚酰胺纳米复合材料包装下火腿颜色的变化与高阻隔性商用聚合物包装相当，保质期可以达到27d，显示出聚酰胺纳米复合材料在火腿贮藏方面的良好前景。

（三）气调包装结合其他保鲜技术

随着生活水平的提高，人们开始逐渐关注食品的品质与安全问题。由于食品的贮藏期有限，所以对食品保鲜技术的研究是现今关注的重点问题。气调包装技术在二十世纪七八十年代的欧美各国得到广泛使用，此后气调包装技术在国内外快速发展。目前，气调包装与其他技术结合被广泛应用于食品中，如生肉、水产品、蔬菜、水果等。

气调包装复合其他物理保鲜技术。物理保鲜技术是食品贮藏保鲜领域常用的保鲜技术，其无毒无害安全性高的特点广为大众接受，在水产保鲜领域中，常用的物理保鲜技术主要包括气调包装、低温贮藏、紫外杀菌、辐照杀菌、臭氧杀菌、超声波、脉冲电场和超高压处理等。

气调包装与低温贮藏复合保鲜技术。低温保鲜包括冷藏、冰温贮藏、微冻贮藏和冻藏，通过降低微生物体内与代谢相关的酶活性、延缓水产品中蛋白质降解、降低脂肪氧化速率等达到保鲜目的。贮藏温度直接影响了水产品劣变速度，是影响气调保鲜效果的最关键因素，所以气调保鲜常与低温技术联用。KUULIALA 等将气调包装后的大西洋鳕鱼分别贮藏于 4℃和 8℃，结果显示贮藏于 8℃的鳕鱼中嗜冷菌、乳酸菌、产 H_2S 菌、假单胞菌等微生物指标显著高于 4℃样品，pH、2,3-丁二醇等挥发性化合物在贮藏末期也相对较高，表明气调包装结合 4℃低温更有利于保持大西洋鳕鱼的品质。吴燕燕等研究了经气调包装的调理啤酒鲈鱼片在 4℃和-3℃低温条件下的品质变化规律，结果表明空气包装组保质期在 4℃和-3℃条件下分别可达 4d 和 35d，而气调包装组分别可达 12d 和 50d，说明气调包装能显著延缓调理啤酒鲈鱼片的品质劣变速度，而结合-3℃的低温条件效果更佳。ZHU 等将高含量 CO_2 气调包装的鲇鱼分别贮藏于-0.7℃和 4℃，研究表明气调包装组能有效延缓鲇鱼核苷酸、蛋白质的降解，降低三甲胺的产生速率等，而-0.7℃条件下的鲇鱼与 4℃相比，嗜温菌与嗜冷菌总数在贮藏末期皆处于显著较低水平，挥发性盐基氮、鲜度值、三甲胺等指标协同证明了-0.7℃包装组能够更有效地保持鲇鱼的品质，延长保质期至 19d。WANG 等将 CO 气调包装后的罗非鱼片贮藏于 4℃低温，实验证明气调包装结合低温贮藏的罗非鱼片相较于真空组拥有更高的红度值，滴水损失率和挥发性盐基氮含量显著较低，贮藏 15d 后，低温气调包装组的罗非鱼片中硝酸盐含量仍低于国家标准最大允许限量，降低了食品安全风险。大部分研究证明温度相对较低时气调保鲜效果更好，但低温结合气调如何协同影响微生物生长繁殖，以及是否存在某一温度节点，能够最大化地改善气调包装效果又可减少降温造成的资源消耗等问题，仍有待于进一步研究。

（四）气调包装与紫外杀菌复合保鲜技术

紫外杀菌（ultraviolet sterilization，UV sterilization）是食品加工领域常用的一种杀菌技术，短波紫外光（ultraviolet-C，UV-C）被证明是最有效的杀菌波长，通过灭活食品表面的致病菌和致腐菌来提高食品的安全性并延长保质期。UVC 照射微生物时使其细胞内的核酸类物质受损，蛋白质和酶类物质的合成因此发生障碍，导致菌体结构、功能破坏，从而达到杀菌消毒。

（五）气调包装与臭氧杀菌复合保鲜技术

臭氧是一种强氧化剂，作为安全高效的杀菌剂可直接改变微生物细胞膜的通透性，破坏细胞膜结构，最终导致微生物新陈代谢紊乱从而达到杀菌目的。因臭氧在使用后具有无污染无残留等优点已被广泛应用于食品保鲜领域，如果蔬、谷物、乳制品等，而针对水产保鲜的研究也日益增加。BONO 等研究了臭氧处理进行气调包装的红鲻鱼在-1℃贮藏期间微生物、理化、感官指标的变化，空气组的感官评分在第 7 天时达到了可接受的极限值，而气调结合臭氧组在第 10 天时达到该值，证明气调包装结合臭氧杀菌技术可有效延长红鲻鱼的冷藏保质期。在实际水产品的保鲜中，臭氧具有显著的保鲜效果，但由于其具有强氧化性易使部分有机化合物氧化，氧化产物的安全性研究尚浅，气调包装结合臭氧的协同作用机制也有待于进一步深入研究。

（六）气调包装与超高压处理复合保鲜技术

超高压（ultra-high pressure，UHP）技术是食品加工领域的一种冷处理技术，通常以水等液体作为媒介，并将食品物料置于 100~1000MPa 的高压环境下进行处理，使微生物体内的蛋白质变性及相关酶失活，最终导致微生物死亡，从而达到杀菌目的。超高压技术因其便捷高效、安全无毒、环保无污染等优点而在水产保鲜领域发展迅速。谢晶等研究了气调包装结合超高压处理对 4℃冷藏带鱼品质的影响，结果显示超高压处理结合真空贮藏仅延长带鱼的保质期至 11d，而超高压处理后结合气调包装的保鲜效果更加显著，其中 60% CO_2+7% O_2+33% N_2 组效果最佳，可延长保质期至 19d。AMANATIDOU 等研究了气调包装结合超高压处理对 5℃冷藏鲑鱼品质的影响，与未经高压处理的真空包装组相比，经 150MPa 处理后真空组样品的保质期延长了 2d，单独气调包装组延长了 4d，而气调包装结合超高压处理组延长了 14d，微生物生长受到了显著的抑制。但需要注意的是超高压处理极易破坏产品自身蛋白质结构，同时色泽、透明度等外观形态也会发生明显改变，呈现出熟化状态，易影响消费者的品评，所以如何在避免这些问题的同时保证杀菌效果值得进一步探究。

（七）气调包装与化学保鲜法结合

化学保鲜法是将化学保鲜剂添加于食品中或应用于食品表面，以达到杀菌

或抑菌的目的，

从而延长食品的保质期。常用的化学保鲜剂有杀菌剂、抗氧化剂等类型，因其具有用量少而效果好、成本低廉等优点，也是水产品保鲜领域中较常用的一种技术手段。ZHANG 等研究了气调包装结合微酸性电解水减菌化处理对南美白对虾冻藏（-18℃）品质的影响，与对照组相比，该复合处理组样品的质地与色泽始终优于对照组，挥发性盐基氮、三甲胺、硫代巴比妥酸值等指标也协同证明了气调包装结合微酸性电解水处理可有效维持虾肌肉物理结构和色泽的稳定性，更好地保持了南美白对虾的冻藏品质。化学保鲜剂强抑菌抗氧化等特性使其保鲜效果良好，但若残留量过多易对身体健康造成危害，所以未来可对化学保鲜剂安全性以及替代等方面展开深入研究。

（八）气调包装与生物保鲜剂复合保鲜技术

生物保鲜剂是指从动物、植物或微生物中直接提取的，或者采用生物工程技术改造后所获得的应用于食品保鲜的自身组成成分或代谢产物，主要分为动物源（壳聚糖、抗菌肽、溶菌酶等）、植物源（茶多酚、魔芋葡甘聚糖、香辛料等）和微生物源（乳酸链球菌素、ε-聚赖氨酸等）。DUAN 等对鳕鱼片进行壳聚糖-磷虾油涂层和气调包装并贮藏于 2℃，结果表明，气调结合保鲜剂处理的鳕鱼片贮藏末期的挥发性盐基氮含量和菌落总数皆显著低于空气对照组，保质期由 5d 延长至 10d。生物保鲜剂安全性高、效果极为显著，但目前对其抑菌机制研究比较局限，分子层面研究较少，未来可根据不同生物保鲜剂特性与气调包装进行针对性复合，并深入探究其复合保鲜抑菌机制，根据菌相变化的差异提出匹配的保鲜方案。

三、超高压保鲜

超高压杀菌技术（ultra-high pressure processing，UHP），是指将密封于柔性容器内的食品置于压力系统中，以水或其他液体作为传压介质，采用 100~1000MP 压力在常温或低温条件下处理食品，以达到杀菌、灭酶及改善物质结构和特性目的的非热加工技术。超高压处理是纯物理过程，通过破坏菌体蛋白中的非共价键，使蛋白质高级结构破坏，从而导致蛋白质凝固及酶失活，而不影响共价键结构。超高压还可造成菌体细胞膜破裂，使菌体内化学组分产生外流等多种细胞损伤，这些因素综合作用导致了微生物死亡。因此，超高压杀菌技术对几乎所有的细菌、霉菌和酵母均具有杀灭作用，但对维生素、色素、香气成分等小分子物质无显著性影响，可在保证食品安全的同时保留食物原有风味与营养成分，被认为是一种最有潜力和发展前景的食品加工和保藏新技术，并被誉为“食品工业的一场革命”、“当今世界十大尖端科技”等。

超高压技术遵循勒夏特列原理和帕斯卡原理：改变维持化学平衡状态的因素，平衡会自动向减弱外来影响的方向移动，在密闭的容器中，压力通过液体介质总是垂直于任何受作用的表面，以相等的强度快速均匀地传递给处理物料的各个部位。超高压传压速度快，无压力梯度，使得处理过程更加简单便利。经过超高压处理之后，水产品物料的微生物被大量杀死，酶失活，与此同时，超高压不会对有机化合物的共价键起作用，因此可以较好地保持物料原有的品质特性、营养价值和风味。

超高压技术会对微生物细胞形态结构和生理代谢产生重要的影响。例如，Sheen S 等的研究结果发现，在超高压处理前鸡肉中的沙门氏菌的细胞结构完整，然而在超高压处理后细胞内容物排列紊乱，细胞结构受到不同程度的损伤。此外，王志江等发现白切鸡在低温贮藏过程中假单孢菌、肠杆菌属和乳酸菌属为优势腐败菌属，超高压（487MPa）处理后，白切鸡的保质期可延长 40d 以上，说明高压处理对于白切鸡中的微生物具有极显著的杀菌效果。张隐等人发现，400MPa/5min 的加工条件不仅能显著降低泡椒凤爪中的菌落总数，而且超高压处理的泡椒凤爪在贮藏过程中亚硝酸盐含量显著低于热处理产品。超高压还会诱导肉类蛋白质发生变性。超高压处理能够破坏微生物生存的环境条件，破坏细胞壁和其内部结构，也能使蛋白质和酶失活，从而导致微生物死亡，达到杀菌的目的。

超高压技术采用液态介质进行处理，易实现均匀、瞬时、高效杀菌，可运用于生食水产品的杀菌消毒、控制内源酶和贝类脱壳上，有效延长水产品的保质期。在一定范围内采用超高压处理生鲜水产品，可以起到杀菌的作用并较好地保持其品质。但由于压力诱导的蛋白质变性和凝胶形成等原因，超过一定压力值或处理时间过长时，会使水产品的感官品质发生变化，鱼、虾、蟹等水产品会出现熟制的外观、质构发生变化，但不会出现明显的熟制风味。而一些水产品如贝类对超高压的耐受性则较强，品质受影响较小。此外，由于糖和盐对微生物的保护作用，在黏度非常大的高浓度糖溶液中，超高压杀菌效果并不明显。由于处理过程压力很高，食品中压敏性成分会受到不同程度的破坏。其过高的压力使得能耗增加，对设备要求过高。而且，超高压装置需要较高的投入，尚须解决其高成本的问题，不利于工业化推广。

超高压处理是近年来研究的热点技术，该技术能够杀灭水产品中大多数微生物，钝化其内源酶的活性，有效延长贮藏期，并且能够较好地保持水产品质构特性及营养成分，在食品安全日益严峻的今天，其安全卫生的特点，迎合了消费者的心理需求，市场前景广阔。美国、日本及欧洲部分国家的高压技术及设备应用已趋于成熟，如日本 HYPREX、IHI、KOBELCO、NIKKISO，法国 ALSTOM，西班牙 ESPUN，德国 UHDE，美国 VURE、HIP、HASKEL 等世界知名高压设备企业。高压技术（≥世界知名高压）应用于水产品的商业杀菌中，最成功的例子是对贝类、虾蟹类产品的加工。如 AVURE 公司开发的 QFP 系列高压设备，在杀灭病原微生物、保证产品品质基础上，实现了高压下的虾贝壳、肉的自动脱离，其处理能力最高达 2300kg/h，已在世界范围内多家水产加工企业得以广泛应用。

但我国对于超高压的技术的开发和应用仍处在起步阶段，大多难以达到水产品商业化加工、贮藏及食用安全的要求。同时由于高压核心技术及相关设备受制于国外专利技术的限制，国内高压设备生产企业更是寥寥无几，导致了我国高压处理技术的相对滞后。随着国内高压技术研究与应用的深入，在不久的将来，高压技术必会在我国得到应用，尤其在贝类、虾蟹类及其制品等方面，以进一步推动我国水产品加工业的发展，满足消费者对高品质水产品的需求，带动我国贮藏加工领域的更进一步发展。

四、辐照保鲜技术及安全性评价

1. 辐照原理及特点

辐照杀菌技术（irradiation sterilization），是指利用一定剂量的波长极短的电离射线对食品进行辐照，以达到抑制发芽、灭菌杀虫、保证食品的新鲜度和安全性等目的的物理杀菌技术。常用的射线有 γ 射线、X 射线和电子束射线，其中 γ 射线的穿透力很强，适合于完整食品及各种包装食品的内部杀菌处理，水产品的加工中常用。射线在对食品照射过程中会产生直接效应和间接效应两种化学效应。直接效应是微生物细胞间质受高能电子射线照射后发生电离和化学作用，使细胞内的物质形成离子、激发态或分子碎片。间接效应是水分在受到高能射线辐射后，电离产生了各种游离基和过氧化氢，这些物质再与细胞内其他物质相互反应，生成了与细胞内原始物质不同的化合物。这两种效应共同作用阻碍了微生物细胞内的一切生命活动，导致细胞死亡，从而达到杀菌目的。

水产品的辐照技术属于冷处理技术，是一种物理保藏法，与许多传统保藏法相比有不可比拟的优越性，主要为：

①操作安全可控性强，简单方便，可实现规模化生产；

②成本低，产品附加值高。辐照装置的投入比一般常用的冷冻保藏库要小，且运转费用低；

③没有有害物质残留；

④辐射杀菌射线穿透力强，温度上升变化小，杀菌效果显著，无有害物质残留，可在食品已包装的状态下进行，过程管理简单。

辐照保鲜技术是利用物理射线（如紫外线、d 射线、B 射线、电子束等）破坏微生物的 DNA，导致其不能生长繁殖，此外还可破坏细菌细胞膜的功能，阻碍微生物的代谢活动，达到杀菌保鲜的目的。辐照保鲜技术应用广泛，具有安全高效、无二次污染的特点，可以保持食品原有的色、香、味。但是，辐射杀菌对环境和操作人员的要求较高。短波射线辐照（如紫外线辐照）易分解食品中的一些有益成分（维生素、叶绿素），还会造成食品中的脂肪氧化、蛋白质变质，产生色变和臭味等现象。

辐照杀菌技术可运用于冷冻、新鲜或经过加工包装的水产品中，能有效杀灭微生物和寄生虫，延长保质期。辐照杀菌属于非热杀菌技术，有利于保持食品原有品质，可应用于对温度或压力敏感的食品的杀菌消毒中，其穿透力强，杀菌效果好，适用于包装食品的内部杀菌消毒，无有害物质污染与残留、适用范围广、操作简单并且节能，能准确进行生产控制及连续、大量处理，过程管理简单。但是高剂量的辐照处理可能会产生蛋白质的辐射降解产物或脂质的氧化产物，从而使水产品产生异味，也会使水产品色泽发生变化，但对质构没有明显的影响，因此需要选择合适的辐照剂量以保证杀菌效果和品质。

此外，对水产品进行辐照杀菌的杀菌剂量要在安全剂量范围内，否则会对消费者的身体健康造成威胁。我国行业标准NY/T 1256冷冻水产品辐照杀菌工艺规定了冷冻水产品的辐照工艺剂量为4～7kGy。由于放射线同样对人体有害，要求操作人员在杀菌处理过程中做好防护措施。

2. 红外辐照

近几年来，红外辐照这种新型的节能干燥技术已在食品行业有了广泛的应用，主要有脱水、保藏和杀菌等功能。红外辐照具有以下特性：①均匀性；②吸收性；③方向性；④距离特性；⑤穿透性。将红外辐照干燥引入低温冷风干燥系统中，有利于其提高干燥效率，节约能耗。

目前所用的红外光谱波长在0.7～1000μm，而在食品物料能吸收的波长大致在1.5～30μm。红外辐照干燥的主要特性是高效、节能和低碳。它以电磁波的方式传播能量，当电磁波接触物料时，如果其频率和物料分子的固有频率相同，则物料会吸收这部分电磁波的能量，进而转化为分子的热运动，使物料温度升高，从而达到干燥的目的。

红外辐照干燥是一种高效、节能、低碳的新型干燥技术。红外线穿透物料一定深度并提高它的温度，随着温度的提高，水的扩散速率也相应提高，水分蒸发到物料的表面后被干燥空气带走，从而获得较快的干燥速率。利用红外线辐照技术干燥食品的优点主要是干燥时间短、传热效率高、最终产品品质较好，整个干燥过程中产品温度均一，红外辐照还有一个优点就是可以和传统的干燥技术联合使用。此技术将利用其本身特点，相信在不久的将来会在水产品干燥加工中发挥重要的作用。

3. 水产品的辐照处理

水产品经过辐射后。首先应考虑的是否会引发或残留放射性。研究表明，目前所允许的辐射源，能量很低，不足以诱发放射性，所以在推荐剂量范围内处理水产品，辐射安全性有充分保障。有关专家介绍：水产品在接受照射时，不直接与放射源接触，只接触由射线或电子束带来的能量，因此不存在水产品带有放射性或残留问题。同时，对辐照水产品进行的辐射化学、毒理学、营养学研究也证明，辐照后的水产品不会产生放射性。

需要考虑水产品经过辐射处理后是否会引起微生物突变，由此而产生更具毒性的病原菌，以及辐射在减少各种腐败菌数量的同时，是否会促使那些难以检测的病原菌增殖。由于没有充分证据，FDA 并不认为辐射会诱发微生物突变。Farkas 在 1989 年研究认为，辐射很有可能会减小各种病原菌的毒性。不过 FDA 一直需要证据，即通过在实际情况中辐射能抑制难以检测的肉毒杆菌毒素生成，以此证明对于微生物而言，辐射处理反而是有利的。世界卫生组织、联合国粮农组织和国际原子能机构共同认定并批准，以 $10\times10^4\sim20\times10^4$Gy 辐射剂量来处理鱼类，可以减少微生物。延长鲜鱼在 3℃以下的保鲜期的同时，对人体不会造成伤害。在国际农产品贸易中，进口国往往要求辐照后的食品必须明确告知并贴上标签。于是国内商家便只将出口产品送检，其他产品则不送检。专家认为，对此国家必须建立强制机制．加强食品辐照处理的鉴定检验工作，以使食品辐照健康有序地发展。

水产品辐射保鲜过程必须选用合适的剂量，强度过高或者过低的都无法达到满意的效果。国外在这方面曾做过大量的研究。例如：美国麻省理工学院使用 250krad 辐射鳕鱼片，在 6~8℃保藏可延长至 7d，在 0~5℃可使保藏期延长至 14d；西雅图商业渔业研究所用 200krad 辐射蟹肉并在 0. 55℃下可保藏 35d；马萨诸塞州商业渔业局洛斯特研究所用 280krad 和 450krad 分别辐射新鲜的鳕鱼和蛤，可使冷冻保藏期延长三倍；加拿大渔业海洋部的渔业发展部门在 Halifax 进行的辐射试验表明，用 0. 5Mrad 辐射 A 级的鳕鱼、鲭鱼和扇贝，冰藏 14d 后，只有鲭鱼片发现质量上有轻微的变化，而在 13℃保藏时，4d 后大约有 20%的鳕鱼片变成 B 级，未经辐射处理的鳕鱼片有 95%的质量不合格。这些结果表明，未经冷冻的鱼，通过辐射可以保持它们的质量并且减少鲜度损失；西德曾将淡水鱼真空包装进行辐射，其中鳟鱼经 5×10^2Gy 辐照后可贮藏 15~21d，鲤鱼用 5×10^5rad 辐照后可贮藏 35d；Chouliaral 等利用射线对真空包装冷藏的腌制金鲷鱼进行辐射。结果表明，高辐射量可以使产品的保质期延长将近 1 倍的时间。

随着近几年食品安全逐步被人们关注，辐射处理作为贮藏食品的手段之一受到消费者的质疑。主要是关注食品辐射后是否还存有放射性污染和产生放射性，能否产生有毒、致癌、致畸、致突变的物质。实际上，国家对每一类辐射水产品都有相应的标准，采用不同的剂量辐射，一般来说剂量都很低，这样可以延长水产品保质期的同时尽量减少营养的损失。

近些年来，国内外关于水产品辐照处理技术在辐照杀菌和延长保质期等方面进行了大量研究。崔生辉等在对辐照处理对鲫鱼的保藏作用的研究中，发现 2. 5kGy 以上剂量辐照使鲫鱼中的菌落总数降低了 2 个数量级，并且有效地杀死了水产品种的致病菌。王传耀等以 γ 射线处理鲤鱼，发现辐照>2. 5kGy 时对淡水鲤鱼中的微生物的灭菌率在 99% 以上。傅俊杰等采用 60Co-γ 射线对冻海虾仁和冻河虾仁进行辐照杀菌，得出结论 2. 0kGy 的辐照对水产品中的氨基酸、脂肪酸和蛋白质没有明显的影响，但维生素 A、维生素 E 较为敏感。Yang 等研究表明与对照组相比，利用 10MeV 电子束辐照大西洋鲑鱼片，贮藏期间微生物菌落总数显著下降，抑制了组织蛋白酶 B 和 L 的活性，贮藏 9d 时肌球蛋白重链含量仅略有下降。Lin 等研究发现在一定剂量的辐照下还可以直接引起肌原纤维的降解。电子束辐照还可能会引起自由基生成速度的增加，促进自由基链式反应，从而导致蛋白质和脂肪的氧化。另外，国际公认食品接受的有效吸收剂量最高不能超过 10kGy。因此在安全性的考虑下，需要针对不同种类的水产品选择合适的吸收剂量以求获得最好的贮藏效果。

辐照处理保鲜技术是当前水产品保鲜领域的重要技术手段，其不但可以减少水产品中微生物数量，改善水产品质量，延长保质期，并且对水产品的品质没有明显的影响，这一研究对优质水产品的保鲜具有重要的作用。

国内外对于水产品辐射保鲜技术的研究已达到一定的水平，同时人们对于辐照水产品的卫生安全性也更为重视。这也是辐射保鲜技术能否使用和推广的关键问题。特别是近年来不断出现的有关食品安全隐患的报道，更引起了人们的广泛关注，因此对于我国这样一个渔业大国来说，水产品保鲜的首要要求是安全、无害。我国辐照食品也受到政府主管部门的高度重视，食品辐照研究、开发和商业化工作在国际上已经处于领先地位。然而遗憾的是，目前仍有不少公众还对辐照水产品的安全性持有怀疑态度。加强辐照水产品的管理，加强辐照水产品的鉴定检验方法的研制工作，加强国际国内的相关交流与合作，加强辐照水产品的宣传，并通过各种渠道让消费者和企业了解辐照水产品的优点，提高辐照水产品的接受性，改变消费者对辐照水产品的认识，开展能够促进辐照水产品市场化方面的研究，从而促使辐照水产品的市场规范化，多视角全方位深入广泛地开展研究工作。可以预料，水产品辐照保鲜技术必将向着更为广阔的空间发展和迈进。水产品的物理贮藏方法的优缺点比较如表 8-1 所示。

表 8-1　物理贮藏方法的优缺点比较

贮藏方式	控制参数	优点	缺点
冷藏保鲜	0~4℃	最大限度保持水产品特性	微生物未完全抑制，保质期短
冰温保鲜	0℃以下，冰点以上	有一定抑菌效果，且能保持产品状态	温度区间带窄，难以控制
微冻保鲜	冰点至-5℃左右	机械损伤小，保质期较长	温度波动产生冰晶，且对设备要求高
冷冻保鲜	-18℃以下	保质期长，且操作简单	汁液流失严重，蛋白质变性等
冷海水保鲜	-1~0℃	操作简单迅速，可以最大限度地保持鱼的鲜度	鱼体容易吸入盐水的变得膨胀，鱼肉盐分含量升高，表面容易变色
超高压保鲜	100~900MPa	能够杀灭水产品中大多数微生物，钝化其内源酶的活性，有效延长贮藏期	设备成本较高体积较大、设备密封且受到处理体积的限制和压力强度要求高等局限性
辐照保鲜	>2. 5kGy	具有安全高效、无二次污染	会造成食品中的脂肪氧化、蛋白质变质，产生色变和臭味等现象

第二节　水产品的化学保鲜

化学保鲜法是在水产品贮藏运输和加工销售过程中加入在食品中或者表面加入对人体无害的化学物质，以达到杀菌或抑菌的目的，从而延长食品的保质期，如盐渍、糖渍、酸渍及烟熏等。常用的化学保鲜剂有防腐剂、杀菌剂、抗氧化剂等类型，因其具有用量少而效果好、成本低廉等优点，也是水产品保鲜领域中较常用的一种技术手段。食品添加剂应严格按照最新的国家标准进行实际应用，这是由于过量摄入会对人体造成无可挽回的伤害，为保障产品的安全性和消费者的健康，食品添加剂在保鲜过程中对每日摄入量有明确规定。

水产品的化学保鲜剂虽然存在其本身固有的缺点，如过量食用对人体健康有一定的危害，但是现阶段世界范围内，不可能在短时间完全被生物保鲜剂取代。将化学保鲜剂和生物保鲜剂混合使用，以降低化学保鲜剂的使用量是水产品保鲜行业的发展趋势。

一、防腐剂

能够抑制或杀灭微生物的化学物质都可以称为防腐剂。它们的作用原理为：控制微生物的生理活动，使微生物发育减缓或停止。采用防腐剂是防止微生物感染和繁殖的最简洁最有效的方法之一。

防腐剂按照结构和作用，一般可以分为四类，即酯类、有机酸类、无机盐类及生物防腐剂。有机酸类防腐剂有乙酸、丙酸、山梨酸、苯甲酸、脱氢醋酸及其盐类等，这类防腐剂 pH 越低，其防腐效果越好，碱性条件下基本没有防腐效果；酯类防腐剂有尼泊金脂类和中链脂肪酸甘油酯等，这类防腐剂在宽 pH 范围内有效，但水溶性低，通常复配使用；有机酸的抑菌机制是酸分子通过细胞膜进入细胞内部而分解，进而改变细胞内的电荷分布，导致细胞代谢紊乱甚至死亡，用有机酸物质处理食品可使菌体蛋白变性，并使菌体脱水；无机盐类防腐剂主要有亚硫酸和二氧化硫以及硝酸盐和亚硝酸盐等，由于对人体有毒副作用因此只作为特殊防腐剂使用；生物防腐剂有纳他霉素、乳酸链球菌素等，是一类由微生物本身产生的，其本质上是属于抗生素的防腐剂，因为怕日常使用会产生抗药性微生物，所以大多数抗生素不被允许在食品中使用。

硝酸钠和亚硝酸钠在肉制品中的应用时间长久，范围广泛，添加到肉制品中在可赋予产品良好的外观色泽，同时还具有抑菌防腐功能。但近代研究揭示了亚硝酸盐残留可能导致一些疾病，如致畸致癌性，严格控制其使用范围和添加量是现代肉制品加工业的行业原则，应尽可能做到少量高效，既要减少添加量而又要能达必需的发色、防腐、增香等作用。

二、杀菌剂

1. 臭氧杀菌

臭氧是一种强氧化剂和高效杀菌消毒剂，其作为一种高效、光谱、无残留的杀菌剂能够有效地杀菌、脱色、脱臭、漂白、分解有毒物质等。臭氧的杀菌或抑菌作用通常是物理、化学及生物学等多方面的综合结果。臭氧作用于病毒是通过直接破坏 RNA 或 DNA 完成的；而杀死细菌霉菌类的微生物则是先作用于细胞膜，使细胞膜的构成受到损伤，导致新陈代谢障碍并抑制其生长，继续渗透破坏膜内组织，直至死亡。

臭氧本身及其与水作用反应产生的氧原子和羟基能够氧化和破坏有害菌细胞膜进而将其杀死。因为臭氧有强氧化性，其分解产生的氧和氧原子不会对水产品和人体产生毒害，且食品经臭氧、臭氧水或臭氧冰处理后，也不会残留有毒或有害物质。所以，近年来臭氧保鲜技术在水产品中的应用也越来越广泛。臭氧水具有抑菌和稳定色泽作用，郭姗姗等采用 2mg/L 臭氧水、流速 150mL/min 淋洗脆肉鲩鱼 10min，试验结果表明，冰温条件下鱼体保质期为 14d。臭氧冰通过融化缓慢释放出活性臭氧杀菌，刁石强等研究 5mg/kg 臭氧冰对罗非鱼片的保鲜效果，结果显示，臭氧冰能降低 TVB-N，TVC 减少 82%~97%，延长保质期 3~4d。臭氧和气调包装结合能有效延长保质期，陈丽娇等采用臭氧处理鲟鱼片 20min，50%CO_2+10%O_2+40%N_2 的 MAP，试验表明鲟鱼片贮藏至 28d，TVB-N 为 175.7mg/kg，比对照组保质期延长 3~5d。

臭氧水具有高氧化性，会增加鱼体白度与亮度，在一定条件下会产生与 H_2O_2 相同的漂白效果。同其他减菌化处理水相比，还可有效去除水产品中的土腥素，保持其水分含量和良好的蛋白特性，且对其质构特性影响不显著。臭氧具有强氧化性与抑菌杀菌能力，在鱼片及鱼糜制品漂白脱色、异味去除及杀菌保鲜，甚至是加工设备清洗消毒、循环水养殖等领域中得到广泛应用。目前，已有学者从臭氧水处理浓度、温度、时间与处理方式等方面研究其对水产品减菌效果与品质风味的影响，也将对其在人体内的安全性予以评价。

2. 天然多糖

天然多糖类物质含有羟基、羰基、氨基等亲水性基团，亦包含大量氢键，通过分子间的氢键作用将会使天然高分子协同作用增强，形成稳定的网络结构，产生良好的相容性形成可食性膜。一般而言，成膜大分子的极性越强，膜溶液的黏性越高，所成膜的结构也越紧密。这种致密的网状结构可以阻隔氧气、水蒸气等物质的迁移。水产品本身性质特殊，其出水后会因为微生物和酶（内源性蛋白酶、胞外酶等）的作用迅速腐败变质，保质期相对较短。天然多糖具有良好的保水性、隔氧性、成膜性等理化性质和抑菌性、抗氧化性等生物活性，这些性质能够抑制细菌增长及酶的活性，延缓脂质氧化并防止汁液流失，并且进一步抑制蛋白质、脂质等组分之间的相互作用，以保持水产品新鲜的质量，延长保质期。

天然多糖良好的成膜性可以阻止外源微生物的污染，同时其抗菌活性光谱较广泛，可以破坏细菌的细胞壁和细胞膜，增加细胞通透性，使其内部结构损伤、细菌成分分解，降低与水产品组分的相互作用，从而造成细菌死亡。林斌研究山药多糖（yampolysaccharide）对冷藏罗非鱼抑菌效果的影响，随着冷藏时间的延长，对照组的菌落总数（total viablecounts，TVC）在第 7d 达到了 6. 12log（CFU/g），超出了可食用值［6log（CFU/g）］，并且随着山药多糖浓度的增加，TVC 明显减少。在水产品贮藏过程中，细菌繁殖过程中的代谢产物会将蛋白质分解，天然多糖使细菌的增长受到抑制，则细菌对蛋白质的分解作用也会被抑制。邢晓亮等采用海藻酸钠涂膜处理冰温大黄鱼后，其 TVC 和产 H_2S 菌上升趋势较平缓，对照组在第 10d 挥发性盐基氮值（total volatile basic nitrogen，TVB-N）达到了限定值（29. 8mg/100g），而用 1. 5%海藻酸钠处理的冰温大黄鱼保质期延长至 29d。

三、抗氧化剂

抗氧化剂（antioxidants）是阻止氧气不良影响的物质，按来源可分为人工合成抗氧化剂和天然抗氧化剂。天然抗氧化剂的复配主要是迷迭香、维生素 E 和茶多酚等成分，而复配抗氧化剂的协同增效剂主要是维生素 C 和柠檬酸。对于天然抗氧化剂与合成抗氧化剂，多以合成抗氧化剂和维生素 E、维生素 C 复配。如表 8-2 所示。

表 8-2　复配抗氧化剂在水产品中的抗氧化效果

考察指标	壳聚糖-咖啡酸	茶多酚-迷迭香-Nisin	维生素 E-抗坏血酸钠-茶多酚	ε -聚赖氨酸-壳聚糖-植酸
pH	最低	低于对照组	—	先降后升
菌落总数	低于对照组	—	—	低于对照组
持水力	平缓	—	—	—
TVB-N	低于对照组	显著减少	低于对照组	有效降低
TMA	—	—	—	低于对照组
TBA	—	低于对照组	0. 1248mg/kg	—
Ca^{2+} ATP	—	—	3. 12μmol/（mg · h）	—
盐溶液蛋白质量分数	—	—	77. 72mg/g	

注：此表只列举了几种重要且常见指标，“—”表示无此项考察指标。

抗氧化剂作为食品添加剂的一种，不仅能抑制脂肪氧化，而且对于油脂产生的自动氧化还能起到阻碍作用。研究表明，多种抗氧化剂联合使用时，其效果在一定程度上往往高于使用同一剂量的单一抗氧化效果。针对复配抗氧化剂在不同类型水产品中的应用及各项指标进行综述，为保证水产品的品质、保质期及营养风味提供理论基础，促进水产品产业发展。

第三节　水产品的生物保鲜

生物保鲜剂是指从动植物、微生物中提取的天然的或利用生物工程技术改造而获得的对人体安全的保鲜剂。与化学保鲜剂相比具有安全无毒、容易降解等优点，在水产品保鲜应用中具有广阔的前景。生物保鲜主要是将一些生物活性物质应用于产品中以达到保鲜的目的，该方法安全无毒、简单、应用性广等，所添加的活性物质可延缓细菌的生长繁殖。生物保鲜剂通常是多种杀菌机制同时作用达到保鲜目的，其在水产品中的应用机制主要有杀菌抑菌、抗氧化作用、抑制酶的活性以及形成生物保护膜。

生物保鲜剂根据活性物质的原材料不同，主要分为3大类：植物源生物保鲜剂（维生素、植酸、茶多酚、百里酚、精油等）、动物源生物保鲜剂（壳聚糖、蜂胶、抗菌肽等）和微生物源生物保鲜剂（乳酸菌、纳他霉素、乳酸链球菌素等）。单一活性物质对水产品的保鲜作用有所局限，因此，将多种不同保鲜剂按照一定比例进行配比，可降低添加剂的用量，并使产品达到更佳的保鲜效果。张瑕晶等经复合保鲜剂（溶菌酶、乳酸链球菌、壳聚糖）处理的冰鲜银鲳保质期延长，发现该保鲜剂能更有效抑制细菌的生长繁殖。

不同特性的生物保鲜剂作用于水产品，其作用机制也不尽相同，主要包含以下几方面：

（1）具有抗菌活性，可抑制或杀死水产品中的腐败菌，减缓挥发性盐基氮（TVB-N）的上升，保持水产品鲜度，如壳聚糖、有机酸、nisin 等。

（2）具有抗氧化活性，防止水产品中不饱和脂肪酸等氧化造成品质劣变，如茶多酚等。

（3）具有酶抑制活性，能够抑制水产品中酶的活性，防止变色，保证水产品良好的感官品质，如葡萄糖氧化酶、溶菌酶等。

（4）形成一层保护膜，防止腐败菌污染，减少水产品水分损失，保持水产品品质，如壳聚糖等。

因此，根据水产品品质劣变的主要原因及生物保鲜剂的作用机制，采用相应的生物保鲜剂，能起到安全、健康、无毒、高效的效果。研究表明，许多生物保鲜剂具有良好的抗菌作用，能有效延缓水产品腐败变质，保持水产品的感官品质，在水产品保鲜方面有广阔的应用前景。目前在水产品保鲜中应用较多的生物杀菌（保鲜）剂有茶多酚（tea polyphenols）、乳酸链球菌素（nisin）、溶菌酶（lysozyme）、壳聚糖（chitosan）等，以及根据栅栏理论的原理把具有不同功能的生物杀菌（保鲜）剂组合进行协同保鲜的复合生物保鲜剂。单一生物保鲜剂自身有很好的抗菌抗氧化性能，但抗菌性各有侧重点，可以将不同功能的生物保鲜剂复合，通过相互之间的协同作用形成一种高效的复合保鲜剂。如 Nisin 能有效地抑制或杀死革兰氏阳性菌而对革兰氏阴性菌没有抑制作用，溶菌酶对革兰氏阴性菌有较好的抑制作用，这两者结合将会扩大抗菌谱。

生物保鲜剂安全健康、水溶性好，对水产品品质影响小，能保持水产品有较好的风味。但是，生物保鲜剂的成本较高，在一定程度上限制了推广应用，并且在低温贮藏下其效果可能会受到限制，主要有茶多酚、壳聚糖、溶菌酶、乳酸链球菌素等。生物保鲜剂是在化学保鲜剂的基础上逐渐发展起来的一种天然保鲜技术，可克服化学保鲜剂残留带来的潜在安全威胁，也可根据各自特性有针对性地进行组合，使保鲜效果达到最优。凌萍华分析比较了不同浓度配比的 4-己基间苯二酚与壳聚糖组合对南美白对虾黑变的抑制效果，结果显示 0.05%4-己基间苯二酚+1%壳聚糖组合在抑制多酚氧化酶活性及黑变感官评分方面表现最佳，综合 TBC、TVB-N 变化得保质期可达到 8d，比 4-己基间苯二酚+1%壳聚糖、0.01%4-己基间苯二酚+1%壳聚糖组保质期延长了 2d。黎柳等研究含植酸、茶多酚生物保鲜剂冰对鲳鱼保鲜过程中品质变化的影响，结果表明，自来水冰组对鲳鱼的保质期为 12d，而植酸组和茶多酚组保质期较自来水冰组分别延长 1~3d 和 6~11d。

Gonzalez. Aguilar 等指出在保证产品食用安全的前提下，使用合适的食品添加剂，既不影响产品的感官又不损坏营养价值，是目前消费者最能接受的技术之一。从植物中提取的天然物质具有良好的抗氧化性、抑菌性，且原材料获取途径简单、易制备。植物天然提取物在未来水产业中具有潜在的应用前景，例如，龙须菜寡糖（GLO）是由微生物降解多糖所得到的小分子质量寡糖，易被人体摄入吸收，可延缓产品腐败变质。蓝炎阳等和曾润颖等发现 GLO 明显增加蜜柚的好果率，可被应用于水果保鲜过程中来延长保质期。GLO 是以龙须菜为原料，据统计，龙须菜在 2016 年全国的海水养殖产量为 29.32 万 t，同比增长 8.53%，其养殖产量占全国藻类的 13.52%，福建省的龙须菜养殖产量占全国的 59.09%。大蒜提取物（GE）和迷迭香提取物（RE）均是以植物为原材料制备得到的天然物质，制备方法简单，具有很好的抗菌、抗氧化能力。此外，天然物质与其他物质的结合会使水产品有更好的保鲜效果，植物精油对水产品的保鲜效果非常好，Cai 等研究了植物精油（丁香、小茴香等）对红鱼片的保鲜效果，这表明植物精油可延缓蛋白质降解、核苷酸分解、保持鱼肉硬度，对 BAs 的抑制效果明显。

目前制约水产品生物保鲜剂在水产品保鲜中应用的主要有两个方面：一是生物保鲜剂的保鲜机制还不是很清楚；二是生产成本太高，如鱼精蛋白虽然有较好的保鲜效果，具有广谱抑菌活性，不仅能抑制革兰阳性菌、革兰阴性菌，还能抑制酵母和霉菌，作为一种天然产物，具有很高的安全性，且无臭、无味，能够耐热，经高压灭菌而不丧失抑菌活性，使其可以与食品热处理并用，提高加工食品的保存性，这有利于其在食品中的应用，但是如果单独使用其成本太高。可以从降低生物保鲜剂的生产成本和复合保鲜剂保鲜两个方面来解决这个问题。但是应该看到在崇尚食用天然食品的当今社会，生物保鲜剂在水产品保鲜中的应用将会是越来越广泛。

生物杀菌技术因其安全、高效、健康、无毒副作用等优点，已成为水产品保鲜技术的研究热点。随着人们对食品安全意识的不断增强，使用生物保鲜剂代替传统化学防腐剂将是发展的趋势。但是生物杀菌剂价格较高，成本较高，在一定程度上限制了推广应用，部分生物杀菌剂会导致食品颜色和风味的改变，并且国家标准对保鲜剂的用量也有严格要求。

一、动物源保鲜剂

1. 壳聚糖

壳聚糖由葡萄糖胺单体、*N*-乙酰基葡萄糖胺单体组成，是从节肢动物外壳中的甲壳素脱离55%以上的*N*-乙酰基衍生而成的一类天然氨基多糖类物质，因其具有高效的抗菌性、良好的通透性及成膜性而广泛地应用于水产品保鲜。壳聚糖涂膜效率低、干燥困难、强度差、抑菌有限，自身涩味也限制了应用范围，添加增塑剂、表面活化剂和抗菌剂等可形成复合膜能有效改善膜的强度和抗菌效果。

壳聚糖的抑菌机制可能包括以下几个方面：①小分子的壳聚糖（分子质量小于5000ku）直接进入细胞，与带负电荷的蛋白质和核酸相结合，干扰DNA的复制与蛋白质的合成，造成细菌生理失调而使细菌死亡；②相对分子质量较大的壳聚糖吸附在细菌细胞表面，形成一层高分子膜，阻止营养物质向细胞内运输而起到抑菌作用；③作为螯合剂螯合对细菌生长起关键作用的金属离子，从而抑制细菌的生长；④壳聚糖的正电荷与细菌细胞膜表面的负电荷之间相互作用，改变细菌细胞膜的通透性而导致细菌细胞死亡；⑤激活细菌本身的几丁质酶活性，几丁质酶被过分表达，导致细胞壁几丁质被降解，损伤细胞壁。

壳聚糖水溶性较差，可采用酰化、羧甲基化等方法改善其溶解性。吴春华把没食子酸嵌入壳聚糖中构造壳聚糖-没食子酸衍生物（CG），并涂膜于银鲳鱼口，试验显示，CG处理能抑制细菌生长，延缓脂质氧化，其持水性和感官评价更佳，保质期可延长3~6d。仪淑敏等研究表明，添加0.5%以上壳聚糖可显著抑制鱼丸优势腐败菌肠杆菌、假单胞菌及微球菌的生长，并能降低鱼丸挥发性盐基氮（TVB-N）含量，但壳聚糖浓度低于0.5%时无效。施海峰等研究表明，添加2.0%的壳聚糖能延缓鱼糜TVB-N和硫代巴比妥酸值（TBA）的上升，并能将鱼糜制品的冷藏保鲜期从9d延长至13~14d。Zhou和Xu等将壳聚糖与电解水联合处理冷藏河豚和美洲鲥时，发现处理后的河豚和美洲鲥肌原纤维降解缓慢，微生物增殖下降，保鲜期及保质期均显著延长。

2. 抗菌肽

抗菌肽是细胞内特定基因经诱导后编码而成的由20~60个氨基酸构成的一种碱性多肽类化合物。带正电荷的抗菌肽和细胞膜之间通过静电或受体作用相结合，在膜上组成动态的环形孔，且能渗入细胞内并干扰代谢，引起细菌死亡。抗菌肽的种类多，目前有2000多种抗菌肽被分离鉴定出来，吴燕燕等研究甲基营养型芽孢杆菌F35抗菌肽对罗非鱼片的保鲜作用，试验优化表明，1.5%~2.0%抗菌肽抑菌效果最佳，贮藏期延长4d以上。

3. 鱼精蛋白

鱼精蛋白是指提取自鱼类精巢中分子量小、精氨酸含量较高的强碱性蛋白物质，能对细胞中电子传递的特殊成分进行抑制，还能抑制部分与细胞膜相关的新陈代谢过程。鱼精蛋白作用在细胞膜表面后，与细胞膜中营养运输、生物合成系统的蛋白质发生作用后，损坏蛋白质，对细胞的新陈代谢产生抑制作用后，促进细胞出现死亡，继而发挥显著的抑菌及防腐作用，但由于使用成本高，使得其仅在小范围内使用。

4. 蜂胶

蜂胶主要是指树脂及蜜蜂上颚的分泌物与蜂蜡等加工合成的一种天然的胶状物，抑制真菌、细菌及病毒的效果较高，在生活中较为常见。蜂胶的抑菌作用主要表现在蜂胶具有抑制及消灭细菌、原虫及病菌等方面，主要是由于蜂胶中含有山柰菌、高良姜素等物质，发挥抗菌活性，一般用于蔬菜表面微生物的抑菌处理中。且蜂胶属于天然的成膜剂，将其喷洒在新鲜蔬果表面能快速形成一层保护膜，减少外界环境的影响及微生物的侵袭，减少新陈代谢及新鲜蔬果表面的水分蒸发现象，延缓腐败、变质的时间。

二、植物源保鲜剂

植物源保鲜剂主要包括天然香辛料及其提取物与非天然香辛料两种，其中天然香辛料在水产品防腐使用中较为常见，且具有格外的增香及去腥作用，还能抑制腐败菌的生成，延缓变色变质现象的出现，且安全性较高。香辛料（spices）是利用植物的种子、叶、茎、花蕾、根、果实或其提取物制成的一类具有特殊香味，可赋予食物以风味、使人增进食欲、帮助消化和吸收的天然植物性原料的统称。它是一类用作食物调理或饮料调配的香料植物，广泛应用于烹饪和食品工业中，主要起调香、调味、调色等作用。常用的香辛料有热感和辛辣感的香料，如生姜、辣椒、花椒等；有辛辣作用的香料，如大蒜、洋葱、韭菜等；有芳香性的香料，如肉桂、丁香、肉豆蔻等；有香草类香料，如茴香、甘草、百里香、迷迭香等。

而非香料类植物提取物主要包括各类植物叶片的提取物，一般包括竹叶、荷叶、秤锤树叶、杜仲叶等，其中竹叶对于金黄色葡萄球菌、痢疾志贺氏菌、伤寒沙门氏菌、魏氏梭菌、肉毒梭菌等均有抑制作用；荷叶、秤锤树叶对于金黄色葡萄球菌的抑制作用最强；杜仲叶具有较强的抑菌及抗氧化效果。

1. 香辛料

香辛料抑菌物质的作用方式有：损伤细胞壁，改变细胞膜的通透性，改变蛋白质和核酸分子，抑制细胞内酶的作用，作为抗代谢产物和抑制核酸的合成。香辛料所含有的一些酮、醇和酚类成分具有较强的抗氧化作用，目前研究发现，抗氧化能力较突出的是迷迭香和鼠尾草。迷迭香提取物具有广谱、高效及耐高温的抗氧化性能，已成为近年来食品加工中的重要抗氧化剂。与茶多酚相比，迷迭香提取物表现出更强的抗氧化能力，并具有更好的稳定性及可溶性。此外，迷迭香提取物也具有明显的抑菌效果。国内外研究者对其提取物在食品保鲜以及稳定肉制品风味等方面做了大量的研究，结果均显示迷迭香提取物具有无可比拟的抗氧化性能，是一种理想的天然生物保鲜剂。桂向东研究表明，8%~32%浓度的生姜提取物均具有很强的抗氧化作用。总之，具有抗氧化作用的香辛料很多，它们的抗氧化特性对易氧化（尤其含多不饱和脂肪酸）食品的保存有着突出的意义。

香辛料所含有的一些酮、醇和酚类成分具有较强的抗氧化作用，目前研究发现，抗氧化能力较突出的是迷迭香和鼠尾草。迷迭香提取物具有广谱、高效及耐高温的抗氧化性能，已成为近年来食品加工中的重要抗氧化剂。与茶多酚相比，迷迭香提取物表现出更强的抗氧化能力，并具有更好的稳定性及可溶性。此外，迷迭香提取物也具有明显的抑菌效果。国内外研究者对其提取物在食品保鲜以及稳定肉制品风味等方面做了大量的研究，结果均显示迷迭香提取物具有无可比拟的抗氧化性能，是一种理想的天然生物保鲜剂。李婷婷研究表明：当迷迭香的添加量为200mg/kg时，多种新鲜度指标综合反映出的鱼丸保鲜效果最好，可延长鱼丸的保质期8~10d，其主要是利用迷迭香较强的抗氧化性对鱼丸起到保鲜的效果，说明该生物保鲜剂在鱼糜制品保鲜中具有明显作用，应用前景广阔。中谷延二从迷迭香中分离出四种抗氧化的萜类化合物，其抗氧化活性为合成抗氧化剂BHA或BHT的4倍。

目前利用香辛料来保鲜的水产品主要有：明虾、大黄鱼、白鲢、美国红鱼、海鲈鱼、虹鳟、黑鱼、基围虾、鳕鱼等。香辛料应用于鱼类等水产品保鲜，能够有效地抑制肌肉蛋白质和脂质氧化，抑制微生物的生长繁殖，延缓腐败变质，从而维持鱼类等水产品的品质，并延长其保质期。迄今，本领域研究主要集中于香辛料的成分和浓度、贮藏条件以及其应用于水产品的贮藏保鲜效果。

2. 肉桂醛

肉桂醛在抗菌、抗寄生虫、诱食、促生长和水产品保鲜中显示出独特的优越性。随着肉桂醛包埋技术的不断完善和环境友好型水产养殖业的不断发展，肉桂醛在水产上的研究和应用将越来越受到重视。马昳超等用肉桂醛制备抗菌膜并覆盖黑鱼鱼块，结果显示，加入肉桂醛的活性膜具有明显的抗菌抗氧化效果，其自由基清除率高达39.01%。郭俊贤研究了肉桂醛对罗非鱼冷藏条件下荧光假单胞菌等致病菌的抑菌活性。结果表明，肉桂醛在抑菌圈试验中表现出了较良好的抑菌活性，且对所有致病菌的MBC均小于1500μL/L。孟玉霞等研究了14种植物精油对冷藏大黄鱼优势菌的抑菌活性，结果表明肉桂醛的抗菌活性最高，对受试3株菌的MIC均为0.125μL/mL。Abdeldaiem等发现，经肉桂精油处理后鲤鱼肉中总菌数明显降低，保质期明显延长。不同香辛料的活性提取物成分不同，其抑菌机制不同，所表现出的抑菌效果也有差异。目前已知的抑菌物质的作用方式有：损伤细胞壁，改变细胞膜的通透性，改变蛋白质和核酸分子，抑制细胞内酶的作用，作为抗代谢产物和抑制核酸的合成等。

3. 迷迭香提取物

迷迭香是一种名贵的天然香料植物，产于中国南方大部分地区及山东地区，主要活性成分是迷迭香精油，其含有的迷迭香酸、鼠尾草酸等成分具有良好的抑菌防腐和抗氧化能力，被作为一种天然的抗氧化剂。迷迭香提取物因其无毒、无害、天然绿色无污染等特点而在实际生产中被广泛应用，如付丽等添加不同浓度的迷迭香提取物于冷鲜牛肉中，置于4℃贮藏，结果显示，迷迭香提取物能延长冷鲜牛肉的贮藏期。刘畅等以冷鲜羊肉为材料，探究气调包装结合迷迭香提取物对冷鲜羊肉品质变化的影响，结果发现迷迭香气调组具有良好的保鲜效果。

迷迭香是木兰纲唇形科植物，迷迭香提取物包括迷迭香酚、鼠尾草酚和鼠尾草酸等。迷迭香提取物是天然抗氧化物，避免合成抗氧化物的毒副效应与高温分解的弊端，还有抗氧化及抑菌等特性。Tironi等探讨了迷迭香对冻藏三文鱼的保鲜作用，结果表明，200mg/kg迷迭香提取物可降低脂肪氧化，在-11℃条件下，贮藏3个月的三文鱼肌肉中脂肪为5.3g/kg，鱼肉的色泽、质地等感官评价良好。龙须菜寡糖（gracilaria lemaneiformis oligosaccharide，GLO）、大蒜提取物（garlic extract，GE）、迷迭香提取物（rosemary extract，RE）和生姜提取物（ginger root extract，GRE）属于天然食品防腐剂，研究前景非常好。GLO具有抑菌、抗病毒等作用，大量研究证明GLO在水产品和果蔬保鲜应用研究中可有效延长其保质期；苏凤贤等研究报道，大蒜对腐败真菌有较强的抑制和杀灭作用，是至今所发现的植物中抑菌能力最强的植物，GE和GRE具有广谱抗细菌效果；迷迭香作为一种高效的抗氧化剂，可有效延缓鱼肉的氧化变质，并且能够维持鱼肉的色泽。

4. 茶多酚类提取物

茶多酚是从茶叶中提取的 30 多种多酚类化合物的总称，主要为儿茶素、黄酮、花青素、酚酸。茶多酚通过损伤细胞膜、凝固细菌蛋白、结合遗传物质等，干扰微生物代谢。茶多酚抑菌谱广、抑菌效果强，Fan 等研究发现在-3℃条件下 0.2%茶多酚处理的鲢鱼，其 TVC、pH、TVB-N、TBA 和 K 值比对照组低，保质期可达 35d。复合保鲜剂能延长保鲜期，郭晓伟研究冰温条件下 1.0%茶多酚+0.025%溶菌酶对牡蛎具有保鲜作用，结果显示复合保鲜剂使其优势菌（Psuedomonas）下降 38.1%，减缓不饱和脂肪的损失，保质期为 16d。

茶多酚是通过物理手段从茶叶中萃取得到，其中儿茶素所占比例最多，抗氧化作用的功能最大。茶多酚的抑菌机制目前尚不完全清楚，几种可能的机制主要有：特异性地凝固细菌蛋白；与细菌遗传物质结合；破坏细菌细胞膜结构。茶多酚能够逐步破坏假单胞菌细胞壁的完整性，使得碱性磷酸酶渗出，继而破坏细胞膜，并在细胞膜上形成孔道，加速内容物的渗漏，使细菌代谢发生紊乱，起到抑菌作用的茶多酚是一种无异味、无毒副作用的天然抗氧化剂，在肉制品方面有着诸多应用。例如，姜绍通等应用大蒜素、茶多酚和可食性的涂膜溶液制成的复合涂膜保鲜剂，涂抹或浸渍冷却猪肉，在低温下冷藏可延长保质期。刘梦等以腌制猪肉模型为材料，研究不同含量茶多酚和维 C 对亚硝酸盐残留量和脂肪氧化的影响。结果显示，腌制猪肉中亚硝酸盐残留量和 TBARS 值的降低，得出茶多酚和维 C 能起到一定的抗氧化效果的结论。刘琨毅等将茶多酚应用于中式腊肠的防腐保鲜上，对原料肉进行初步处理，结果显示添加茶多酚能够明显减少中式腊肠原料肉的菌落总数且保持良好的感官品质。

茶多酚是从茶叶中提取的 30 多种多酚类化合物的总称，主要为儿茶素、黄酮、花青素、酚酸。茶多酚通过损伤细胞膜、凝固细菌蛋白、结合遗传物质等，干扰微生物代谢。茶多酚抑菌谱广、抑菌效果强，Fan 等研究发现在-3℃条件下 0.2%茶多酚处理的鲢鱼，其 TVC、pH、TVB-N、TBA 和 K 值比对照组低，保质期可达 35d。复合保鲜剂能延长保鲜期，郭晓伟研究冰温条件下 1.0%茶多酚+0.025%溶菌酶对牡蛎的保鲜作用，结果显示复合保鲜剂使其优势菌（psuedomonas）下降 38.1%，减缓不饱和脂肪的损失，保质期为 16d。

茶多酚是通过物理手段从茶叶中萃取得到，其中儿茶素所占比例最多，抗氧化作用的功能最大。茶多酚的抑菌机制目前尚不完全清楚，几种可能的机制主要有：特异性地凝固细菌蛋白；与细菌遗传物质结合；破坏细菌细胞膜结构。茶多酚能够逐步破坏假单胞菌细胞壁的完整性，使得碱性磷酸酶渗出，继而破坏细胞膜，并在细胞膜上形成孔道，加速内容物的渗漏，使细菌代谢发生紊乱，起到抑菌作用的茶多酚是一种无异味、无毒副作用的天然抗氧化剂，在肉制品方面有着诸多应用。例如，姜绍通等人应用大蒜素、茶多酚和可食性的涂膜溶液制成的复合涂膜保鲜剂，涂抹或浸渍冷却猪肉，在低温下冷藏可延长保质期。刘梦等人以腌制猪肉模型为材料，研究不同含量茶多酚和维 C 对亚硝酸盐残留量和脂肪氧化的影响。结果显示，腌制猪肉中亚硝酸盐残留量和 TBARS 值降低，得出茶多酚和维 C 能起到一定的抗氧化效果的结论。刘琨毅等将茶多酚应用于中式腊肠的防腐保鲜上，对原料肉进行初步处理，结果显示添加茶多酚能够明显减少中式腊肠原料肉的菌落总数且保持良好的感官品质。

（1）茶多酚的抗氧化效果　茶多酚具有良好的抗氧化作用，主要表现在以下三个方面：一是螯合金属离子，过渡金属如钙、铜、铁等对生物体有重要作用，但同时会诱导产生自由基从而发生氧化。茶多酚的邻位酚羟基具有很强的螯合金属离子的能力，能减少金属离子对氧化反应的催化作用。二是清除活性氧自由基。茶多酚作为多羟基化合物，具有较活泼的羟基氢，能提供氢离子，竞争性地与不饱和脂肪酸争夺活性氧，能与脂肪酸氧化产生的自由基结合，使自由基转化为惰性化合物，中止自由基的连锁反应，即中止油脂自动氧化。三是抑制氧化酶及促进抗氧化酶活性。研究表明，氧化酶如环氧化酶、脂氧化酶等可以促进自由基的生成，茶多酚能通过与氧化酶蛋白结合来降低该酶对氧化反应的催化活性。此外，还可促进抗氧化酶的活性，达到抗氧化作用，如增强过氧化氢酶、酯还原酶的活性。

（2）茶多酚的抑菌效果　茶多酚具有良好的抑菌作用。研究表明，茶多酚对 12 个细菌类群的近百种细菌均有抑制作用，其抑菌能力与浓度呈正相关，如大肠杆菌、金黄色葡萄球菌、沙门氏菌、弧菌等。目前，茶多酚的抑菌机制主要有：影响基因的复制和转录；茶多酚的酚羟基与蛋白质的氨基或羧基发生氢结合，疏水性的苯环也可与蛋白质发生疏水结合，影响蛋白质和酶的活性；破坏细菌细胞膜的脂质层，改变细胞膜的通透性，使得细胞膜微脂粒凝集而起作用；络合金属离子，导致微生物因缺乏某些必需元素而代谢受阻，甚至死亡。综上，茶多酚被认为是通过多种机制如中断细菌转录和翻译、结合细菌的必需金属离子、破坏细胞膜等综合作用，来达到抑菌效果。

5. 植物多糖

植物多糖是由许多相同或不同结构的单糖通过糖苷键组成的化合物，广泛存在于植物有机体中，参与机体生理代谢并具有多种生物活性，如免疫调节、降血压、降血脂与抗氧化等。近年来，植物多糖的研究与开发利用取得较快发展，但在作用机制方面的研究仍未深入，且植物多糖在水产品保鲜上的应用实例并不多。目前，应用于水产品保鲜上的植物多糖主要是海藻酸钠。Lu 等研究表明，添加肉桂油与海藻酸钙涂层对抑制乌鳢鱼片细菌生长，降低 TVB-N 值与抑制脂肪氧化具有良好效果。贾艳菊等在比较不同可食性膜对草鱼鱼片保鲜效果的研究中发现，冷藏 6d 时，海藻酸钠涂膜组的细菌总数、TVB-N 与 pH 显著低于其他各组，适宜作为水产品保鲜涂膜材料。张杰等研究发现，海藻酸钠抗菌涂膜可改善罗非鱼鱼片的感官品质，且可将其保鲜期延长约 5. 5d。

三、酶类保鲜剂

酶是由生物体产生的催化剂，具有特殊的催化特性。生物酶保鲜技术的原理就是将某些生物酶制剂用于食品保鲜，以除去食品包装中的氧，延缓氧化作用；或生物酶本身具有良好的抑菌作用，或使某些不良酶失去生物活性，从而达到防腐保鲜的效果。常用的生物酶制剂有溶菌酶、葡萄糖氧化酶、异淀粉酶、纤维素酶等。

1. 溶菌酶

溶菌酶是从禽类蛋清内提取的一种碱性酶类。通过水解损伤细胞壁，内容物外逸导致微生物死亡。溶菌酶专门水解 G+（革兰阳性菌）细胞壁，对 G-（革兰阴性菌）、霉菌及酵母等无效。溶菌酶可降解成氨基酸，具有安全高效、营养和药理功效。溶菌酶可与其他保鲜剂复配使用，李静雪研究发现在 -1℃条件下，0. 97%壳聚糖+0. 48%溶菌酶+0. 41%维生素 C 复配保鲜剂能将鲤鱼保质期延长至20~24d。溶菌酶贮藏过久或环境不适宜，酶的活性会降低，使用时需适当地增加使用量。蓝蔚青等采用0.5g/L的溶菌酶对带鱼进行保鲜。结果表明，在4℃条件下，经溶菌酶保鲜液处理后的带鱼感官品质优于未经处理的对照组，细菌总数、pH、TVB-N值与TBA值明显较对照组低，其二级鲜度保质期较对照组延长了3~4d。Takahashi等发现室温下，2000mg/L溶菌酶能很好地抑制单核细胞增生李斯特氏细菌，这对金枪鱼在零售市场的开发销售有重大意义。溶菌酶作为一种酶类生物保鲜剂，特异性高，单独使用则具有一定局限性，因此，常与其他保鲜剂共同使用。

2. 葡萄糖氧化酶

葡萄糖氧化酶是用黑曲霉、青霉等发酵后制取的一种需氧脱氢酶。葡萄糖氧化酶对β-D葡萄糖的专一性强，通过氧化葡萄糖产生葡萄糖酸，pH下降，从而抑制微生物生长，可作为除葡萄糖剂和脱氧剂。马青河等以葡萄糖氧化酶为主要成分，与常用抗氧化剂和防腐剂进行保鲜性能对比试验，以及在冷藏和冷冻条件下研究对虾类的防褐变保鲜效果。结果表明，葡萄糖氧化酶具有良好的保鲜性能。保鲜剂浸渍处理后，4℃贮藏条件下，5d后能保持二级鲜度，-18℃冷冻条件下，12个月仍能保持二级鲜度。

脂肪酶普遍存在于动、植物及多种微生物中，其水解底物一般为天然油脂，水解部位是油脂中脂肪酸和甘油相连接的酯键，反应产物为甘油二酯、甘油单酯、甘油和脂肪酸。目前脂肪酶已经广泛运用于食品领域，如面类食品、乳品工业等。近年来，脂肪酶也被广泛运用到水产品中。海洋中的中上层鱼类，如鲐鱼、鲭鱼等，脂肪含量大，易变质，对保鲜、加工和销售不利，故可用脂肪酶对这些鱼进行部分脱脂，延长鱼产品的保藏时间。郑毅等使用20u/mL的由扩展青霉PF868产生的脂肪酶制成的生物脱脂剂，在28~33℃，pH 9.0时对鲭鱼鱼片脱脂，研究发现该方法的效果要优于碱法脱脂的效果，而且对小鼠的急性中毒性实验表明脂肪酶的使用是安全的。

四、微生物源保鲜剂

微生物源保鲜剂指由细菌代谢生成的抑菌化合物，主要包括曲酸、溶菌酶、纳他霉素、乳酸链球菌素等类型，其中曲酸在豆瓣酱、酱油、酒类等食物中较为常见，能抑制细菌、假丝酵母及酵母的出现，但其对于霉菌的抑制效果并不突出，具有热稳定性高、溶于水、抗菌效果稳定、pH 高且安全性高等特点，但应用成本较高，难以推广。溶菌酶具有较强的作用底物特异性，属于安全高效的防腐剂，对于沙门氏菌的抑制效果显著，一般用于火腿、香肠、热狗等食物的防腐过程中。纳他霉素属于一种抗真菌素剂，对于所有真菌具有较高的抑制及消灭作用，抑菌效果较为广泛，对于各种霉菌、酵母、真菌霉素、黄曲霉毒素的生长产生抑制作用，广泛应用在肉制品特别是熟火腿、熏制香肠等处理中。乳酸链球菌素属于多肽化合物，具有易溶于酸性溶剂、不会被微生物分解、无毒无害、不会与其他抗生素产生交叉抗性等特点，能有效抑制细菌繁殖速度，延长肉制品的保质期，达到相应的保鲜作用。

1. 乳酸链球菌素

乳酸链球菌素（nisin）是一种多肽类化合物，含有多种氨基酸，是一种无毒、高效、安全的天然防腐剂，能够抑制大多数革兰阳性细菌。nisin 具有易溶于酸性溶剂、不被微生物分解、无毒无害、不会与其他抗生素产生交叉抗性等特点。它能通过吸附到微生物细胞质的磷脂膜上，通过去极化作用，导致细胞内新陈代谢基本物质如 ATP 渗出，引起细胞裂解死亡，对多种革兰阳性菌（李斯特菌小球菌、肉毒杆菌和葡萄球菌等）具有明显的抗菌活性。同时，misin 对芽孢杆菌属如芽孢杆菌、嗜热芽孢杆菌、梭状芽孢杆菌和致死肉毒芽孢杆菌等有很强的抑制作用。

nisin 的抑菌机制分为两个方面：①nisin 与细胞膜上 lipidⅡ（细菌萜醇-焦磷酸-*N*-乙酰胞壁酸-五肽-*N*-乙酰葡萄糖胺）分子结合，形成 nisin-lipidⅡ孔洞复合物，其可与细胞膜作用形成穿孔通道，使细胞内物质流失，从而导致细胞死亡；②lipidⅡ分子是细胞壁合成的重要组成，nisin 与 lipidⅡ结合后阻碍了细胞壁的正常合成。尤其对革兰阳性菌，包括葡萄球菌、链球菌、棒杆菌、利斯特菌和乳杆菌有抑制作用，对细菌芽孢也有明显的抗菌活性。在鱼类保鲜方面，也正因为其具有延迟鱼中肉毒梭菌芽孢毒素形成的作用，因此被逐渐应用于水产品的保鲜过程中。

在实际应用时，一般先用浓度为 0.02mol/L 的盐酸溶液将其溶解，或用蒸馏水溶解后再加入到食品中。宋萌等探究在冷藏条件下喷涂不同保鲜液的新鲜猪肉的保鲜效果，结果表明，考虑综合成本最佳保鲜配方由适宜浓度的乳酸链球菌素、壳聚糖、乳酸钠、乳酸等组成。还有研究表明，在真空包装鲜羊肉中加入乳酸链球菌素可检测各指标变化，结果发现鲜羊肉中菌落总数明显减少，保鲜时间明显延长。乳酸链球菌素单独作用时不能达到更好的效果，但与乳酸联合使用，结合气调包装对猪肉中的单增李斯特菌属却具有优良的抑菌效果。现在，在肉及肉制品中添加生物保鲜剂进行防腐已经非常普遍，但是不同类型的生物保鲜剂发挥的作用各不相同，它们的抑菌机制也是不同的，因此在进行保鲜时应该结合不同的保鲜剂协同发挥作用，使单一保鲜剂能够最大程度地发挥作用，也能很好地延长肉制品的保质期。蓝蔚青等采用 0.5g/L 的 Nisin 对带鱼进行保鲜处理后，在相同的贮藏期内，其 pH、TVB-N 值及菌落总数明显低于冷藏对照组，感官值也显著优于未经处理的对照组。研究人员采用含有肉桂油和 Nisin 的海藻酸钠抗菌薄膜保鲜黑鱼。结果显示，在 4℃条件下，肉桂油和 Nisin 抗菌膜处理可抑制鱼肉总嗜温菌、总嗜冷菌和假单胞菌的增殖，并维持较低的 pH、挥发性盐基氮含量和脂肪氧化值，并保持鱼肉良好品质。

2. ε-聚赖氨酸（ε-Polylysine，ε-PL）

ε-聚赖氨酸（ε-Polylysine，ε-PL）作为一种天然抗菌肽，主要是由白色链霉菌（*Streptomycesalbus*）发酵葡萄糖得到。ε-PL 是由 25~35 个赖氨酸残基通过分子间 α-羧基与 ε-氨基缩合形成酰胺键连接而成的 L-赖氨酸同型聚合物，在人体内能够降解为必需氨基酸：赖氨酸。ε-PL 成品是淡黄色粉末，具有较强的吸湿性；溶于水，不溶于乙酸乙酯、乙醚等有机溶剂；热稳定性强，于 250℃开始软化；经毒药物动力学（ADME）检测，对生殖系统、神经系统、免疫系统、胚胎和胎儿的发育均无毒性作用；不会对食品口感和本身的味道产生显著影响。ε-PL 因独特的理化性质、优异的抗菌活性以及高安全性被广泛应用在食品领域。

此外，曲酸在豆瓣酱、酱油、酒类等食物中较为常见，能抑制细菌、假丝酵母及酵母的出现，但其对于霉菌的抑制效果并不突出，具有热稳定性高、溶于水、抗菌效果稳定、pH 高且安全性高等特点，但应用成本较高，难以推广。溶菌酶具有较强的作用底物特异性，属于安全高效的防腐剂，对于沙门氏菌的抑制效果显著，一般用于火腿、香肠、热狗等食物的防腐过程中。纳他霉素属于一种抗真菌素剂，对于所有真菌具有较高的抑制及消灭作用，抑菌效果较为广泛，对于各种霉菌、酵母、真菌霉素、黄曲霉毒素的生长产生抑制作用，广泛应用在肉制品特别是熟火腿、熏制香肠等处理中。

生物保鲜剂的保鲜效果与生物保鲜剂的制备工艺、浓度、使用方法、环境温度和水产品特性等有着密切的关系。因此，在生物保鲜剂商业化过程中，一方面要继续加大生物保鲜剂对水产品保鲜效果的研究；另一方面，在保证食品食用安全的前提下，要大力加强生物保鲜剂的抑菌效果及机制研究，为水产品保鲜技术提供新的途径与手段，以保持水产品鲜度，延长保质期。再有要加强新型生物保鲜剂的研发，如纳米生物保鲜剂，充分利用纳米的尺寸效应与表面积效应，提高其抑菌效果。

生物保鲜技术安全高效，但是生物活性提取物结构和成分复杂多样，纯度不高，提纯工艺较复杂，成本较高，还存在一定的气味残留和食品安全问题。由此可见，各种保鲜方法均存在不足，无法完全满足水产品保鲜的需求。针对出现的问题和不足，可按照栅栏理论，将物理、化学和生物保鲜技术联合起来，实施优势互补，提高水产品品质，保鲜技术将朝着安全高效，减少季节、地域等条件限定的方向发展。不断研发新的保鲜技术，改进保鲜设备，创建完善的测量标准，实行规范化管理，实现技术创新与标准化结合，促进和转化中国水产品保鲜技术的战略目标调整和可持续发展生物技术广泛应用与工业、农业、医药和食品行业，生物保鲜技术对产品危害小，具有广阔的发展前景。但是，生物保鲜剂成本高、技术尚不成熟，因此生物保鲜技术仍然需要改进和创新。生物保鲜剂安全性高、专一性强，不仅可以保持水产品的鲜度和营养，而且可以加强保鲜的抑菌效果，从而有效地延长水产品的保质期。另外，由于单一的生物保鲜剂保鲜效果有限，复合保鲜剂将成为生物保鲜研究的创新方向。

第四节　水产品的新型贮藏方式

水产品具有高水分含量（70%～80%）和高蛋白含量（15%～21%）等特点，易受微生物等作用而发生腐败变质。因为每年因腐败变质而导致丧失营养或商用价值的水产品约占全国水产品总量的三分之一。在保证消费者食用安全的前提下，采用合适的保鲜技术对于保证水产品的品质至关重要。

可食用薄膜和涂料由于其对外界环境的保护能力和可生物降解性，近年来在食品包装领域受到越来越多的关注。用于包衣（涂覆或包裹）食品以延长其保质期的任何类型的可食性材料均被认为是可食用膜，其主要以生物大分子为主要基材，辅以添加增塑剂、抑菌剂或抗氧化剂等物质，通过一定的处理工序制作而成。可食用薄膜或涂层为一种用于初级包装的薄层，由含有或不含食品级添加剂的可食用生物降解聚合物制成。可食用的涂层以液体的形式直接混入食品中，然后干燥，而可食用的薄膜则制成薄层，涂在食品上。此外，可食用涂料是一种食品级的悬浮物，可以通过在食品上浸渍、喷涂或涂布来形成一层透明的薄层，而薄膜则主要通过在惰性表面上浇铸而成。可食用膜的厚度大于可涂层的厚度，这是二者的主要区别之一。

这些生物可降解薄膜提高了食品的机械性能、水分和气体阻隔能力和感官品质，并能抑制微生物生产、延长食品保质期。延长食品的保质期是非常重要的，因为它可以为食品生产带来重大的经济改善。例如，可食用膜有助于控制多酚氧化酶引起的酶促褐变，保持风味，降低呼吸速率；从而提高水果和蔬菜的保质期。可食用薄膜还可以携带活性成分，主要是抗菌剂、抗氧化剂、抗褐变剂、甜味剂、着色剂、调味成分和营养成分，这不仅可以提高食品质量和安全，还可以提高薄膜的物理和机械性能。可食用的涂层也可用于减少肉在油炸过程中的油吸收和鱼在解冻过程中的水滴损失。

可食性膜是由生物大分子为原料，通过膜基质分子间产生相互作用形成的膜包装材料，是控制食品品质下降的有效措施。可食性涂膜是以天然可食性物质（包括多糖、蛋白质、脂类等）为材料，添加可食性的增塑剂、交联剂等，通过分子间不同的相互作用，以包裹、涂布或微胶囊等形式覆盖于食品表面，形成具有保护作用的薄层，具有生物可降解性、阻水性、透气性及抗菌性等特点。可食性涂膜可以通过抑制微生物的生长繁殖、减少脂肪氧化及蛋白质降解，提高水产品的品质并延长产品的保质期。目前，可食性涂膜已广泛用于水产品的保鲜、加工及储藏。

从多糖中获得的膜具有更好的气体阻隔性能，而蛋白质则以其优异的力学性能而闻名。然而，多糖和蛋白质在膜上都表现出较差的水阻隔性能，这可以通过结合脂质以及结合一种或多种水解胶体（蛋白质和多糖）来改善。此外，精油（essential oils，EOs）主要由从植物中提取的挥发性成分组成，可以添加到膜中以提高抗菌和抗氧化性能。

多糖类可食性膜材料主要有纤维素、淀粉、果胶衍生物、海藻提取物

（包括海藻酸盐、角叉菜胶和琼脂等）、树胶（包括阿拉伯树胶、黄芪胶和瓜尔胶等）和壳聚糖等。多糖类大分子具有较强的亲水性和透气性，因此多糖类涂膜可通过补充食品表面水分以延缓水分流失，同时多糖类涂膜对 O_2 和 CO_2 具有选择渗透性，具有防止脂肪氧化等作用。树胶是常用的多糖类涂膜材料。在水溶液中，树胶分子发生重排形成胶束，在分子间氢键作用下强化，干燥后可形成结构稳定的可食性膜。不同树胶高分子链之间的分子间氢键作用范围不同，使制备的可食性膜具有不同的成膜特性。目前主要用于制备可食性膜的树胶主要有植物分泌物（如阿拉伯树胶等）、植物的水浸提物（如果胶等）、种子胶（如瓜尔胶、角豆豆胶等）及海藻胶（如琼胶、褐藻胶等）等。

考虑到塑料包装材料处理的挑战，生物可降解聚合物作为食品包装配料的应用是一个创新的趋势。值得注意的是，研究表明，可食用薄膜和涂层可以通过减少滴水损失、质地软化、变色、氮化合物积累、核苷酸分解、脂质和蛋白质氧化以及微生物生长来延长水产品的保质期。然而，对多糖、蛋白质和脂类等生物高分子、添加剂和包括 EOs 在内的活性物质之间的相互作用研究较少。此外，生物聚合物浓度是生产薄膜和涂料的关键因素，这取决于被涂层的食品类型。生物高聚物浓度在物理化学、机械、热和抗菌作用中起着重要作用。高浓度的生物聚合物可以提供更好的物理化学和抗菌性能，但它会对膜强度产生负面影响。因此，薄膜的浓度必须针对每种产品进行优化。此外，由于两种或两种以上的亲水胶体可以提供更好的膜性能，有必要了解纯组分的协同效应。此外，水蒸气阻隔性能一直是这些生物聚合物面临的主要挑战；然而，水凝胶、脂质和 EOs 的结合可以提供一种有效的方法来解决这一问题。大多数生物高聚物被认为是 GRAS（公认安全），但由于其对口感的负面影响，其作为包装材料的应用往往受到限制。特别是，将 EOs 掺入食品可能会改变涂层食品的感官质量。因此，在薄膜和涂层中加入 EOs 时，应考虑封装等替代方法。

随着人们生活水平的不断提高，对饮食健康的要求也逐步提升，因此，需要更为健康安全的水产品保鲜剂以保证水产品的常年供应及人们的食用安全。许多欧美国家已先后取消或限制人工合成保鲜剂的使用，在水产品及肉类食品保鲜中以天然物质代替化学合成物质已成为保鲜剂研究的趋势。随着人们消费观念的转变，天然活性物质的需求量会随之增加，相信通过对其安全性、增效作用、抑菌、抗氧化机制等方面的更为全面和深入的研究，香辛料的应用前景会更为广阔。

虽然新型的水产品杀菌技术的运行成本低、杀菌效果好，但是由于其设备的一次性投入太高，以及某些技术不能实现连续化生产以致未能广泛应用。新型水产杀菌技术不仅克服了传统热杀菌的不足，还能最大限度地保持食品原有的品质以满足消费者需求，在水产品贮藏与加工中展现出良好的应用前景。随着人们生活水平的提高，对水产品质量的要求也越来越高，水产品的保鲜技术研究将会得到更快的发展。未来水产品的保鲜将朝着以开发天然、无毒无害的保鲜剂为主，结合新型包装及杀菌技术的综合方向发展。

可食用薄膜和涂层的应用可以作为延长鱼的保质期的替代技术，因为它们提供了一种屏障，防止氧气穿透、水分转移、滴失、脂质氧化、微生物生长，并可作为抗氧化剂和抗菌剂等食品添加剂的载体。以罗勒籽胶和百里香酚制备的食用膜为例，研究了食用膜对虾在油炸过程中的水分流失、吸油、油脂氧化、色泽、质地和感官评价的影响。结果表明，该涂层能显著降低脂质氧化、水分流失和炸虾的油吸收能力。可食用薄膜和涂层用于食品保鲜和保护的应用目前有所增加，因为它们比人工配料具有更多好处，包括尽量减少浪费。

可食用的薄膜和涂层可能含有大量的活性物质，以提高食品的质量和安全性。例如，抗菌剂可掺入薄膜和涂料中以控制产品腐败和抑制致病菌。这些抗生素可分为不同的类别，如有机酸，脂肪酸酯，多肽，细菌素（如片球菌素、乳酸链球菌肽和乳链球菌素），酚类化合物（如单宁、黄酮和酚酸衍生物）和精油（如肉桂、柠檬草、迷迭香、牛至和百里香）。

水胶体（多糖和蛋白质）和脂类是可食用薄膜和涂层的主要成分。水胶体由亲水聚合物组成，是具有几个羟基的大型化合物。在12世纪的中国，橘子和柠檬被涂上蜡涂层以延缓水分的流失。在15世纪的日本，第一个可食用的薄膜是用豆浆制成的，用来保存食物。自20世纪30年代以来，美国就用热熔石蜡喷涂柑橘类水果，20世纪50年代以来，新鲜的水果和蔬菜就被涂上了巴西棕榈蜡和水包油乳剂。

一、含植物精油的可食用膜

植物精油（EOs）是用于可食用薄膜和涂层的主要抗微生物和抗氧化剂。EOs是一种芳香疏水浓缩液体，从植物中获得，有强烈的气味，大多数被归类为GRAS。EOs含有多种萜类化合物，主要是单萜类和倍半萜类，它们可以被纳入可食用膜中以提高食品的保质期。

一般来说，多糖在本质上是亲水的，被认为是经济和成本效益高的生物聚合物。多糖膜和涂料的防水性较低；然而，它们对 O_2 和 CO_2 具有选择性渗透性。下面详细介绍了用于可食用薄膜和涂层的最常见的多糖。

1. 壳聚糖

壳聚糖是一种天然存在的多糖，存在于甲壳动物、昆虫的外骨骼和真菌的细胞壁中，在碱的作用下通过脱乙酰作用转化为壳聚糖。甲壳素的分离包括类胡萝卜素的提取、碱性脱蛋白、酸性脱矿和丙酮脱色等基本步骤。壳聚糖是由几丁质制备而成的，被认为是一种安全的、可生物降解的、具有多种功能的生物相容性高分子。壳聚糖被美国 FDA 批准为 GRAS，并被欧盟委员会列为获准的食品添加剂。因此，壳聚糖薄膜因具有抗菌活性、良好的机械性能及良好的 O_2 和 CO_2 阻隔作用，成为研究最多的可食用薄膜和涂层的生物聚合物之一。此外，壳聚糖薄膜具有柔韧、坚韧、耐久、不易撕裂等特点，其黏度随分子质量的增大而增加。壳聚糖还作为螯合剂，选择性地结合金属离子（如铜、锌、铁、铅、铬、钒），抑制各种酶的活性，从而阻止毒素的发展和微生物的生长。另一方面，壳聚糖作为一种抗氧化剂，但其清除自由基的确切机制尚不清楚。壳聚糖的氨基和羟基（C-2、C-3、C-6）与不稳定自由基的相互作用可能是显示抗氧化活性的潜在途径。

2. 海藻酸盐

海藻酸盐是从褐藻中提取的天然多糖，在食品工业中用作稳定剂、乳化剂、增稠剂和胶凝剂。褐藻酸盐是褐藻酸的一种盐，褐藻酸是由 b-d-甘露醛酸和 a-菊糖醛酸组成的无支链聚合物，由 14 个糖苷键连接。海藻中含有钙、钠、镁和锶。因此，在萃取第一阶段，可通过酸将海藻酸转化为海藻酸，再经过碱处理生成海藻酸钠。海藻酸钠可溶于水、酸和碱，这有助于形成强膜。海藻酸钠的凝胶形成是通过离子交换机制产生的，钠被存在于形成海藻酸钙分散膜中的钙所取代。海藻酸通过与金属离子交联可用于开发不溶性聚合物或凝胶，从而通过延长食品的保质期、抑制水分流失和微生物生长、延缓氧化、防止食品表面变色等作用维持食品的稳定性与品质。

3. 纤维素及其衍生物

纤维素是植物细胞壁的主要化合物，由β-(1-4)糖苷键连接在一起的d-葡糖醛基线性链组成。天然纤维素含有大量分子内氢键，是一种高分子质量、冷水不溶性聚合物。因此，很难使用纤维素作为涂层材料。然而，一些纤维素衍生物的商业制备是采用醋酸酯或甲基取代纤维素的羟基。因此，由纤维素衍生物制成的可食用薄膜和涂层具有亲水性、水溶性、可生物降解、柔韧、坚韧、透明、无味、无臭、耐油、耐脂肪、能阻隔氧气和二氧化碳等特点。

4. 淀粉

粉是仅次于纤维素的第二大可被生物降解的聚合物。淀粉由葡萄糖单体（即直链淀粉）和支链淀粉（即支链淀粉）组成，支链淀粉是一种非线性支链淀粉，支链淀粉中葡萄糖单体通过α-(1,4)糖苷键和α-(1,4)糖苷键相连。淀粉通常含有大约75%支链淀粉和25%直链淀粉。淀粉由于具有透明性、可再生性、生物降解性和相对较低的成本，作为可食用薄膜和涂层材料的应用非常普遍。

5. 果胶

果胶是植物细胞壁的结构成分，由α-(1,4)-d-半乳糖醛酸和部分或全部甲基酯化羧基组成。商业果胶至少含有65%半乳糖醛酸和半乳糖酸甲酯。果胶是果蔬工业的主要副产品（主要是柠檬、酸橙、橙汁和苹果渣），广泛用作果酱、果冻、果酱和糖果的添加剂。由于果胶具有成胶特性，它被广泛应用于可食用薄膜和涂料的制备。人们已经研究了以果胶为基础的可食用薄膜和涂层的防止水产品体重下降、抑制微生物生长、减缓脂质迁移和改善水产品结构外观的能力。

6. 卡拉胶

卡拉胶是一种阴离子多糖，具有部分巯基半乳糖的线性链。它是从许多红色海藻（红海藻）的细胞壁和细胞间基质中获得的，包括真珠藻（*Eucheuma spinosum*）、阿瓦雷兹卡普（*Kappaphycus alvarezii*）、真珠藻（*Eucheuma cotton-*

ii）、crispus 软骨藻（*Chondrus crispus*）、丝隐藻（*clnea musciformis*）和丝状梭藻（*Solieria filiformis*）。卡拉胶广泛应用于食品、饮料、乳品、医药、化妆品和纺织等行业中，作为乳化、胶凝、增稠和稳定剂。卡拉胶的主要结构是由 α-(1,3)和β-(1,4)糖苷键连接的双糖交替重复单元。糖基以半乳糖的 C-2 或半乳糖单位的 C-2、C-3 或 C-6 为磺化物。卡拉胶主要有三种类型，即 κ 型（kappa）、ι 型（iota）和 λ 型（lambda），不同在于在半乳糖二聚体上的硫酸基团的数目和位置。κ-卡拉胶的成胶特性提高了其成膜性能。λ-角叉菜胶带负电荷，能溶于冷水，形成的膜和涂层比 κ-角叉菜胶和 ι-角叉菜胶稍弱。

7. 琼脂

琼脂是一种从红海藻（主要是江蓠和 *Gelidium* sp.）中提取的水胶体，由琼脂素（硫酸盐聚合物）和琼脂糖的混合物组成。通过冷却和加热，琼脂可以形成一种强的、热可逆的凝胶。琼脂糖素与非胶凝部分有关，而琼脂糖与胶凝部分有关。由于它的成胶能力，琼脂被用于薄膜和涂料。琼脂在低 pH 和高温下更稳定。琼脂基薄膜和涂料具有透明、均匀、柔韧、透明、透明等特点，并具有良好的物理力学性能。例如，Arham 等报道，琼脂基薄膜中的薄膜厚度、拉伸强度和断裂伸长率会随着琼脂浓度的增加而增加，但降低了薄膜的溶解度。琼脂在干燥状态下能溶于热水，但不溶于冷水，微溶于乙醇胺。

8. 普鲁兰多糖

普鲁兰多糖是从菌种普鲁兰（原称普鲁兰）中提取的胞外多糖。普鲁兰由麦芽三糖单元通过 α-(1,6)糖苷键线性聚合而成。这种水溶性多糖在食品、医药和化妆品工业中用作稳定剂、增稠剂、膨体剂和胶凝剂。普鲁兰是一种无毒、无致癌、无突变、可生物降解、可食用的生物聚合物，可生产无色、无味、无臭的透明薄膜和涂层。普鲁兰薄膜和涂层具有相当的机械强度，良好的氧气和二氧化碳屏障，抗真菌性能。普鲁兰在热水和冷水中都很容易溶解，在稀碱中也很容易溶解，但在大多数有机溶剂中却不溶。与其他生物聚合物（如淀粉和纤维素衍生物）相比，普鲁兰的价格相对昂贵，这限制了其在可食用膜和涂层上的应用。

二、蛋白质生物聚合物薄膜

一般来说，蛋白质生物聚合物的尾部含有100多个氨基酸，它们必须经过溶剂、热、酸和/或碱的变性才能形成薄膜。蛋白质薄膜和涂层的物理和化学特性受到氨基酸组成、静电电荷、两亲性和蛋白质的一级、二级、三级和四级结构的影响。蛋白质类生物高聚物的水汽阻隔性相对较弱，但具有优良的力学性能。

1. 小麦蛋白

小麦面筋是小麦粉中的一种疏水性球状蛋白，根据其在醇类中的溶解度可分为两类，即醇溶蛋白（可溶性）和谷蛋白（不溶性），分别占总蛋白含量的34%和47%。小麦面筋不溶于水，很容易以低成本大量获得。面筋膜和涂层是生物可降解的、透明的、均匀的、坚固的，并具有良好的水和气体（CO_2 和 O_2）阻隔性能。麦胶蛋白和麦谷蛋白由分子内二硫键组成，在具有良好弹性和强度的食用膜和涂层的形成中起着关键作用。在薄膜和涂料的干燥过程中，旧的二硫键由于加热而断裂，并形成新的二硫键，以及疏水键和氢键。由于二硫键的减少，麦谷蛋白和麦胶蛋白的溶解度都增加了水醇。

2. 玉米醇溶蛋白

商业上可获得的玉米蛋白，即玉米醇溶蛋白，是玉米油和生物乙醇生产工业的副产品。玉米醇溶蛋白是一种疏水性蛋白，非极性氨基酸含量高，酸性和碱性氨基酸含量低。玉米醇溶蛋白的蛋白质含量为90%，主要为丙胺，溶于乙醇水溶液。以玉米蛋白为基础的可食用薄膜和涂层是生物可降解的，耐油脂，光滑，坚韧，疏水性和抵抗微生物的攻击。此外，玉米醇溶蛋白由于含有许多疏水性氨基酸（主要是脯氨酸、丙氨酸和亮氨酸）而不溶于水，从而提高了膜或涂料的防水蒸气特性。然而，玉米醇基薄膜和涂层在本质上是脆的，因此需要进行一些改性来调整其弹性。此外，玉米醇溶蛋白已在商业上用作药用片剂、糖果产品和坚果的。

3. 可食用薄膜或涂层

酪蛋白基薄膜和涂料具有高溶解性、柔韧性、透明性和无味性，并具有优良的力学性能。酪蛋白基薄膜和涂层是由静电相互作用、氢键和最可能的疏水力形成的。由于酪蛋白的亲水性，它可以吸附在各种底物上，抑制 CO_2、O_2 和芳香化合物的迁移。然而，酪蛋白基薄膜和涂层提供有效防潮能力有限。

4. 明胶

明胶是一种天然的水溶性蛋白质，通过酸或碱水解从胶原蛋白中获得，存在于动物的皮肤、骨骼、结缔组织和肌腱中。明胶含有高浓度的甘氨酸、脯氨酸和羟脯氨酸。按加工工艺，明胶可分为 A 型和 B 型，分别由酸水解和碱水解得到。一般来说，A 型明胶是从猪皮中提取的，而 B 型明胶是从牛皮或猪牛皮和猪骨中提取的。由于食品安全和宗教方面的限制，从猪和其他哺乳动物中提取胶原蛋白（明胶）是有一定限制的。在这方面，已经制备了鱼皮明胶，并且变得越来越重要。明胶制备的可食用薄膜和涂层作为一种主要的生物高聚物在世界范围内具有较低的成本和优良的成膜性能和功能性能，因此受到了广泛的研究兴趣。在 35℃左右，明胶形成水悬浮液，冷却后形成凝胶。明胶因其成胶性，在食品工业中用作乳化剂、发泡剂和胶体稳定剂。从明胶中获得的可食用薄膜和涂层透明、柔韧、坚固，具有良好的透明度、力学性能和阻隔性，并能延长食品的保质期。然而，由于明胶膜具有亲水性，其防水性能较差。

三、脂类生物聚合酶

脂类不是生物聚合物，因此不能形成具有黏结性和独立性的薄膜和涂层。然而，它们可以与蛋白质和/或多糖结合，作为多层涂层或乳液粒子，增加可食用薄膜和涂层的水蒸气阻隔性能。食用膜和涂层中脂类的活性取决于脂类分子的化学排列、化学结构、链长、物理状态（液体或固体）、饱和程度和疏水性。例如，脂肪链的长度，化学基团的分布，以及不饱和的存在和程度都会影响脂质极性。脂质成分可能用于食用膜和涂料是天然蜡（如小烛树、棕榈蜡、蜂蜡和米糠），基于石油的蜡（如石蜡）、脂肪酸（如油酸、亚麻油酸、亚麻酸、月桂、软脂酸、硬脂酸）、植物油（如橄榄油、葵花油、菜籽油、玉米油）、矿物油、石油油和树脂（如虫胶和木材）。蜡是一系列非极性分子，是长链脂肪酸和长链脂肪醇的酯。在可食用薄膜和涂层中，由于存在长链脂肪醇和烷烃，蜡表现出高的水蒸气阻隔性能，但会产生脆性薄膜。而脂质的添加可增强食用膜和涂层的柔韧性、内聚性和疏水性，从而改善食品的香气、新鲜度、嫩度、外观和微生物稳定性。

使用可食用的薄膜和涂层在保护水产品的质量和安全方面已引起广泛关注。例如，Jeon、Kamil 和 Shahidi 通过浸泡（30s）将基于壳聚糖的可食用涂层应用于鲱鱼和大西洋鳕鱼，并证明了壳聚糖作为生物聚合物的潜力。被壳聚糖涂层覆盖的鳕鱼在 4℃贮藏 12d 后，相对湿度损失显著减少。然而，由于被涂覆材料的稀释，浸渍可能导致污染物进入涂覆溶液。此外，适当选择浸渍参数（主要是浓度、时间、温度）和干燥条件（主要是周围介质、时间、温度）可能会影响水产品的质量。相比之下，其他涂层技术，如喷涂和刷涂，可能提供更均匀的涂层，但成本更高，可能需要更复杂的设备。用卡瓦克罗尔微胶囊和葡萄籽提取物制备壳聚糖膜，以评价覆膜三文鱼的理化和微生物学特性。Alparslan 等在 26d 的时间内研究了明胶膜与月桂叶结合对虹鳟鱼质量的影响。研究发现，富含 EOs（1%）的明胶膜在 22d 内可以有效地将质量属性保持在可接受的水平。同样，通过添加牛至或迷迭香的提取物，使冷烟熏制的沙丁鱼被涂上壳聚糖-明胶膜，从而提高了其保质期。在另一项研究中，研究了壳聚糖和丁香油对冷冻比目鱼的理化、微生物学和感官特性的影响。结果表明，涂层可使牙鲆的保质期延长至 6d。此外，用壳聚糖和海藻酸盐对欧洲鲈鱼进行白藜芦醇包覆。结果表明，涂层对产品的结构和感官特性起着至关重要的作用。另一方面，Osheba 等认为壳聚糖获得的食用涂层降低了鲤鱼鱼片煎炸过程中的油脂吸收。以明胶和大麦麸蛋白为原料制备了一种复合膜，并应用于三文鱼。拉伸强度等物理性能随着明胶和麦麸蛋白含量的增加而增加，断裂伸长率随着明胶含量的增加而降低。Yu 等用甘油单月桂酸酯和 EOs（丁香）制备了壳聚糖基涂层，并报道了该涂层可以抑制内源性酶的活性，阻止了冷藏草鱼鱼片的结构恶化。然而，由于微生物变质和黑变病或变黑，甲壳类动物的保质期受到了限制。Yuan 等评估了石榴皮提取物和壳聚糖制成的可食性包衣对太平洋白虾贮存期间黑变病的影响。与对照组相比，涂层显著延缓了黑变病和颜色变化，并改善了太平洋白虾纹理。

第五节 新兴水产品杀菌技术

水产品腐败变质的原因主要是水产品本身带有的或贮运过程中污染的微生物，在适宜条件下生长繁殖，分解鱼体蛋白质、氨基酸、脂肪等成分产生有异臭味和毒性的物质，致使水产品腐败变质，丧失食用价值。这不仅造成巨大的经济损失，而且威胁到人们的生命健康。因此，以杀灭微生物为目标的杀菌技术，一直是水产品加工行业以及整个食品行业共同关注的问题。水产品加工不同于其他食品，不仅要求保持水产品原有的风味和色泽，还要具有良好的口感和质地。

传统热杀菌虽可杀死微生物、钝化酶活、改善食品品质和特性，但同时也会不同程度地破坏一些热敏性物料，如食品的营养成分和某些特性（包括口感、色泽和香味等），不能满足水产品加工的要求。与传统热杀菌比较，用非加热的方法来杀灭微生物的冷杀菌技术不仅能杀灭食品中微生物，克服了一般热杀菌传热较慢和产生热损伤等弱点，有利于保持食品固有营养成分、质构、风味、色泽和新鲜度，符合消费者对食品营养和原味要求，在水产品贮藏与加工中显示出良好的应用前景，已成为国内外该领域的研究热点。

超高压杀菌、生物杀菌、辐照杀菌、臭氧杀菌和酸性电解水杀菌作为常用于水产品杀菌保鲜的非热杀菌方法，能有效地杀灭微生物，应用于水产品的暂养杀菌或贮藏保鲜中，且能较好地保持水产品原有的营养口感、风味、色泽以及新鲜度，具有明显优势。将传统的水产品生食加工方法与非热杀菌相结合，可以在保持水产品风味的同时保证产品的安全性，具有良好的应用前景。

国外对非热杀菌技术的应用研究由来已久，如超高压在食品工业上的应用是由日本京都大学林立丸教授于 1986 年提出的。许多国家也都对一些非热杀菌技术的原理、方法、技术细节及应用前景进行了广泛的研究，并且研究的深度和广度正在不断扩大。我国对非热杀菌技术的研究起步较晚，但凭借着科技的进步以及非热杀菌处理食品的显著优点，近年来非热杀菌技术在水产品领域的应用得到了迅速发展。非热杀菌技术在水产品加工中的应用越来越受到我国科研工作者的重视。

一、传统杀菌技术

传统热杀菌技术是食品工业中最常用的杀菌技术，通过以热水、火、水蒸气等作为加热介质对食品进行直接或间接加热。其本质是通过燃烧燃料或电阻在食品外围加热，经过传导和对流等方式将热能转移到食品内部，使可导致食品腐败变质的微生物失去生命力，从而达到杀菌和钝化酶的目的。其优点是可准确控制温度，其缺点是热杀菌在杀灭导致食品腐败变质微生物的同时，也造成食品的色香味、质构和营养成分等质量因素的不良变化。在生产加工过程中生产者经常以食品中最耐热的微生物的热特性值及加热进程曲线为依据，从而进行热杀菌工艺参数的设定。目前，出口食品企业对罐藏食品、冷冻水产品、熟制蛋品等均采用此加工工艺，其主要目的是在杀灭有害微生物的同时使食品加热熟化。热力杀菌是食品加工企业产品质量安全控制的关键工序，是 HACCP 质量管理体系的关键控制点。

杀菌剂是能够有效地杀灭食品中微生物的化学物质，分为氧化型和还原型两大类。氧化型杀菌剂的杀菌机制是通过氧化剂分解时释放强氧化能力的新生态氧［O］，使微生物被氧化而致死。氯制剂则是利用其有效氯成分渗入到微生物细胞后，破坏核蛋白和酶蛋白的巯基，或者抑制对氧化作用敏感的酶类，使微生物死亡。常用的有过氧乙酸、漂白粉、漂白精等。使用浓度一般在 1~5g/L。直接用在水产品中的很少，而与水产品直接接触的容器、工具等都是采用这种方法灭菌的。还原型杀菌剂的杀菌机制是利用还原剂消耗环境中的氧，使好气性微生物缺氧致死，同时还能阻碍微生物生理活动中酶的活力，从而控制微生物的繁殖。常用的还原剂有亚硫酸及其钠盐、硫黄等。在水产品中使用此类化学保鲜剂的目的更侧重于防止产品表面的褐变产生。杀菌剂可以有效地杀死食品中的微生物，延迟食品的保质期。但杀菌剂如果使用不当，或者添加过量，会给人体带来一定的危害。

二、水产品杀菌技术研究进展

1. 酸性电解水杀菌技术

电解水（electrolyzed water）也称电解离子水或氧化还原电位水，是在特殊的装置中电解食盐或稀盐酸得到的具有特殊功能的酸性电解水和碱性电解水的总称。一般将pH2~3，氧化还原电位（ORP）大于1100mV的电解水称为酸性电解水（acidic electrolyzed water，AEW），通过隔膜式电解装置电解稀氯化钠、盐酸溶液或二者的混合液制备，具有一定的有效氯浓度（ACC 20~60mg/L）。酸性电解水的杀菌机制主要与其含有的有效氯含量、活性氧以及ORP、pH有关。有效氯含量是杀灭微生物的主要因素。活性氧可与氨基发生特异反应，破坏细胞膜并渗透到细胞内，破坏有机物的链状结构，从而使蛋白质及DNA合成受阻，使微生物致死。其次，高ORP值和低pH超出了微生物的生存范围，使细胞膜电位发生改变，导致细胞膜通透性增强、细胞肿胀及细胞代谢酶的破坏，细胞内物质溢出、溶解，从而达到杀灭微生物的作用。酸性电解水处理能有效延长水产品的保质期，并保持水产品原有的品质。

微酸性电解水（slightly acidic electrolyzed water，SAEW）通过无隔膜式电解装置电解稀氯化钠或盐酸溶液或二者的混合液来制备，pH为5.0~6.5，主要的有效氯化物形式为次氯酸，具有强抗菌性，弱腐蚀性，且在近中性的pH值下可最大限度地减少Cl_2的产生的特点，更环保、安全。在日本，强酸性电解水（pH（2.5）；ACC 20~60mg/L）和微酸性电解水（pH 5.0~6.5；ACC 10~30mg/L）已被批准用于食品加工中。

酸性电解水杀菌技术具有广谱高效、安全环保、电解水生成装置结构比较简单及生产成本相对较低的优点。然而，酸性电解水的杀菌活性成分易受时间、光照、空气及接触介质的影响，尤其是有效氯含量易随光照和空气而降解。为了尽可能长时间地保持酸性电解水的杀菌能力，由其制成的酸性电解水冰（AEW ice）是近年来发展起来的一种新应用。电解水冰技术从一种全新的角度开辟贮藏保鲜的新途径，其有效的低温及杀菌效果将有利于其取代自来水冰在生活中的应用，也为新型镀冰衣技术的研发奠定了理论基础。

2. 微波杀菌技术

微波杀菌（microwave sterilization）是利用电磁场的热效应和非热生物效应共同作用的结果。热效应是指微波能在微生物体内转化热能，使其本身温度升高，从而使其体内蛋白质变性凝固，使细菌失去营养和生存条件，最终丧失繁殖的功能而死亡。非热生物效应是指微波电场可改变细胞膜断面的电位分布，影响细胞膜周围电子和离子浓度，从而改变细胞膜的通透性能，使细菌由此丧失营养，结构功能变得紊乱，无法进行正常的新陈代谢，生长发育受到抑制而死亡。

微波杀菌是利用其选择透射作用，使食品内外均匀，迅速升温杀灭细菌，处理时间大大缩短；微波的穿透性使表面与内部同时受热，并且热效应和非热效应共同作用，杀菌效果好；微波可直接使食品内部介质分子产生热效应，微波能可被屏蔽，而且装置本身不被加热，不需传热介质，因此，能量损失少，效率比其他方法高。

3. 高压脉冲电场杀菌技术

高压脉冲电场杀菌（high voltage pulsed electric fields，HVPEF）是采用高压脉冲器产生的脉冲电场进行杀菌。其机制解释主要有电崩解和电穿孔。电崩解认为微生物细胞膜可看作一个注满电解质的容器，在外加电场作用下膜电位差ΔV会随电压的增大而增大，导致细胞膜厚度减小，当ΔV达到临界崩解电位差时，细胞膜上形成孔产生瞬间放电，使膜分解。电穿孔认为外加电场下细胞膜压缩形成小孔，通透性增强，小分子进入细胞内，使细胞体积膨胀，导致膜破裂，内容物外漏，细胞死亡。

脉冲电场作为一种新兴的物理杀菌技术，与其它方法相比，具有杀菌时间短、简单、方便、重复性好、效率高等优点，对食品杀菌的处理时间只需几秒就可达到商业无菌要求。同时，由于其利用的是电能，能耗低，不易造成污染，符合目前能源利用趋势。但是，由于处理系统电路设计的复杂性使得该系统的造价非常昂贵，从而限制了高压脉冲电场杀菌的工业化应用。另外，高压脉冲电场在黏性食品及含固体颗粒食品中杀菌的应用还有待于进一步的研究，操作条件还有待于进一步的优化。高压脉冲电场杀菌技术的工业化应用目前还存在着许多困难，但是高压脉冲电场处理以其优良的处理效果，低廉的操作费用具有良好应用前景。

4. 脉冲强光杀菌技术

脉冲强光杀菌技术（pulsed light sterilization）是近些年来出现的一种非热杀菌新技术，它利用瞬时、高强度的脉冲光能量杀灭食品和包装上各类微生物，有效地保持食品质量，延长食品保质期。脉冲强光杀菌是可见光、红外光和紫外光的协同效应，它们可对菌体细胞中的DNA、细胞膜、蛋白质和其他大分子产生不可逆的破坏作用，从而杀灭微生物。脉冲强光杀菌设备采用氙气灯管，发出能量高达 $2J/cm^3$，比紫外线灯管高200倍以上，能有效破坏各种细菌，穿透性能强于紫外线，因此可有效解决表面粗糙的食品和其他物料染菌问题。与放射线杀菌比较，脉冲强光杀菌设备成本低并且可以安装于食品加工生产线上，进行连续性生产，在生产成本和效率方面占有明显优势。

5. 稳定态二氧化氯杀菌技术

二氧化氯是一种强氧化剂，氧化能力约为氯气的2.5倍。其只与各种物质发生氧化反应，不与氨、腐殖酸或其他有机前体发生取代反应产生有害物质氯胺、氯酚和三卤甲烷，可以有效杀灭各种致病菌以及病毒，并且在低浓度和pH范围3~8内有效，是一种安全高效的消毒剂，被联合国卫生组织列为A1级消毒剂，在我国食品安全国家标准中，稳定态二氧化氯可作为防腐剂、食品加工助剂运用于食品加工中。目前，二氧化氯可应用于食品的保鲜消毒、饮用水消毒、藻类等生物污染控制、水产养殖等方面。

稳定态二氧化氯可运用于鲜活的虾、贝类等暂养杀菌，水产品的杀菌保鲜，或制成保鲜冰运用于水产品保鲜中，具有杀菌效果明显，残留量极低的优点。将稳定态二氧化氯应用于水产品的保鲜中，能有效延缓腐败变质，维持在贮藏期间的新鲜度。二氧化氯处理在适合的参数条件下对样品的外观、风味和质构等无明显影响，但在处理浓度或时间过长的情况下，也会由于二氧化氯的氧化作用等原因导致水产品的色泽发生变化。

6. 高密度 CO_2 杀菌技术

高密度 CO_2（dense phase carbon dioxide，DPCD）是液态 CO_2 和超临界流体 CO_2 或高压 CO_2 的统称。DPCD 技术是指在压力小于50MPa的条件下，利用高密度 CO_2 的分子效应达到杀菌和钝化酶的作用，一种新型的非热杀菌技术。目前DPCD杀菌技术的作用机制尚未明确，现有研究认为高密度 CO_2 产生的分子效应会导致以下几个方面的影响：降低食物的pH；对微生物细胞具有抑制作用；对细胞膜的物理性破坏；改变细胞膜通透性；钝化酶和孢子活性等，这些因素的综合作用达到杀菌的效果。

DPCD 技术能够降低杀菌所需的处理温度、压力及时间，与热杀菌相比其对热敏物质破坏较小，能保留食物原有的营养与风味，与超高压杀菌相比具有节能、成本低、无噪声等优点。DPCD技术应用于液体食品中能达到较好的效果，但在固体食品的应用中较困难，因为CO_2在固体食品中溶解和扩散较慢，并可能对其质构与品质产生不良影响。DPCD技术在水产品的应用研究主要集中在虾类和贝类，具有较好的杀菌、钝酶的效果，但随着处理压力、时间和温度的上升，在超过一定条件下也会对水产品的感官品质产生影响。此外，DPCD在固态食品中的应用还存在较多问题，如持续化操作受限、CO_2的扩散率较差和处理后的包装问题等。

考虑到塑料包装材料处理所面临的挑战，将可生物降解聚合物应用于食品包装材料是一种创新趋势。值得注意的是，研究表明，可食性薄膜和涂层通过减少滴落损失、质地软化、变色、含氮化合物积累、核苷酸分解、脂质和蛋白质氧化以及微生物生长，有助于延长渔业产品的保质期。然而，对生物聚合物如多糖、蛋白质、脂类、添加剂和包括EOs在内的活性物质之间相互作用的研究较少。此外，生物聚合物的浓度是生产薄膜和涂层的一个重要因素，这取决于被涂层食品的类型。生物聚合物的浓度在物理化学、机械、热和抗菌效果中起着重要的作用。高浓度的生物聚合物能提供更好的物理化学和抗菌性能，但它可以降低膜的强度。因此，必须针对每种产品制定优化膜的浓度。此外，由于两种或两种以上的水胶体可以提供更好的膜性能，所以有必要了解纯组分的协同效应。对这些生物聚合物来说，水蒸气阻隔性能是一个主要的挑战；然而，凝胶、脂质和EOs的组合可以成为解决这一问题的有效方法。大多数生物聚合物被认为是GRAS物质，但由于对味道存在负面影响，所以其作为包装材料的应用往往受到限制。特别是，在食品中加入EOs可能会改变被涂层食品的感官质量。因此，当在薄膜和涂层中加入EOs时，应该考虑其他方法，如封装。

未来水产品保鲜技术应加强新型保鲜剂、保鲜材料、新型杀菌技术的基础理论研究；在杀菌技术理论研究基础上，研发、改善杀菌技术相应的机械设备，降低设备成本以满足生产需要；充分利用栅栏原理，复合多种保鲜剂、保鲜材料和杀菌技术，以提高水产品的保鲜及杀菌效果。

参考文献

[1] 陈晓，莫敏婷，陶惠琴．辐照技术在水产品加工中的应用及研究进展［J］．北

京农业，2014（7）：37-38252.

［2］谢晶，李沛昀，梅俊．气调包装复合保鲜技术在水产品中的研究进展［J］．上海海洋大学学报，2020，29（03）：467-473.

［3］周亚军，方辉，李圣桡，等．肉制品保鲜技术研究进展［J］．农产品加工，2019（20）：67-71+76.

［4］吴锁连，康怀彬，李冬姣．水产品保鲜技术研究现状及应用进展［J］．江西水产科技，2019，165（03）：48-52.

［5］陈胜军，陶飞燕，潘创，等．虾产品低温贮藏保鲜技术研究进展［J］．中国渔业质量与标准，2020，10（01）：70-77.

［6］车旭，蓝蔚青，等．植物源生物保鲜剂在水产品保鲜上的研究进展［C］//第十一届长三角科技论坛水产科技分论坛暨2014年上海市渔业科技论坛．浙江省水产学会；上海市水产学会；江苏省水产学会，2014.

［7］Li X P，Zhou M Y，Liu J F，et al. Shelf-life extension of chilled olive flounder（Paralichthys olivaceus）using chitosan coatings containing clove oil［J］. Journal of *Food Processing and Preservation*，2017.

［8］Hassan，Bilal，Chatha，et al. Recent advances on polysaccharides，lipids and protein based edible films and coatings：A review［J］. *International Journal of Biological Macromolecules：Structure，Function and Interactions*，2018，109：1095-1107.

［9］L İzci，O Şimşek. Determination of quality properties of meagre（Argyrosomus regius）fillets coated with chitosan-based edible films［J］. *Journal of Food Safety*，2018：e12386.

［10］Olaia Martínez，Jesús Salmerón，Leire Epelde，et al. Quality enhancement of smoked sea bass（Dicentrarchus labrax）fillets by adding resveratrol and coating with chitosan and alginate edible films［J］. *Food Control*，2018，85.

［11］汪经邦，谢晶．多糖类可食性膜在水产品保鲜中的研究进展［J］．食品与发酵工业，2020，46（23）：269-278.

［12］Moczkowska M，Andrzej P273-282. L，et al. Quality enhancement of smoked sea bass（Dicentrarchus labrax）fillets by adding resveratrol and coating with chn process in relation to beef tenderness［J］. *Meat Science*，2017，130（08）：7-15.

［13］张晨，杨诗奇，李超，等．气调包装与其他技术结合在食品保鲜中的研究进展［J］．食品工业，2020，41（05）：292-295.

［14］刘庆润．气调包装在水产品保鲜中的应用现状及最新发展趋势［J］．中国水产，2009，09（04）：60-63.

[15] 陈小雷，胡王，周蓓蓓，鲍俊杰，裴陆松，吴向俊，李正荣．天然抗氧化剂茶多酚对水产品的抗氧化研究［J］．安徽农业科学，2016，44（01）：112-114.
[16] 李慧，包海蓉．天然多糖保鲜剂在水产品冷藏中的保鲜机制及应用形式［J］．食品与发酵工，2021，47（10）：271-277.
[17] 王铁龙，杨倩，侯阳，等．我国热力杀菌现状分析［J］．食品界，2019（4）：2.
[18] 李汴生，黄雅婷，阮征．非热杀菌技术在生食水产品中的应用研究进展［J］．水产学报，2021，45（07）：1259-1276.
[19] 赵永强，张红杰，李来好，等．水产品非热杀菌技术研究进展［J］．食品工业科技，2015，36（11）：394-399.
[20] 徐娟，张昭寰，肖莉莉，等．食品工业中新型杀菌技术研究进展［J］．食品工业科技，2015，36（16）：378-383.
[21] 张宾，邓尚贵，林慧敏，等．水产品病原微生物安全控制技术的研究进展［J］．中国食品卫生杂志，2011，23（06）：581-586.
[22] 李学鹏，励建荣，李婷婷，等．冷杀菌技术在水产品贮藏与加工中的应用［J］．食品研究与开发，2011，32（06）：173-179.

第九章

水产品的运输

近年来，为了适应社会发展和市场趋势，水产品逐步开始进行深加工。但需要不断升级其技术内容，如水产品加工、运输等技术，这样才能使水产品的加工不断发展和进步，因此水产品的运输、贮藏、保鲜等预处理至关重要。随着各种技术的发展和创新，现在渔船上配备了保温、板冻等设备，以保持水产品的新鲜。

第一节　水产品运输的环境条件

水产品具有低脂肪、高蛋白的特点，是人们摄取动物性蛋白质的一个重要来源，也是如今人们餐桌上不可替代的一部分。随着如今生活水平的不断提高，人们对于水产品的鲜活需求也在不断提升，传统的运输方法已经无法满足如今人们的需求水平，所以如何改善水产品的运输方法，提高水产品在运输过程中的存活率，进而实现“北鱼南吃，南鱼北运”的愿望是如今紧急需要解决的一个问题。

一、影响运输成活率的因素

1. 水中溶氧

鲜活水产品运输一般密度高，水中溶氧不足极易引起运输过程中集体缺氧窒息而大量死亡。在运输过程中保证水体中溶氧充足是安全进行鲜活水产品运输的重要条件。一般要配置一定的设备设施，运用有自水循环、增氧机增氧、氧气瓶供纯氧、活水增氧等方法实施增氧。

2. 水体温度

鲜活水产品运输选择在温度较低的夜间、凌晨以及秋冬季节进行运输最佳，水温高时放冰块运输有利于长途运输。降温要缓慢，梯度为每小时不超过5℃，环境温差不超过3℃。

全过程保持低温处理主要目的是避免夏季高温导致鱼虾猝死。造成水产品变质的主要原因有两个，一个是微生物的生长和繁殖，另一个是食物中固有酶的活性。同时，低温能抑制组织酶的自溶。在0℃时，组织酶的自溶几乎停止。因此，在水产品在运输过程中，低温对水产品的运输至关重要。

3. 水产品体质

水产品运输是一个漫长而烦琐的过程，由一系列操作组成，包括捕捞、包装、实际运输、拆包和储存。已知整个过程在水产品中引发应激反应。当水产品在此过程中或之后无法恢复稳态时，可能导致死亡。因此，必须在包装前对水产品的质量进行检查和评估，只运送具有较强抗逆性的健康优质水产品，以增加其运输后生存的机会。运输鲜活水产品一般要求体质健壮，身体瘦弱、有病有伤的水产品不能进行活体运输，否则极易造成死亡和损耗。在运输前要停喂1~2d，使体内积食排出，空腹运输，以减少途中排泄，提高成活率。

4. NH_3

绝大多数水产品在正常生存的过程中就会排放出NH_3，运输过程中水中的NH_3含量会逐渐增加，如果其含量过高的话，水产品就会出现抵抗力下降、惊厥以及昏迷等情况，严重的甚至会导致水产品的大量死亡。

5. pH

水中pH高低是影响水产品运输过程中成活率的一个重要原因，pH的上下浮动过大直接会影响到其自身的携氧能力，pH过高会增加NH_3的毒性，进一步导致水产品体内的纤维蛋白变性，从而损害其肝脏。

二、水产品运输的环境条件中的注意事项

（1）提高水产品的抗逆性，保持它们在良好的条件下，并在运输过程中减少对同类的压力，从而确保到达目的地和到达目的地后的良好生存。

（2）缩短包装和拆包之间的持续时间，以减少水产品的总氧需求和代谢废物的排泄，以及缩短鱼在装运过程中受到的胁迫，以减少水产品类的代谢，从而降低它们的耗氧量和代谢废物在系统中的积累。

第二节　水产品运输包装的设计

像其他包装一样，食品包装是在储存、运输和分销过程中保存食品的外部手段，必须在生产中心提供。与许多其他制造的消费品不同，食品特别是水产品的固有性质使其包装需求非常复杂。本节内容介绍了水产品的质量要求和合适的包装材料，以及食品接触应用包装材料的安全性。

一、包装材料

1. 玻璃容器

玻璃容器，如瓶子、罐子、玻璃杯和水壶，已经使用了几个世纪，在食品包装中仍然很重要。它坚固、坚硬、化学性质惰性，不会随着时间的推移而明显恶化。它对固体、液体和气体有很好的阻隔作用，对气味和味道有很好的保护作用。玻璃的透明性提供了产品的可视性，并且还可以模制成各种形状和尺寸。然而，它有缺点，如脆弱性、光氧化和重量等。

2. 金属罐

金属罐传统上用于加热灭菌产品，常见类型有标准镀锡板、轻质镀锡板、双还原镀锡板、无锡钢以及在钢和铝上真空沉积铝。对于包装食品来说，它们的内部都有涂层，以提供理想的性能，如耐酸性和耐硫性。金属罐具有优势，因为其强度高、制造速度快、易于灌装和封口。金属罐的缺点是重量大、重合闸困难、易处理。敞口卫生锡罐用于制造鱼罐头。一般来说，低非金属含量钢的磷含量为0.02%（称为磁流变优质钢）用于制造锡罐。

3. 纸张

食品包装大部分是用纸或纸质材料制成的包装储存和售卖的。由于其低成本、易得性和多功能性，纸张有可能保持其在包装工业中的主导地位。然而，纸对气体、蒸汽和湿气的渗透性很高，潮湿时会失去强度。普通纸不耐油，但制造简单。亚硫酸盐浆制成的白纸板用于制作双层纸箱，用作出口冷冻虾的内箱。纸板的主要特性是厚度可变、硬度强、不开裂的折痕能力、白度和印刷适应性。内纸箱应保持和冷冻产品不变形，适当关闭，并以适当的方式安装瓦楞纸箱。用于印刷纸箱的油墨应不含铅和铬等有毒金属。纸箱的外部应印有详细信息，如出口商的名称和地址、品牌名称、产品类型、净含量和尺寸等级。集装箱由牛皮纸制成的波纹纤维板组成。瓦楞纸板生产中使用的牛皮纸的质量在包装功能中起着非常重要的作用。它应该具有良好的机械强度，并且不应该由于装载、卸载和其他处理阶段的温度波动引起的湿气沉积而变弱。

4. 玻璃纸

玻璃纸是一种以棉浆、木浆等天然纤维为原料，用胶黏法制成的薄膜状制品。它透明、无毒无味。因为空气、油、细菌和水都不易透过玻璃纸，使得其可作为食品包装使用。玻璃纸是再生纤维素，它的分子团间隙存在着一种奇妙的透气性，这对商品的保鲜十分有利，通过结合各种涂层和修改，现在有超过100种不同等级的玻璃纸可供选择。

5. 聚乙烯（PE）

低密度聚乙烯（低密度聚乙烯）被包装行业广泛使用，因为它具有透明性、不透水蒸气性、热封性、化学惰性、廉价等特性，并且耐-40~85℃的温度。对有机蒸汽、氧气和二氧化碳的渗透性高，并且具有较差的油脂阻隔性能。在出口冷冻虾/鱼时，它通常被用作内包装。内包装应该是食品级的，并且在低温下是柔韧的。高密度聚乙烯树脂通过低压工艺生产，密度约为 $0.95g/cm^3$。高密度聚乙烯具有比低密度聚乙烯更线性的结构，与只有50%结晶度的低密度聚乙烯相比，结晶度高达90%。高密度聚乙烯比低密度聚乙烯更坚固、更厚、更不柔韧、更脆，对气体和水分的渗透性更低。它具有较高的软化温度（121℃），因此可以进行热杀菌。高分子量高密度聚乙烯具有很好的机械强度、较小的蠕变和较好的抗环境应力开裂性能。

6. 聚丙烯（PP）

聚丙烯是由丙烯聚合而成的。这些薄膜比聚乙烯更坚固、更坚硬、更轻，渗透性约为聚乙烯的四分之一到一半。食品工业中使用四种类型的PP薄膜，如下所示。

(1) 流延PP　运用延流涂膜的方式，无取向膜，特点是挺度好，耐油脂，耐热，还有很好的防潮性。然而，它对气体的阻隔性不好。

(2) 热定形聚丙烯（OPP）　所得薄膜具有高硬度、良好的湿气透过性，并能承受低温。一个缺点是它的抗拉强度低。

(3) 涂层聚丙烯　这些新型聚丙烯有热封涂层或萨兰（PVDC）涂层。其特点可以防潮和防毒。

(4) 复合聚丙烯　这有外层聚乙烯层围绕着聚丙烯核心。这种材料的热稳定性较高。

几乎所有这些材料都因其各自优点而被用于包装不同的产品。然而，近年来使用的塑料有许多缺点。塑料材料制造中使用的一些化学助剂在性质上可能是有毒的，并且当包装与食品材料接触时会转移到食品中。然而，塑料的优点是它们中的大多数都具有优异的物理性能，如强度和韧性。它们重量轻、灵活，而且抗裂。现在有各种各样的聚合物可以转换成各种类型的塑料包装材料。然而，简单的材料可能无法满足特定食物的要求，因为它可能不具备所有期望的特性。在这种情况下，可以使用由两层或多层具有不同性质的不同聚合物组成的共聚物或层压材料。

7. 聚苯乙烯（PS）

聚苯乙烯由乙烯和苯制成，对气体的阻隔性很好，对水蒸气的阻隔性很差。聚苯乙烯的新应用包括与阻隔树脂如乙烯-乙烯醇共聚物和聚偏二氯乙烯共聚物共制作而成，以生产热成型的广口容器和多层吹塑瓶，用于货架稳定的食品。为了克服聚苯乙烯的脆性，合成橡胶的掺入量一般不超过14%（质量分数）。高冲击PS是一种优秀的热成型材料。与丙烯腈丁二烯等其他聚合物的共聚提高了柔韧性。它也被用作包装新鲜农产品的保鲜膜。由于它晶莹剔透，闪闪发光，PS被用于泡罩包装和显示屏盖。这些材料的热封性能很低，经常会粘在热封机的钳口上。

8. 聚酯

聚酯可以通过乙二醇与对苯二甲酸反应来生产。聚酯薄膜作为食品包装材料的突出特性是其高拉伸强度、低透气性、优异的耐化学性、轻质、弹性和在宽温度范围（-60~220℃）内的稳定性。另一种特性导致聚对苯二甲酸乙二醇酯（聚酯）被用于袋装蒸煮产品，这些产品在使用前会被冷冻，并作为烤箱袋，它们能够承受烹饪温度而不会分解。虽然很多膜可以金属化，但最常用的是聚酯。金属化导致阻隔性能改善显著。水蒸气透过率降低 40 倍，氧气渗透率降低 300 倍以上。聚酯纤维的一个快速增长的应用是用于冷冻食品和预制食品的防烤箱托盘。对于这些应用来说，它们比箔托盘更好，因为它们能够被微波处理，而不需要外部纸板盒。

9. 聚酰胺（尼龙）

聚酰胺是二酸和二胺的缩合产物。第一种聚酰胺是由己二酸和己二胺制成的尼龙 6，易于操作，耐磨。尼龙 11 和尼龙 12 对氧气和水具有优异的阻隔性能，并且具有较低的热封温度。然而，尼龙 6 具有高熔点，因此难以热封。尼龙是一种坚固的高结晶材料，具有高熔点和软化点。高耐磨性和低透气性是其他特征。

10. 聚氯乙烯（PVC）

这种材料是由乙炔和盐酸反应生成的。它必须塑化才能获得所需的柔韧性和耐用性。通过使用正确的稳定剂和增塑剂，可以获得具有优异光泽和透明度的薄膜。薄塑化聚氯乙烯薄膜广泛用于超市，用于拉伸包装装有新鲜红肉和农产品的托盘。聚氯乙烯相对较高的水蒸气透过率可防止冷凝。定向薄膜用于新鲜产品的收缩包装。未增塑的聚氯乙烯作为一种刚性板材被热成型，以生产从巧克力盒到饼干托盘的各种各样的插件。未增塑的聚氯乙烯瓶比聚乙烯瓶具有更好的透明度、耐油性和阻隔性能。它们可用于包装各种食品，包括果汁和食用油。

11. 伯氨酯

其材料是由共聚的酸基团制成的，它们可以与锌或钠离子交联。如果伯氨酯被脂肪和油污染，也显示出优异的密封性能。并且它具有耐低温性和热黏性。类似地，乙烯-丙烯酸共聚物（伯氨酯）被认为具有高强度的密封和对其他基材的良好黏附性。

12. 共聚物

当生产聚乙烯树脂时，可以将其他单体与乙烯混合，使它们结合到聚合物分子中。这些内含物改变了聚乙烯的特性。通常使用乙酸乙烯酯，所得乙烯乙酸乙烯酯共聚物显示出了比改性聚乙烯更好的密封性能。乙酸丁酯也有类似的效果。

13. 铝箔

铝箔被定义为厚度小于 0.15mm 的实心板。铝具有优异的性能，如反射率、发射率、导热性、重量轻、耐腐蚀性、可加工性、耐油脂性和耐油性，无味无臭，耐热阻燃，不透明，无毒。无缺陷铝箔是一种完美的湿气和氧气屏障。在防潮和隔氧性能在水产品运输的应用中十分重要，因此铝箔总是与热封介质如聚乙烯或聚丙烯结合在一起。对于获得的性能来说，这是最便宜的材料。厚度 8~40μm 的箔片通常用于食品包装。

二、水产品的包装要求

1. 鲜活水产品包装

鲜活水产品是所有食物中最易腐烂的一种。在许多热带和亚热带地区捕获的 20%以上的鲜活水产品被浪费了。根据环境条件和生物的内在性质，捕捞后的水产品只能在有限的 4~6h 内保持新鲜，冷藏混合冷冻是减少这种浪费的最有效的方法。在当地市场上立即出售的水产品可能不需要任何特殊包装。然而，当运输路径较远时，需要适当的包装，以保证水产品的鲜度。适用于鲜活水产品的包装应具有以下特性：

（1）提供氧气屏障以减少脂肪氧化。

（2）保持湿润，防止脱水。

（3）延缓化学和细菌腐败。

（4）防止外部气味渗透。

为了保证将淡水活鱼送往销售市场或者加工厂地的品质，需要正确的运输处理方式及适当的包装。短距离时，鱼可以用普通卡车运输，活鱼可以装在带盖的绝缘容器中运输，容量从 300kg 不等。长距离运输时，容器里的水必须用便携设备充气和冷却，为了在运输过程中保持新鲜鱼品质良好，应使用合适的材料制作鱼箱。在购买鱼箱时应记住以下六条要求：

（1）适合于要处理的鱼的范围或要放入的产品的大小。

（2）便于用机械设备手动搬运或起重。

（3）堆叠，尽量避免使容器内的鱼受到挤压。

（4）用不透水不和染色的材料建造。

（5）容易清洗。

（6）提供排水。

鱼箱通常是由高密度聚乙烯制成的。虽然这样做有很多优点，比如耐用、轻便、易于清洁，但也有缺点，比如价格高，而且不能退货。使用约 25 公斤容量（鱼和冰）的一次性鱼箱，其包括纤维板纸箱、上蜡和防水箱。如果使用没有冷却系统的卡车运输，则应首选绝热纸箱，例如由模塑聚苯乙烯制成的板材。后者通常用于向批发和零售网点运送冰鲜和冷冻鱼及鱼产品。对于鱼片，每一层鱼片都应该包装得很薄，并用塑料箔与冰分开。

膨胀型聚苯乙烯材料盒子通常带有盖子，盖子非常贴合，可以有或没有排水孔。在典型的范围内，壁厚随盒子尺寸而变化；例如，6kg 容量的盒子的壁厚为 15mm，10kg 的盒子的壁厚为 19mm，25kg 的盒子的壁厚为 25mm。模塑聚苯乙烯鱼箱的主要缺点是强度不足，它们很容易因粗暴的搬运而损坏或折断。这限制了它们的大小和用途。聚苯乙烯很难清洗。聚苯乙烯盒子很难重复使用，而且通常是不可回收的。由于其体积较大，可能会造成处置问题。

2. 散装冰鱼包装

容器应具备以下标准：

（1）足够坚固，能够经受住运输和不同交通方式的严酷考验。

（2）重量轻、卫生且易于清洁。

（3）具有良好的绝缘性能。

（4）出于经济考虑，是否退货或不退货。

在一些亚洲国家，经常会用竹子和类似植物材料制成的篮子，用来包装新鲜的冷冻水产品。包装后，外面用麻袋包装并缝合。但是，他们包装机械强度低，堆叠易变形，而且容器的多孔表面易于吸收水分并积累黏液，为腐败菌创造了理想的滋生地，腐败菌会污染容器中的水产品。人们发现，装有 2.5cm 厚泡沫聚苯乙烯（聚乙烯套管）板的旧茶叶箱对长达 60h 的运输非常有益。铝、钢和玻璃纤维等材料也用于制造隔热容器。对于自行车小贩来说，由高密度聚乙烯制成的 U 形盒子（100kg）是理想的选择。现代隔热容器由高密度聚乙烯或聚丙烯制成，聚氨酯隔热材料夹在双壁容器的内壁和外壁之间。它们经久耐用，正常使用寿命一般会超过五年。

3. 鱼糜包装

鱼糜指的是从白肉鱼中机械去骨的鱼糜，经过清洗、精炼，并与防冻剂混合，以获得良好的冷冻保质期。鱼糜需要冷冻保存，直到用于加工成增值产品，如加工食品、虾和螃蟹类似物以及各种其他产品。为此，鱼糜通常被冷冻成矩形块。为了防止储存期间可能的变质，如氧化酸败和干燥，必须小心确保冷冻块不含任何空隙，并且所用包装材料应具有低水蒸气渗透性和低气体和气味渗透性。所采用的包装材料应足够坚固耐用，以承受搬运、储存和配送过程中的压力。块状冷冻虾的包装被认为对鱼糜是安全的。

4. 水产品碎肉包装

水产品碎肉的包装形成了便利形式的一个重要的增值产品类别。许多用于出口和国内市场的高附加值海洋产品可以由虾、鱿鱼、墨鱼、某些种类的鱼和廉价鱼的碎肉制成。增值产品在冷冻储存过程中发生的变化有干燥、变色、酸败等。采用适当的包装可以防止/延缓这些变化，并延长保质期。传统的包装材料如柔性塑料薄膜本身不适合这些产品，因为它们对产品提供的机械保护很少，因此产品在搬运和运输过程中会损坏。因此，热成型容器通常用于此目的。由食品级材料制成的热成型托盘适用于包装增值渔业产品。由聚氯乙烯、高抗冲聚苯乙烯和高密度聚乙烯制成的托盘不受低温影响，并可在储存过程中防止产品的干燥和氧化。

5. 干制水产品包装

适用于干制水产品的包装材料所要求的特殊功能是惰性、防漏、不透氧和防潮、透明度低以及抗机械磨损和刺穿。热带地区常用的散装包装材料有上蜡的瓦楞纸箱、木质或胶合板箱、竹篮或麻袋、干棕榈叶或椰棕叶以及多层纸袋。在所研究的不同包装材料中，发现高密度聚乙烯编织角撑袋与100号低密度聚乙烯层压在一起适用于干制水产品包装。从卫生的角度来看，高密度聚乙烯不受微生物和昆虫的侵袭。干制水产品消费包装常用的包装材料是LDPE。这些材料便宜，容易获得，并且具有良好的撕裂和爆裂强度。缺点是水蒸气和气体传输速率高，容易被尖刺刺穿或损坏。近年来，由聚酯和聚乙烯层压而成的小袋通常用于消费品的包装。

6. 罐头包装

一个合适的罐头包装应该是密封的、导热的、便宜的，并且不应该影响内容物的气味、味道、质地、颜色和食物价值。耐硫漆罐通常用于鱼产品。全世界用于制造鱼产品容器的常见材料是马口铁、铝和不含锡的钢（TFS）。多年来，制罐技术有了一些改进，包括罐材料。许多创新都是对罐头材料研究的结果，这些材料没有马口铁罐头的主要缺陷，如腐蚀和机械缺陷。由不含锡的钢制成的罐头，高锡的填角罐头和轻的涂锡的钢已经被试验过，但是最好的镀锡板的替代物，被认为是通过与镁和锰合金化而改性的铝。铝有几个优点，特别是它的重量轻，耐腐蚀，容易打开，金属可回收等。

7. 蒸馏型柔性容器

类似罐，即为可蒸馏的柔性容器是经过热处理的层压结构。它们货架稳定，并具有冷冻袋装产品的便利性。用于柔性容器的材料必须提供优异的屏障性能，以获得长的保质期、密封完整性、韧性和抗穿刺性，并且还必须经受热处理的严格要求。可蒸馏的柔性容器可以是蒸馏袋或半刚性容器。最常见的小袋形式由三层层压材料组成。一般是聚酯/铝箔/铸PP。外层聚酯薄膜是12μm厚。它用于保护箔片，并为层压板提供强度和耐磨性。铝箔的核心是用来给层压板必要的水、气体、气味和光的阻隔性能。箔片厚度通常为12μm，虽然7μm、9μm和15μm使用箔片。聚丙烯内层的主要功能是提供干馏袋所需的强热封和良好的产品阻力。该层还有助于保护铝箔，并有助于整体包装强度。可蒸馏材料的三层通过黏合层压结合在一起。这些干馏袋加工产品的优点是，它们不需要冷藏，可以很容易地打开和使用。通常，与类似尺寸的罐、瓶或其他圆柱形容器相比，加工时间可减少多达50%。还有其他优势，包括降低运输成本和空集装箱的存储空间。这种小袋还具有良好的货架吸引力，越来越被消费者接受。铝箔蒸煮袋的缺点是消费者在打开之前看不到产品。为了克服这个问题，透明袋是用聚酯、聚丙烯与二氧化硅或氧化铝涂层的层压材料制造的，它们不仅具有透明性能，而且具有非常好的阻隔性能。在中央渔业技术研究所（CIFT）开展的工作表明，在这些透明袋中包装和加工的鱼产品在环境储存温度下的保质期超过18个月。现在，不透明和粗糙的小袋都很容易买到，因为它们由许多行业制造，而且不贵。

8. 鱼肠包装

鱼肠是一种与流行的猪肉香肠相同的产品。鱼糜是基料，与其他几种成分混合后均质。将均质化的物质填充到合成肠衣中，如橡胶盐酸盐或偏二氯乙烯。外壳用金属环封闭，然后在85~90℃的水中加热，然后慢慢冷却。表面干燥后，香肠用玻璃纸包裹，并将其与聚乙烯层压在一起。鱼香肠保存在冰箱温度下零售；然而，当需要长期储存时，最好将其冷冻。内衬塑料薄膜的双面纸盒是短期储存的理想选择，但冷冻储存时，建议用于块状冷冻虾的包装。

9. 加速冷冻干燥产品

冷冻干燥技术在鱼类保鲜中的应用越来越受欢迎，尽管生产成本很高，因为该产品还有其他一些优点。这些几乎没有水分，其百分比一般小于2。这些产品非常易碎，很容易与空气发生化学反应，发生氧化、变色和吸水现象。它们通常包装在惰性气体中，以排除空气和氧气。因此，所用包装的主要要求是低氧含量和水蒸气透过率，以防止产品酸败和吸收水分，以及足够的机械强度以防止冲击。对于这些产品，建议使用纸/铝箔/聚乙烯层压板或金属化聚酯聚乙烯层压板袋或金属罐。

10. 咸鱼的包装

咸鱼是一种由低成本的鱼肉和其他配料如生姜、辣椒、醋酸等制成的增值产品。传统上，使用的玻璃瓶具有惰性、无毒、耐用、不透气和防潮等特性。然而，它们很重，容易破损，体积大，价格昂贵。为腌制鱼开发的新型软包装材料是基于普通聚酯层压低密度聚乙烯-高密度聚乙烯共挤出薄膜或尼龙/人造橡胶/丙烯酸丁酯/尼龙/丙烯酸丁酯/酚醛树脂。这些都是惰性的，可以制作成独立包装，并且可以印在聚酯薄膜的反面。

11. 活体水产品的包装系统

基本上有两种主要类型的。活鱼运输系统：一般为全程开放，使用活鱼缸的系统，还有就是用聚乙烯袋包装涉及鱼类的封闭系统。

一种用于活体包装的系统，如航空运输中的观赏鱼，第二种为封闭系统，用于大部分活体水产品的运输，一般生存条件需要满足鱼类需求所必需的。因为生存是自给自足，系统需要把水产品装进密封的聚乙烯袋，里面装满了水和过饱和的氧气，袋子的底部要有一个接缝或矩形底座，两个底角是用橡皮筋绑在一起的，热密封的拐角要圆润一些。

在活体运输的过程中要注意水产品的装载密度，防止出现较高的密度堆积。然后如果有些好斗的鱼，需要单独包装，以防他们互相攻击，单独包装的水产品是指包装在单独的聚乙烯袋中。当许多水产品被装在集装箱中里的时候，用同样的两个袋子，其中一个插入到另一个中，并且要在其中夹上报纸，用来防止漏水和防止由于穿孔而进入的氧气，然后加入一定体积的水。

随着活体水产品的运输，水和包装材料代表了托运货物的主要重量，生物量仅占托运货物重量的5%~10%。运费是根据托运货物的重量计算的，如果在给定的水量中包装更多的鱼，则可以降低运费。因此，活鱼运输的目的是最大限度地提高鱼的装载密度，同时保持鱼处于良好的条件，以达到较高的存活率。

三、水产品的包装安全和处理

许多类型的包装材料被用于水产品加工业。在工业化国家中，人们普遍关注废物流中包装材料的日益增多及其对环境的影响。正在制定关于包装的环境立法，旨在通过奖励、惩罚、自愿和强制性限制，从源头上减少包装，或促进包装的回收再利用。包装材料及其成分可能会迁移到与之接触的食品中并影响消费者健康和安全，这些问题也同样令人担忧。塑料越来越多地被用作水产品的包装材料，残留单体和添加剂的迁移可能会损害被包装产品的质量。如果印刷油墨和罐焊料中的有害金属和挥发物的渗透率超过可接受的限度，会危及消费者的健康。法律规定了这些有害物质在包装材料和食品成分中的限量以及完全禁止使用的包装材料。这些法律和限制因地域而异，为食品选择合适的包装系统时，必须考虑相应的标准，例如，海产品出口商必须了解这些法律和限制，以防止产品被拒或滞留而造成经济损失。最重要的是食品本身的稳定性，产品的稳定性是其化学、生物化学和物理性质的函数，并且会受到包装的渗透性或阻隔性的显著影响，因为食品成分如蛋白质、脂类和某些维生素可能会因产品水分活度的变化而发生有害的变化。其次，在评估包装所需的阻隔性能时，还必须考虑产品/包装系统在分销和储存过程中暴露的环境因素，如温度、相对湿度、氧张力和光强。最后，还应考虑特定包装材料的性质和成分，以及包装材料中的成分迁移到食品中对包装食品内在质量和安全性的潜在影响。塑料和塑料基材料在渔业中越来越多地被用作储存原材料或加工产品的容器。一些塑料主要用于软包装，如低密度聚乙烯、高密度聚乙烯、聚丙烯、聚酯、尼龙、聚苯乙烯、乙烯丙烯酸（EAA）和聚丙烯腈。除了基本聚合物之外，所有塑料都含有几种非聚合物成分，可分为三类。

（1）聚合残留物（残留单体、催化剂残留物、聚合溶剂等）。

（2）加工助剂（增塑剂、稳定剂、抗氧化剂、滑爽剂、润滑剂、抗静电剂等）。

（3）用途型添加剂（抗氧化剂、增白剂、发泡剂、脱模剂、着色剂、紫外线稳定剂等）。

其中，第一种类型的化合物是不可避免的，而另外两种类型的化合物则是在制造过程中或随后有意添加到聚合物中，以获得最终塑料材料的所需最终性能。高分子聚合物本身是惰性的，在水和脂肪体系中的溶解度有限。然而，当食品与塑料直接接触时，非聚合成分可能会从塑料中迁移到食品中，从而污染食品，会给消费者带来健康风险。对这一问题的认识使得国家和国际监管当局在食品包装应用中确立正确使用塑料的指导方针。这些指导方针对于限制食品包装中塑料的滥用情况是必要的。印度、美国、英国、欧洲和日本等不同国家和地区已经制定了食品接触应用塑料安全使用的规范和制造规范。这些规范基于现有的毒理学数据，主要涉及制造商在塑料组合物配方中使用的各种成分、添加剂和其他加工助剂。在这方面，确定了通常被认为安全的成分清单（GRAS）和食品包装中常用塑料的安全使用规范。塑料制造中使用的颜色中重金属的限值如下：铅（0.01%）、砷（0.005%）、汞（0.005%）、镉

(0.20%)、硒（0.20%）和钡（0.01%）。其他关于食品包装材料的规定包括对辅料（抗氧化剂、着色剂和增塑剂等）的规定。限制包括来自用于制造食品接触包装材料的所有助剂和加工助剂的添加。这些法规规定了用于测试符合性的短期提取实验（迁移测试）的时间/温度/溶剂条件。佐剂转移到食物中的迁移试验应在预期接触时间内的正常使用条件下，对给定包装中的每种食物进行。水、乙醇、乙酸和庚烷等模拟液体的食物被推荐用来代替实际的食物。然而，除了经济上的限制，食物的成分因地而异且不稳定，复杂的性质使得难以对其进行评估。此外，有限的测试时间不能很好地预测食品经长期保存后的情况。

食物分为几种类型，以确定整体迁移残留物。迁移残留物的测定方法取决于食物类型、模拟溶剂、时间和温度。马口铁用于制造食品容器已经有160多年的历史了。由于摄入过量的金属，发生了许多食物中毒的案例。食品中的锡含量高达250mg/kg时，监管机构通常可以容忍，而食品中的锡含量较高时会导致肠胃不适。三片罐的侧流用铅/锡（98：2）焊料焊接，导致一些铅被食物吸收，这取决于暴露在食物中的焊料量和食物的酸度。一些铅污染也可能来自锡镀层，其中可能存在杂质。几乎所有国家对罐装食品中铅的监管限制现在都是百万分之二。较新的焊接罐已经完全消除了焊料，并将罐头食品中的铅摄入量减少到十分之一左右。铝在食品和食品包装方面的安全使用历史悠久，被美国食品和药物管理局（FDA）认定为GRAS材料。在阿尔茨海默病患者皮质老年斑块中发现铝，表明长期暴露于水中和食物中低水平的铝可能与这种形式的痴呆症的病因有关。世界卫生组织建议的上限为每天1mg/kg · BW。

四、水产品包装的注意事项

1. 溶解氧含量

活体运输的最重要因素是在整个运输过程中向鱼提供足够的溶解氧。如果装载密度和运输时间超过鱼类的可容忍限度，则在行程后半段的包装水中可能会出现缺氧的现象。包装系统所需的溶解氧量与系统中包装的水产品的数量、大小和种类有关。

2. 减弱光强

当到达目的地，箱子打开时，如果光线突然涌入，鱼可能会受到进一步的压力。可以使用彩色非透明聚乙烯片或袋覆盖透明聚乙烯袋的下半部，或用亚甲基蓝使运输水变暗来减少在拆包过程中由于光的流入而产生的应激反应。

3. 抑制细菌繁殖

细菌开花是活鱼运输过程中的一个主要问题，因为细菌不仅增加了氨的负荷，与鱼类在运输水中争夺氧气，而且削弱甚至会引起鱼类出现疾病。市场上有许多化学品和药物可用于控制运输用水中细菌的发展。在欧洲和其他国家，严格禁止在运输水中添加抗生素。鱼类包装最常用的药物包括亚甲基蓝和阿曲霉素。

4. 缩短时间

影响包装系统水产品装载密度的主要因素之一是运输时间。如果运输时间缩短，可以在一定体积的水中包装更多的水产品，这可以通过适当规划和协调水产品的收获、调节、计数、分配和包装程序来实现。

5. 减轻胁迫

水产品通常在计数后预先装在聚乙烯袋中，袋子在实际包装前在 22~23℃ 的空调房间中放置 4~6h。这是为了使水产品适应包装条件，如限制、拥挤、高压和低温。不能适应包装前条件并有疾病迹象的鱼被淘汰，以减少大规模死亡的风险。虚弱或不健康的水产品最容易受到交通压力的影响，特别是在长途过程中。一旦出现死亡的情况，它就会与存活的水产品争夺氧气。还会引起细菌增殖、氧耗竭和有毒代谢废物的形成。

第三节　水产品保活运输方式与运输工具

水产品极易腐烂，超过 90% 的国际贸易是基于加工产品。然而，活鱼/贝类在亚洲和其他市场特别受欢迎，在这些市场，海鲜餐馆、超市和零售店展示活鱼的鱼缸越来越常见。水产品的运输和储存是通过科技进步实现的，这些技术进步包括专门设计或改进的罐和容器，以及装有充气或充氧设施的卡车和其他运输工具。在实验室以及渔船和运输工具上进行的环境压力对健康状况影响的生理学研究为水产运输及储存技术的发展提供支持。本章主要介绍水产品的运输方式及运输工具。

一、保活运输的概念与方法

活水产品无细菌腐败，食用安全。即席活杀，直接烹饪，不仅色、香、味俱佳，而且能最大限度地保留水产品原有的营养价值。因此，保活运输是保持水产品最佳鲜度、满足消费者需求的最有效方式，同时也可以提高企业的经济效益。

水生动物终生生活在水里，从水环境吸取新陈代谢所需的氧气，同时产生的二氧化碳等废气也向水环境排放，所以水环境对水产品的生存有很大的影响。在保活运输中，水产品所处的水环境与其原来生活的环境有很大不同。由于水环境的显著差异，会使所运输的水产品生理状态发生变化，严重者还会威胁水产品的生存，直接影响运输水产品的存活率。运用水产品保活技术的目的就是为了提高水产品运输的存活率。从原理上讲，包括两方面：一是降低活运水产品的代谢强度；二是改善活运水体的水质环境。可采用物理化学麻醉法降低水体和活运水产品的温度以及减少其应激反应等措施来降低活运水产品的代谢强度；采用供氧、添加各种缓冲物、抑菌剂、防泡剂和沸石粉等措施来改善活运水体的水质环境。

水产动物多为冷血动物。当生活环境温度降低时，新陈代谢就会明显减弱。选择适当降温法，使水温和鱼体温度缓慢降低，进而就可以降低水产动物的活动能力、新陈代谢速率和氧气的消耗，同时可以避免发生应激反应，以降低水产动物的死亡率，即能使其在脱离原有的生存环境后仍能存活一定时间。当环境温度降到其生态冰温时，呼吸和代谢就降到了最低点，使鱼处于休眠状态。因此，在其冰温区内，选择适当的降温方法和科学的贮藏运输条件，就可使水产动物在脱离原有的生活环境后，还能存活一个时期，达到保活运输的目的。

水产品保活运输按物理性质可分为干法运输（无水运输）和湿法（带水）运输。保活方法有增氧法、药物麻醉法、常规降温法、生态冰温法等。以上水产品保活运输方法也可以两种或几种方法混合使用，扬长避短，提高运输存活率。但不管采用何种运输方式，运输条件必须满足该水产品的基本生存条件，同时做好运输前的常规准备工作。

1. 增氧法

鱼呼吸主要依靠水体中溶解的氧来维持，保活运输时，由于鱼高度集中，容器中的水又少，加上鱼在装运过程中活动量增大，耗氧量也随之加大，会导致水体氧气供应不足，因此在装运时或运输途中需要向包装容器内供氧，以维持鱼的生存需要。增氧法是常见的简易方法，多适用于淡水鱼类。常用的供氧方法有以下四种。

（1）水淋法　是利用循环水泵将水淋入装有鱼的容器中，如此循环利用不断增加容器中的氧气，以保证鱼的需要。淋水保活运输适用于贻贝、扇贝、文蛤、花蛤、牡蛎、青蟹等，运输途中要定时观察并喷淋海水，不断增加容器中的氧气，以保证活体正常代谢的需要。

（2）充氧法　在运输车上安装氧气瓶或液态氧瓶，通过末端装有沙滤棒或散气石的胶管注入装鱼容器中。这种方法适合于用木桶或帆布篓等小型包装敞口运输活鱼时使用，也适合于用尼龙袋运输鱼苗、鱼种时使用。

（3）充气法　在活鱼运输车上安装空气压缩机将压缩空气注入盛鱼容器水体中，补充氧气。这种方法适用于采用木桶、帆布篓、鱼箱、车、船等运输活鱼时使用。

（4）化学增氧法　在一些缺乏充氧充气等条件的场合，可向盛装活鱼的容器中添加给氧剂、鱼氧精、过氧化氢等增氧剂，以增加水体中的溶氧。这种方法适合于用各种敞口容器运输活鱼时使用。

2. 药物麻醉法

药物麻醉法是采用麻醉剂抑制水产品中枢神经，使它们失去痛觉和反射功能，使活运水产品行为迟缓、活动量减少体内代谢强度降低，从而减少总耗氧量和水体中代谢废弃物总量，提高运输存活率的一种运输方法。当前该法仅限用于亲鱼、鱼苗，而食用鱼能否使用这种方法人们还有争议。麻醉法存活率高，有运输密度大、运输时间长、操作方便等优点，到达目的地后，放入清水中即可复苏。

选用药物的原则是对鱼药效高，对人无害；鱼易缓解苏醒；药价廉易购；药使用方便，易溶于水，并在低温下有效。目前常用于水产品活运的麻醉药有：乙醇，乙醚、二氧化碳、巴比妥钠、2-苯氧乙醇盐酸苯卡因、MS-222、碳酸氢钠、三氯乙醛等 21 种药品。药物麻醉法具有存活率高、运输密度大、运输时间长、操作方便、途中易管理、不需要特殊装置、运输成本低等优点，近年来日益受到渔业界的重视。国际上已采用该方法进行较大规模的活鱼运输，随着国内活鱼贮运业的发展，这种方法也将得到更广泛的应用。

3. 常规降温法

常规降温法就是采用缓慢降低运输水体与水产品的温度，降低活运水产品的活动能力，新陈代谢和氧气的消耗，从而达到在少水或无水状态下进行远距离保活运输的目的的方法。降温通常采用加冰或冷冻机的方式完成，降温的方法、速率与程度对活运水产品的存活率与运输成本具有巨大的影响。降温法运输最适宜于那些广温性的品种，如成鳗出口时的保活运输常采用此方法。

4. 生态冰温法

水产品和其他冷血动物一样，都存在一个区分生死的生态冰温零点，或叫临界温度。水产品的种类不同、生态环境（海水与淡水、暖水性与冷水性等）不同，其临界温度也不同。冷水性鱼类的临界温度在 0℃ 左右；暖水性鱼类不耐寒，其临界温度多在 0℃ 以上。从生态冰温零点到冻结点的这段温度范围叫生态冰温区。根据水产动物的生态冰温，采用控温方式，使其处于半休眠或完全休眠状态，降低新陈代谢，减少机械损伤，延长存活时间，以达到长距离保活运输的目的。该法应用较广，如鱼、虾、蟹、贝等的保活运输均可使用。

把生存冰温零点降低或接近冻结点是活体长时间保存的关键。鱼类虽各有一个固定的生态冰温，但当改变其原有生活环境时，往往会产生应激反应，导致鱼的死亡。因此许多鱼类如牙鲆、河豚等要采用缓慢梯度降温法，降温一般每小时不超过 5℃，这样可减轻鱼的应激反应，提高其存活率。对不耐寒、临界温度在 0℃ 以上的种类，驯化其耐寒性，使其在生态冰温区内也能存活。这样，经过低温驯化的水产动物，即使环境温度低于生态冰温零点，也能保持休眠状态而不死亡。此时，动物呼吸和新陈代谢极弱，为无水保活运输提供了条件。

5. 无水保活法

由于鱼类属冷血动物，有着冬眠现象。因此，可采用低温法使鱼类冬眠，以达到长距离保活运输的目的。日本学者曾使鱼处在生态冰温 7℃左右，保持鱼体湿润冬眠成功。一些水产品如鳗、蟹、贝等短期承受缺水能力强，运输时可以采取无水湿法运输。环境条件要保持一定的低温与湿度，以满足水产动物生存的最低要求。如果运输时间长还要注意在途中必须喷洒清水，保持水产动物体表的湿润。无水保活运输的特点是：不用水、运载量大、无污染，并且保活质量高，适合于长途运输。

二、运输之前的准备工作

1. 制定详细计划

运输鲜活水产品之前要制定详细的计划，安排好时间、物资、经费和人力等。

2. 选好运输时机

运输鲜活水产品时需要做到心中有数，应详细了解运输路线的基本情况，尽量选择不堵车、用时少的运输路线，选择适宜的天气，做好转运衔接的准备工作，组织好运输、衔接人员。

3. 准备运输设施

准备好运输车、运输工具，保证氧气供应充足。检查是否漏水，管道、供氧是否正常，氧气是否够用。途中可采用应急措施——换水或者补氧。装卸鲜活水产品要减少手接触水产品的时间以及水产品离水的时间。

4. 运输之前的准备

鲜活水产品运输之前还要进行拉网锻炼并在水泥池或者网箱里进行停食暂

养，以让鲜活水产品习惯密集环境，减少应激反应，提高耐低氧能力。同时，促进鲜活水产品分泌黏液和排泄代谢物，防止运输过程中，因为氨氮等排泄物过量会破坏水质。暂养时间在24h以上。

5. 严格挑选活体

捕获后储存和活体运输过程中的发病率和死亡率通常是由于暴露于不利的环境条件或物理处理引起的应激反应的结果。急性应激被描述为倾向于产生快速反应的短期扰动，可能是立即的或稍微延迟的。慢性压力被描述为长时间持续或周期性地暴露于压力之下，这往往会通过减少生长、损害生殖和使生物体易患疾病来影响整个生命周期。因此运输鲜活水产品必须经过严格挑选，要求体格健壮，无病、无伤。因为带病带伤的鲜活水产品经不起长途运输的刺激，极易造成死亡，运输之前要剔除出去。

6. 保障运输用水

运输鲜活水产品用水必须选择水质清新、有机质和浮游生物含量少、中性或者微碱性、不含有毒有害物质的水。井水较好，自来水需要提前曝气2~3d，去除余氯。在载重允许的条件下，尽量增加运输水量，降低运输密度。

三、运输工具及方法

1. 运输工具

目前，鲜活水产品最常用的运输工具是汽车，而且是经过改装过的专门用于鲜活水产品运输的车辆，同时优选运输方法，或者单一或者综合运用，最终目的就是提高成活率，降低损耗率。

（1）鱼桶和鱼盆　这是适用于短距离运输的常用工具，一般都用杉木制造，每个容水量为25~30kg，可用肩挑或自选车运载。市售的塑料鱼桶每个容水量约1000kg，车辆运载。

（2）塑料布　将厚约1mm的塑料布垫在车后的拖斗上，应保证塑料布不漏水。然后装入水，水面低于拖斗顶部10~5cm，放入成鱼或商品鱼、充氧器。最后在拖斗上方盖上网布或其他覆盖物，以防鱼跃出拖斗。该方法适用于汽车短途运输成鱼、商品鱼、亲鱼、鱼苗等，具有操作简单、方便、成活率高、成本低的优点。

（3）塑料袋　这是目前中小个体鱼类长途运输常用的容器，适用于水、陆、空多种交通运输工具。塑料袋是用一种白色透明耐高压聚乙烯薄膜制成，膜厚0.05~0.18mm，常用规格为700cm×40cm，袋口突出约15cm，宽10cm左右。装运时先在塑料袋中装入1/4的水，再将鱼、虾装入，然后挤掉袋中的空气，并灌入适量氧气，袋中水与氧气的比例为1∶3，用橡皮圈扎紧袋口，然后将塑料袋装入泡沫箱中，每箱可装1~2袋。夏天气温高，可在箱内入冰袋降温。用塑料袋充氧空运时，充氧量不宜过大，以防压差过大而爆裂。在运输途中，如发生漏气漏水时，应及时处理。此法成本较高，一般适于长途空运。使用此法进行活体运输，可获得较高的成活率，现已在世界各地被广泛采用。

（4）活鱼帆布袋（桶）　帆布袋由帆布涂胶膜缝制粘胶制成，形状同尼龙袋，大小根据用途可大可小，袋中灌水充氧扎紧后，即可作长途运输。这种工具弥补了尼龙袋等易扎破的缺点，并能多次使用，特别适合运输鳜鱼、罗非鱼、鲇鱼等具有硬刺（鳍）的水产活体。

帆布桶适用于对虾苗、亲虾、亲鱼等的运输。用粗帆布缝制成帆布桶，用铁架支撑，桶内装水约为容积的2/3即可。装运鱼、虾数量可根据鱼、虾个体大小、水温高低、运输时间长短等条件而定，一般每立方米水可装成鱼100kg左右。用火车、汽车、拖拉机、马车或船运输均可。途中采取换水的方法以补充氧气，所换的水，一定要事先处理好，以免发生意外，一般运程可达6d；如果经常给桶内充气或充氧，运程可更长。此法安全性好，但设备等成本略高。

（5）敞口水箱　敞口水箱可以借助水泵作自水循环，或者采用增氧机改善水中溶解氧，或者用纯氧纳米增氧管增氧。1只0.1m^{3}的敞口箱可装运鲜活水产品8~10kg，水和鲜活水产品重量比为(5~10)∶1。这种方法可连续运输7~9h。

（6）活鱼运输船　这是一种常用的活鱼运输工具，船体分大、中、小三种，船内分几个活水舱，舱底两侧开圆孔，孔径约2cm，用尼龙网遮拦，使水能进出船舱，而鱼不能外逃，其结构如图9-1所示。运输时，由于船行驶过程中，水体不断从船底两侧小孔流入舱内再排出，使舱中水体得到交换而经常保持清新，达到活水运输的目的。

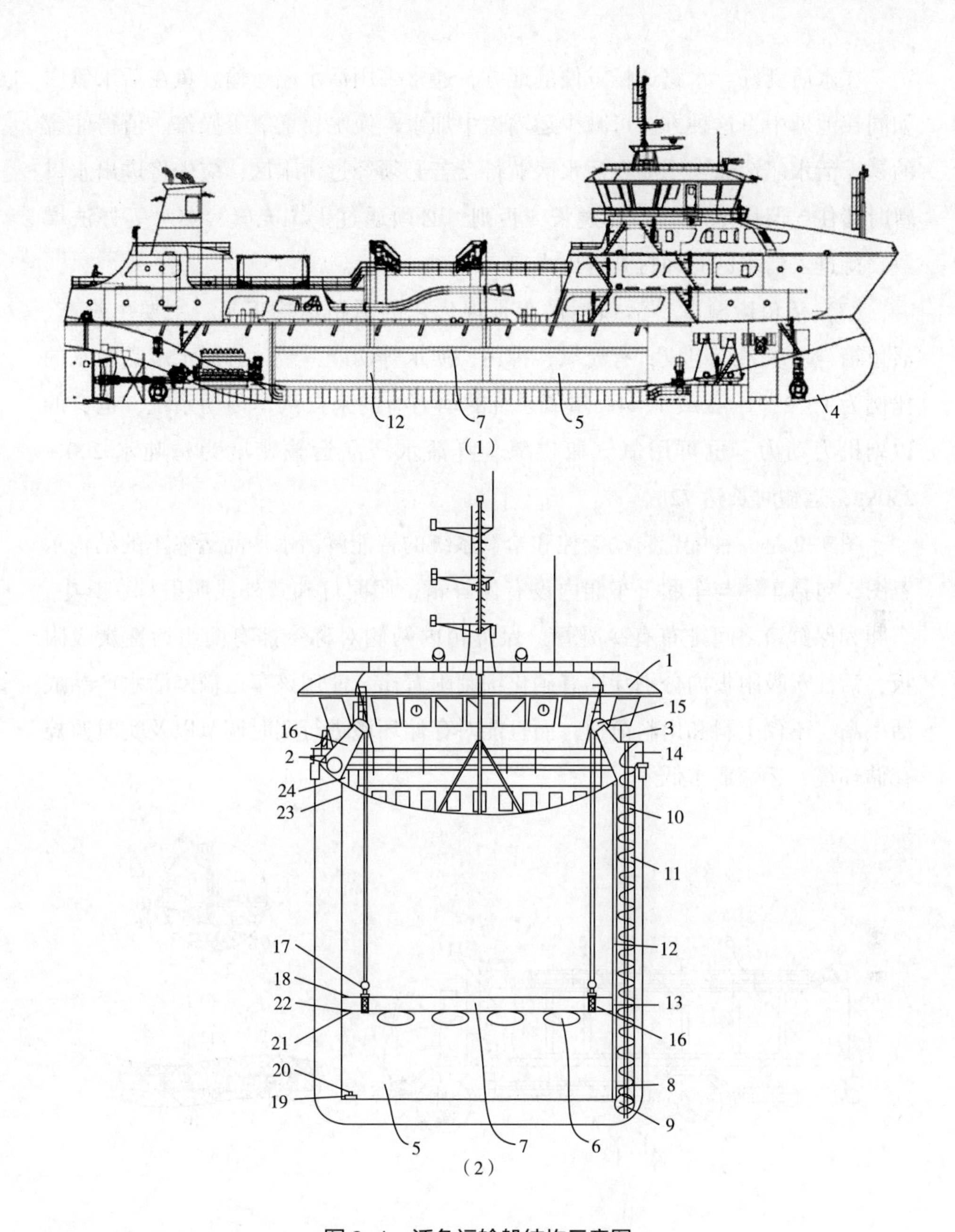

图 9-1 活鱼运输船结构示意图

1—运输船本体 2—电动绞盘升降机 3—第一驱动电机 4—第二驱动电机 5—内部储水腔室 6—助浮气囊 7—底部抬升框架 8—内置横向螺旋输送杆 9—底部排污槽 10—内置纵向螺旋输送杆 11—侧向排污槽 12—弧形侧向导轨 13—弧形侧向滑槽 14—弧形导料罩 15—内置导向轮 16—顶部导向杆 17—底部吊环 18—内置具鱼警示灯 19—底部限位板 20—底部进气管 21—底部装配插孔 22—电磁气阀 23—内部输气管 24—电动充气泵

在水质良好、水路通畅方便的地方，通常采用活水船运输。鱼在活水舱内如同在池塘中，这种方法可减少运输途中加水、换水、增氧等操作。值得注意的是，活水船运输，不能在污水区航行，若必须经过污水区，应先将进出水口暂时堵住，但堵塞时间不能过长，否则，必须通过人工充气、淋水等办法增氧，待进入清水区时即打开进出水口。

(7) 活鱼运输车　活鱼运输车是现代化的活鱼运输工具，主要由汽车、活鱼箱、增氧系统组成，有充氧、排污、换水等功能，装运鲜活水产品与水的比例为1∶2、1∶3或1∶4。增氧系统的动力有的来自汽车传动系统，也有的以副机为动力，也可用氧气瓶供氧。鲜活水产品运输密度为每吨水200~250kg，运输时长达72h。

图9-2是一种配置自动温控和给氧系统的智能鲜活水产品运输车的结构示意图，包括车体与车厢，车厢内设有保鲜箱、照明灯和紫外线照射灯。其中，车厢和保鲜箱之间排布有冷凝管，保鲜箱内两侧对称穿插有两组活性炭吸附板，活性炭吸附板内分别穿插有硝化细菌附着棒。使用该车运输鲜活水产品成活率高，不仅上料和出料简便，而且能对存储环境进行实时调节以及实时监控存储环境，运输成本低。

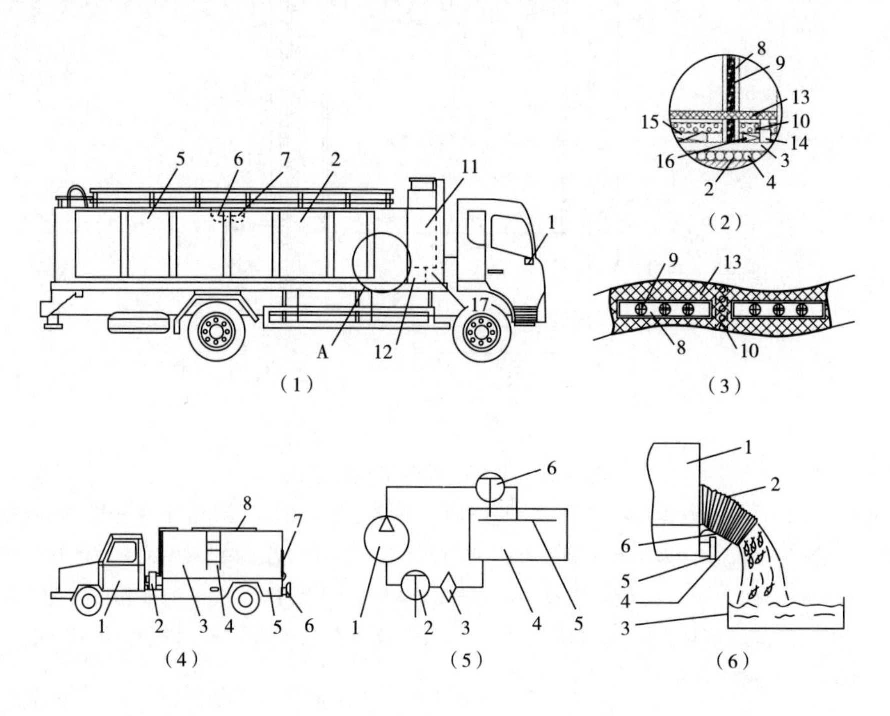

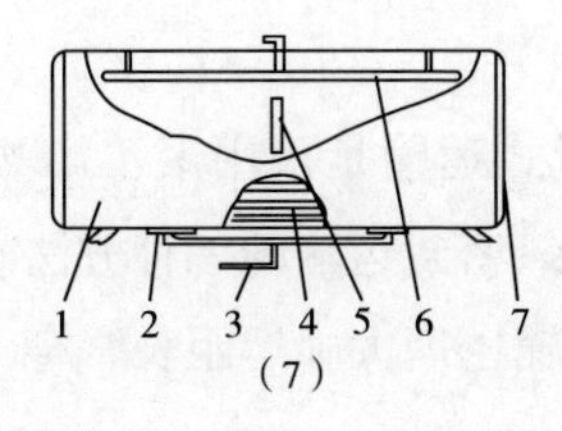

图 9-2　一种配置自动温控和给氧系统的智能鲜活水产品运输车

1—车体　2—车厢　3—保鲜箱　4—冷凝管　5—侧门　6—照明灯　7—紫外线照射灯　8—活性炭吸附板　9—硝化细菌附着棒　10—曝气充氧管　11—高压氧气瓶　12—制冷机　13—筛网　14—伸缩气缸　15—水温传感器　16—水质传感器　17—控制器

（8）机组运输　长途且较大规模活鱼运输时，一般采用集装箱或者是专门的汽车运输机组，具有自动化、易操作和运输量大等优点。运输装置一般由发电机组、照明装置、循环水泵、制氧机、过滤装置、杀菌装置和制冷机及活鱼仓组成，其工作原理及流程如图 9-3 所示。其中杀菌和过滤是 2 个重要环节。运输机组中，用于杀菌的方法主要有臭氧和紫外杀菌法。过滤主要是去除水体一些固定颗粒物和氨氮，常使用以泡沫分离装置为主、生物过滤为辅的过滤器或碳化棉过滤器。

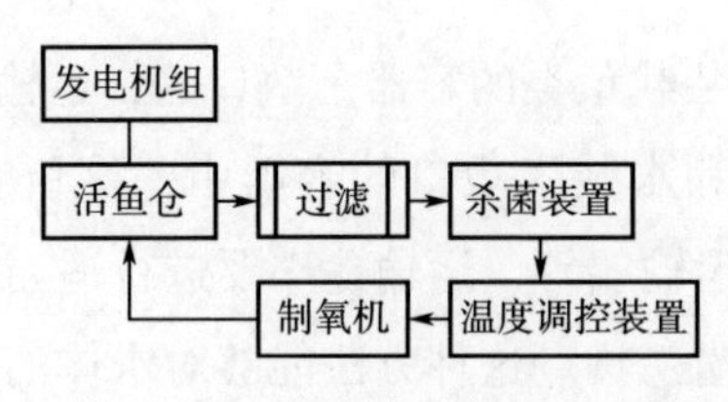

图 9-3　水产品运输机组工作流程

2. 运输方式

水生生物必须在不断变化的自然环境中生存，这种环境经历了日常和季节性的节奏。它们水生栖息地的物理化学特征也是可变的。就构成商业渔业基础的水产品而言，捕获和随后的加工使它们面临各种压力，如空气暴露、搬运和物理干扰、温度波动和暴露于不利的环境条件，因此其运输方法包括传统密闭式运输法，无水湿法运输，干法运输和科技含量高的机组运输法。此外，还有众多的辅助运输手段，如麻醉辅助运输等，而运输一般最常见的方式为保活运输，主要有以下几种方式。

（1）密闭式运输　密封式运输是采用聚乙烯塑料袋、橡胶袋或硬质耐压桶、罐等，装入鱼和水后充氧密封运输的一种方法。由于解决了运输过程中的供氧问题，这种方法具有运输密度大、运距长、存活率高、适应不同运输工具及节省人力等优点。

通常工具是尼龙袋，先把活鱼活虾消毒，装入配备好水的袋中，然后加入过滤装置，过滤面积足够大，过滤材料为细沙+活性炭+珊瑚石，最后挤掉袋中的空气，并灌入适量氧气，用橡皮圈束紧袋口，可直接运输，也可以将尼龙袋放入盛有水的大容器中，往水中加冰，可以起到防震、保持袋内水质等作用。

但如果运输的鱼是鳍上有硬刺的鱼，如鲶鱼、叉尾鮰、石斑、鳜鱼等，为了防止刺破影响运输效果，还是用橡胶皮充氧袋或2~3层尼龙袋运输比较安全。尼龙袋扎口后可以直接运输，也可以放在有水的大容器中。往水里加冰，让塑料袋漂浮起来，间接降低水温，降低鱼的代谢强度，维持袋中良好的水质。使用尼龙袋运输时，注意途中检查，是否有松动或袋子被刺破，及时更换袋子和补充氧气。如果运输过程中携带氧气瓶不方便，可以准备一个以上的充氧备用尼龙袋。

（2）开敞式运输　装载鱼类的容器是敞口的，运输方法一般有以下几种。

①带水运输是将鱼和水装入敞口的容器中，盛鱼容器可用帆布鱼篓、木桶、活鱼运输车、活鱼运输船等，运输途中要进行适当的换水、充氧及排污操作，适用于水陆交通运输工具。这种方法能够对水体的水质、水温、溶解氧进行一定的人工调节，与其他常用运输方法相比具有方法简便、运输量大、存活率高、运输成本低等优点，尤其适合大个体鱼类的运输。

②无水湿法运输（又称湿润法运输）如鳗鱼、泥鳅、乌龟、黄鳝等，在运输过程中不一定完全浸泡在水中，只需要保持湿润即可，可用水草裹住鱼体或对鱼体淋水等方法保持一个潮湿环境，避免水分的大量蒸发和表面干燥而影响呼吸，使水产品能借助皮肤呼吸作用生存一定时间。此法是将蒲包、麻袋、木条箱、柳条筐以及特制的包装器具等湿润后装载鱼类或特种水产动物，运输途中一般要求淋水以保持湿润的一种运输方法。这种方法比较适用于鲤、鲫、草鱼等成鱼的短途调运（6h 以内）和其他特殊呼吸器官水产品的长途运输。运输途中要注意通风，要避免挤压、暴晒、高温（夏季有条件的可用冰或空

调等调节温度)。

③化学增氧运输带水敞口运输活鱼，尤其是长途运输，在没有充氧条件时，可采用向运输容器水体中添加增氧剂、鱼氧精、过氧化氢等增氧药品增加水体溶氧。把氧气运输剂放在鱼桶水中6h，可产生1L氧气，能减少鱼类因密度过高、氧气不足所引起的死亡。氧气运输剂的配方：过氧化氢15g，抗坏血酸15g，活性炭15g，pH调节剂5g，黏合剂5g，丙烯酸-已烯醇共聚物5~6g。

④麻醉辅助运输在运输过程中，麻醉药可以使鱼类进入类似的休眠状态，对外界不敏感，行动迟缓，降低活动度，降低水产品的代谢，从而提高运输成活率。鱼的麻醉行为是一个渐进的过程。麻醉剂首先抑制大脑皮层，然后作用于基底神经节和小脑，最后作用于脊髓产生麻醉作用。过多或过长时间的暴露会深入骨髓，使呼吸和血管舒缩中心瘫痪，最终导致死亡。不同水产品在不同麻醉剂中的行为表现有差异，以鱼类为例，可将麻醉程度分为6个时期（表9-1)，其中第Ⅱ期适合麻醉运输。

表9-1 麻醉程度分期及鱼类行为表现

行为表现分期	视觉	触觉	重压	肌肉张力	平衡感	鳃盖振动频率	备注
第Ⅰ期（轻度镇静期）	±	±	+	+	+	正常	
第Ⅱ期（深度镇静期）	-	-	+	+	+	略减少	一般用于运输
第Ⅲ期（平衡失调期）	-	-	+	±	±	增加	
第Ⅳ期（麻醉期）	-	-	±	-	-	增加或减少	最佳操作时期
第Ⅴ期（深度麻醉期）	-	-	-	-	-	慢	应立即进行复苏
第Ⅵ期（延髓麻期）	-	-	-	-	-	停止	无法恢复，死亡

注：“+”表示正常；“±”表示略失；“-”表示丧失。

麻醉剂的有效应用可以减少鱼类过量死亡的风险，无论是车运、船运都可以进行麻醉运输。药物辅助鲜活水产品运输具有成活率高、密度大、时间长、操作简单、管理方便、不需要特殊装置和运输成本低等优点，可以在较大范围内应用。为了有效地保证水产品的成活率，最关键的是正确选择麻醉药物和剂量。

在运输过程中，应根据水温、装运密度来确定麻醉剂的浓度。由于麻醉剂可能会在水产品内残留而危及人体，或者由于控制不当，可导致水产品大量死亡。通常情况下，需要慎重使用渔用麻醉剂。目前应用的麻醉剂有：美国食品药物管理规定认可的 MS-222，日本、澳大利亚、智利、芬兰和新西兰等认可的丁香酚，另外还有 CO_2、2-苯氧乙醇、乙醚、碳酸、苯巴比妥纳和盐酸普鲁卡因等。除此之外，还包括低温麻醉、电击麻醉和针灸麻醉等非化学药物麻醉。

⑤低温运输。调低温度可以降低水产品的活动能力、新陈代谢和氧气的消耗，所以说这是提高运输成活率的一种运输方法。由于有些鱼类死亡的临界温度较高或不能忍受低温，所以，不能采用大幅度降低水温的方法进行运输。因此，低温运输方法最适宜于那些广温性的品种。如成鳗出口时活体运输，常采用此方法。

⑥干法运输又称无水运输法，它主要指无水充氧包装和低温锯末包装运输。运输密度高，成本低，无需水质管理，日本对虾、梭子蟹、龙虾的运输可采用此方法。无水充氧包装是指将水产品直接放入袋中，摊平，充氧，然后密封；将经过预处理的虾直接放入经改装的人工气候箱中，分别开启上下超声雾化增湿器和风扇进行雾化增湿，保持 100%湿度，同时持续充纯氧，控制氧气体积分数超过 70%，放入泡沫盒中密封，日本对虾、梭子蟹用木屑纸箱运输，同时尽量在低温条件下运输。到达目的地后，再将鱼放入水中，鱼会重新苏醒过来。鱼在这种脱水状态下，生命可维持 24h 以上。这种运输法不仅使鱼的鲜活率大大提高，而且可节省运费 75%。

四、运输过程中的注意事项

为了提高运输过程中的水产品的健康和存活率，开发了各种方法，例如包装在冷冻锯末或粗麻布中，或者浸泡在专门设计的罐或活体中。由于水产品对环境干扰的耐受性的差异，推荐的方法因物种而异。鲜活水产品运输是一个专业性很强的工作，不论采用何种运输工具、何种运输方法，运输鲜活水产品都要注意以下事项。

1. 严格挑选活鱼

运输的鲜活水产品必须经过严格挑选，要求体格健壮，身体无病、无伤。因为带病带伤的鲜活水产品经不起运输刺激，极易造成死亡，因此运输之前，该类水产品一定要剔除。运输之前要停喂1~2d，使其体内积食排出，空腹运输，以减少其途中的排泄，提高成活率。鲜活水产品在下网、起鱼、过数、装袋、进箱、搬移等一系列操作中应力求动作轻快，以减少鲜活水产品机械性损伤，提高鲜活水产品运输的成活率。

2. 适当降低水产品中的水分活度

水产品中的水分含量对细菌和酶有直接影响。一般来说，细菌的发展需要50%~60%的水条件。水分含量的降低不仅能有效地抑制细菌的生长和繁殖，而且对酶的活性也有较大的抑制作用。通常有三种具体的方法：干固化、湿固化和混合固化。

3. 运输前冷却

冷藏的板条箱中（2~10℃）建议使用循环海水，同时也可使用储罐、湿井或大多数水产品在运往活禽市场前都要经历冷藏以减轻压力。活虾应该被冷却以达到昏睡。由于快速冷却会导致腿和爪的损失，温度应缓慢降低。包装在预先冷却的锯末或刨花中是为了最大限度地减少压力，而一些物种，如黑虎虾（斑节对虾）和淡水虾（罗氏沼虾）可以用塑料袋包装在含氧水中。活龙虾容易受到温度变化、低湿度、低氧和过度拥挤的压力。有爪的活龙虾也可能遭受同类相食和爪伤。因此，建议进行冷却、吹扫，以减少含氮废物和爪箍。类似的做法也适用于其他龙虾物种，冷却程度因物种而异。

活螃蟹通常被描述为非常脆弱的动物，应该小心处理。螃蟹对阳光很敏感，因此应该避免直接接触。包装在浮笼储存活产品。充足的水循环和低水温（2~10℃）是保证某些物种生存所必需的。建议在运输之前，在受控的湿度条件下（70%）缓慢降低体温，并将潮湿的刨花或报纸包装在通风盒。淡水小龙虾是一种水生动物，其特点是对活体运输的压力具有较高的耐受性，其包装和运输指南与其他甲壳类动物的指南相似。淡水小龙虾通常被保存在装有流通水和生物过滤的水槽中，以便在运输前进行24h的清洗。建议在装有潮湿泡沫或刨花和冷却包的绝缘容器中包装。

4. 选用合适的容器

采用不同的运输工具就要选用合适的容器。例如汽车运输则要选用立式白铁皮箱（桶），根据不同类型的汽车制作不同规格的白铁皮箱（桶），以增加汽车运输鲜活水产品的数量，方便管理，如果能配上增氧机设备，运输则更为安全。

5. 调节合适水温

鲜活水产品运输水温以6~25℃为合适。水温在5℃以下鱼体则易受冻出血，滋生霉菌；15℃以上时，鱼体活动强，新陈代谢加快，排泄物增多，易使腐败作用加快恶化水质，损耗增加。夏季鲜活水产品活动强，新陈代谢加快，排泄物多，易使腐败作用加快，恶化水质，应采取降温措施，例如放置冰袋，也可安排凌晨或者夜间运输，避开高温；冬季过冷时也不适宜运输，运输时间最好安排在白天，以防冻伤或者冻死，以提高运输成活率。

6. 加强运输途中管理

运输之前或者途中都要检查盛装鲜活水产品的容器是否破损，鲜活水产品是否正常，有无浮头或者死亡现象，水温及含氧量是否有显著变化。运输用水一定清洁、溶解氧含量要高，途中要勤换水。

第四节　水产品的控温运输技术

水产品在储存和加工过程中，风味特性和理化特性会随时间发生变化。随着脂肪氧化和蛋白质变性，品质特性降低，死后进入自溶和腐败期。由于内源酶的分解和体内微生物的生长繁殖，保水能力的降低会导致腐败。在到达消费者手中之前，水产品要经过物流、加工、销售和储存等过程。而温度变化是影响水产品质量的重要因素之一，可通过一系列技术控制温度的变化，其中最主要的技术有冷链物流等。

一、水产品贮运中的各个温度点

水产品配送运输温度为-18℃、0℃和4℃等；在销售市场冷藏陈列的温度通常设定为 2℃，消费者购买至家庭储藏温度设定为 4℃。冰箱波动范围(±0. 2℃)。因此在运输易腐产品时，尤其是水产品，提供货物暴露的温度和湿度的记录变得越来越重要。许多产品在室温下变质得很快，而且随着温度的升高而更快。水果、肉类和鱼类等食品不能在没有冷藏的情况下长途运输。在某些情况下，冷却到 13℃就足以使香蕉等新鲜产品（或不容易冷冻的产品）出售。易腐产品必须保持在一个可控制的温度，从原产地到交货到零售商或药房这一过程，称为“冷链”，它既包括“冷藏集装箱”，也包括仓库、配送中心和最终区。在整个链条中，风险始终存在，这也意味着货物有可能超过允许或安全的温度水平，从而使冷藏箱的温度上升，产品损坏。

低温无水保活运输是水产品运输的一种新方法。鱼类或其他水产品将处于休眠状态的假死状态，通过在它们相应的生态冰温区进行适当的梯度冷却，以减少呼吸和新陈代谢来提高存活率。水产品无水活运输在生态冰温区通过适当的梯度降温，使水产品在假死状态下处于休眠状态，减少呼吸和新陈代谢，提高成活率。通过实施在线监测代谢气体和控制冷链的温度、湿度，从而控制和跟踪活体运输的质量。活鱼运输的这些应用为鲜活水产品冷链物流的追踪和优化提供了理论依据。

二、水产品控温运输的工作流程

水产品控温运输的工作流程大致可分为七个步骤：从渔场捕捉活鱼、鱼类暂养、梯度降温休眠操作、称重、将休眠活鱼留在冷藏车内、唤醒冬眠鱼和鱼末出售或加工。该方法的具体步骤如下。水产养殖中的鱼可以从养殖车间转移到临时饲养车间；然后根据鱼的生物学特性自动梯度冷却；当他们完全入睡后，再将他们移入包装车间，称重以确定氧气需求；之后，鱼将被包装，并转移到冷藏车中，完成冷链保持现场运输；在目的地，水产品将在停靠池塘中被逐渐加热和唤醒，并返回到生活状态。最后，水产品将出售给消费者或在食品厂加工。通过分析，可以确定水产品控温运输现场应用的流程和系统要求。因此，将在整个过程中对其进行多因素监测，以进行采集和分析。因水产品处于控温监控状态下，所以识别和跟踪变得容易实施和执行。采用这种运输方式的关键因素是提高运输效率，降低成本。

三、水产品的控温管理系统

一般的水产品控温管理系统可分为四个部分：实时监控、冷藏车管理、监控数据分析、处理和系统配置。实施可追溯性系统后，产品控制、工作组织、时间管理、流程自动化方面的改进得以实现，并增加了消费者的信心。采用水产品控温技术使一个灵活、可扩展的系统很容易地应用到任何农产品保鲜业务流程。水产品控温技术不仅在运输过程中获取动态环境变化，而且还利用相关执行器操纵这些关键参数的波动，以抑制微环境波动，满足运输中低应激反应鱼类的福利。对于水产品运输来说，车厢内包装的微环境是影响运输效率和成活率的关键。微环境主要包括室内空气温度、波动范围、内部湿度和实际振动。它将包装好的水产品转移到舱室，在各种冰温范围内调节和控制内部温度，并将温度波动控制在0.38~1.08℃的狭窄范围内。室内湿度控制主要通过加湿器来实现。在内部结构设计和布置中，应考虑运动因素并采取防振措施，以减少鱼体受伤或死亡。并需要动态供氧和自动吸附有害物质的设备。

在冷链物流中运输活水产品时，应精确监控环境参数，尤其是温度和气体调节。监控模块由环境传感器节点和数据采集节点两部分组成。终端传感器阵列具有氧气传感器、氨气传感器、二氧化碳传感器、同步时钟模块和温湿度传感器，由片上系统 CC2530 互连和管理。便携式电池电源用于驱动这些传感器获取环境因素，印制电路板天线用于与汇聚传感器节点通信。同样，汇聚传感器节点可以利用芯片 CC2591 采集分布式传感数据并放大接收信号。该模块通过专用串口与移动模块中的全球定位系统和 GPRS 连接，由于接收作业和网络维护具有持久性，由车载电源供电。气体传感器、温度和湿度传感器通过使用吸盘或强磁体单独部署在冷藏车的墙壁上。环境数据被收集和打包，并临时发送到无线协调器节点和移动终端节点进行处理和分析。软件管理系统能够有效监控物流信息，实现对供氧和氨、二氧化碳积累的实时控制。同时，关键环境因素可以在网页上预测和展示，为决策管理提供更多的支持依据。

1. 国内研究现状

早在 16 世纪中叶，国外已经开始了对于水产品运输技术的研究。瑞典制造的 KVA 型聚氨酯保温鱼柜可以快速降温，防止鱼变质。日本的研究人员将活鱼保持在不呼吸的冬眠状态，防止它们消耗能量，危及其的生存，大大延长运输时间，还有日本水产食品公司哈汉博物馆开发的保鲜包装袋，水产品成活率在 90%以上。这种包装盒有三层结构，不漏水，可以充入足够的氧气，盖子可以密封紧密。在欧美国家随着监控技术的发展，从水产品的打捞，加工成食品和包装，最后由车辆运送到各地零售店，整个运输链中的所有信息，特别是水产品的环境信息，都在实时监控中，确保食品的安全可追溯性。并在水产品安全方面，加大监管和执法投入，从而确保国家餐桌上的食品安全高效。以美国为首，水产品保鲜运输率先实现产业现代化，形成了一整套以物流为基础的监控体系，包括准备、运输、仓储和销售。整个物流链的损失占总量不到 5%。在发达国家，几乎所有的水产品都是通过这种智能监控系统进行运输的，其中仓储技术、运输技术和监控技术的应用水平很高。

随后一些研究人员开发了一种基于无线传感器网络的温度控制监控系统，以减少能量损失并延长底层传感器的使用寿命。同时，整个监控系统具有较高的灵敏度和运行效率。并且随着水产品不断被广大消费者喜爱，因此，越来越多的人开始重视其运输的控温技术。研究人员设计了一套专门用于瓶装液体运输的监控系统，可以将水产品放入瓶中，当瓶外环境与瓶内有差异时，瓶内液体的温度与外界空气测得的温度进行比较，两者数字显示出差距，可以在监控系统中发现外界空气，对内部液体温度的感知更加敏锐，控制实时监控。并且随着科技的发展，对监控的内部系统不断改进和研究，在研究传感器节点的基础上，以降低功耗为目标，基于传感器采集的数据和网络中节点的固定期限配置，设计了一种不仅灵活性高，而且可以集成到被测环境中的感知模型。综上所述，国外控温技术效率高，其监控技术由于早期的不断发展而成熟。监控相关技术已经应用到日常生活中，监控的智能化已经形成了一个完整的环节，成为了完整的链路，在水产品的运输控温中不断被应用。

2. 国外研究现状

水产品的运输一直是一个难题，我国对这一系统的研究很少。中国早期采用苏联提出的微冻保存方法。随着科技的发展，一些研究人员开始使用一种冷藏增氧运输方案，用于运输活鱼。及时监测温度和溶解氧，易于控制和维持最佳的存活生活环境，从而降低鱼类死亡率，提高运输效率，对降低运输成本、增加社会效益具有重要意义。在监控技术方面，我国发展相对较晚，从 20 世纪 70 年代开始接触，大多是开展活存建设。据相关数据显示，目前我国 90% 以上的水产品运输没有完整的智能监控系统，损失率接近 40%。近年来，随着越来越多的日常生活中的食品安全案件是由各种安全问题引起的，人们呼吁提高食品安全的呼声越来越高。因此，对水产品运输过程中生活在车厢内的环境参数进行实时监测成为研究的重点。人们设计出的水产品监测系统，在温度监测、成活率、溯源等方面都有全面的保障。再加上物联网的兴起，如 RFID、WSN 等，实现水产品冷链运输全过程的实时跟踪。

综上所述，目前国内的运输技术趋于单一，对水产品的质量有一定的影响，因此要不断地汲取新兴科技，与物联网等技术相结合，实现系统接口的功能，监控数据精度不断提高，运输成本降低等。水体运输监测系统，可对车厢内的水环境参数有着全面的监控，准确性较高；梁琨等以物联网为基础，应用物联网的多种技术，如射频识别、WSN 等，实现对果蔬的冷链运输全程的实时跟踪。

运输水的温度是决定包装系统中鱼类装载密度的重要物理因素。由于鱼类代谢率的增加，水温过高会对负荷密度产生不利影响，从而导致更高的耗氧率和更高的 CO_2 和 NH_3 的产生。水温高也会导致细菌更快的繁殖和较低的氧溶解度，从而导致有毒废物的产生增加和水产品溶解氧的可用性降低。在实际包装前使水产品适应包装温度是很重要的，因为水温的突然变化可能会给活体带来额外的压力用来。一种常见的做法是将水产品预先包装在聚乙烯袋中，将它们放置在多层手推车上，并在空调房间中在所需温度下冷却 4~6h 或更长时间。驯化后，水产品被包装在水中，已经冷却到相同的包装温度使用水制冷机或通过添加冰到水中。在冬季运输过程中，必须提高包装箱内的温度，使运输水的水温在到达时不会太冷。

这一点特别重要，因为当货物在目的地等待时，水温可能会显著下降。用来克服冷休克问题的一种常见做法是，附加一个热包在水产品包装盒的下盖上，摇摆运动引起的热包产生的热量会增加包装系统中的温度。由于预期的温度升高，包装系统中水产品的装载密度也相应降低。

因此，水产品控温运输技术可以保持食品质量，特别是保持水产品的活态。尽管有大量的运输应用，但也存在一些关键的缺点，例如相对较高的成本、复杂的操作和更精确的设备。此外，这项技术还没有完善应用，因此，在未来，高度的自动化将有助于在长途运输过程中控制良好的运输设备及其适宜的微环境。短距离运输（配送）包装技术要求方便、简单、操作方便。如何促进无水运输技术的应用是一个亟待解决的问题。要实现活鱼保鲜的无水运输商业模式，必须降低设备成本，优化简化和智能化的保活运输技术。

参考文献

[1] 滕振亚，李飞．水产品保鲜保活运输方法及应用研究［J］. 食品安全导刊，2019（12）：182-183.

[2] 钟小庆．鲜活水产品运输技术［J］. 渔业致富指南，2019（19）：28-30.

[3] 刘影．水产品保活运输监测系统关键技术研究［D］. 上海：上海海洋大学，2018.

[4] 吴佳静，杨悦，许启军，等．水产品保活运输技术研究进展［J］. 农产品加工，2016（16）：55-56+60.

[5] 陈宁劼，林吉平，黄维群，等．冷冻水产品的鲜度检验方法研究和运输包装效果评价［J］. 轻工标准与质量，2016（04）：27-30+39.

[6] 杨方，胡方园，景电涛，等．水产品活性包装和智能包装技术的研究进展［J］. 食品安全质量检测学报，2017，8（01）：6-12.

[7] 上官佳．不同种类食品包装现状研究［J］. 现代食品，2016（15）：1-3.

[8] 李立，水产品保鲜包装体系的基础研究与应用［D］. 上海：上海海洋大学，2016-06-08.

[9] 徐萌，高达利，张师军．食品包装高分子材料技术进步与升级［J］. 中国塑料，2021，35（03）：74-82.

[10] 董军刚．再生聚丙烯塑料的检测技术进展研究［J］. 塑料工业，2019，47（08）：20-22+26.

[11] 严淑芬．食品包装用的热塑性聚丙烯［J］. 现代塑料加工应用，2017，29（03）：56.

[12] 匡逸凡．水产品活性包装与智能化包装技术浅析［J］. 江西水产科技，2021（01）：33-34.

[13] 杨治东．无菌包装与水产品深加工制品保藏［J］. 江西水产科技，2021（01）：35-36.

[14] 姚桂晓．低温下真空包装对水产品营养品质影响的研究［D］. 西安：西安理工

大学，2020.

[15] 蒲亚军，吴宗文，梁勤朗，龚红梅．优质水产品质量安全控制体系建设 [J]. 食品安全导刊，2014，{4} (23)：27-31.

[16] 杨阳．如何包装鲜活水产品 [N]. 中国包装报，2010-12-17 (003).

[17] 张立新．出口水产品如何突破国外包装新壁垒 [N]. 中国包装报，2009-11-27 (003).

[18] 行业．国内水产品包装机械现状与发展趋势 [N]. 中国包装报，2009-11-24 (002).

[19] 吴明．国内水产包装机械现状分析 [N]. 中国包装报，2009-11-17 (Z03).

[20] 王文．水产品无菌包装保藏技术 [N]. 中国包装报，2009-06-23 (003).

[21] 张高立，金晶，吕维娜，等．大口黑鲈 CO_2 麻醉保活运输工艺研究 [J]. 浙江农业科学，2021，62 (03)：588-591.

[22] 朱乾峰．珍珠龙胆石斑鱼低温保活运输技术研究 [D]. 广州：广东海洋大学，2018.

第十章

几种水产品的具体贮运方法

第一节　虾蟹的活体贮运方法

虾是一类具有重要经济价值的水生动物，根据其经济价值、生活习性、运输距离等的不同，活虾的运输方式主要有带水运输、离水运输和充氧运输等形式。大多数品种的活虾在进行长途运输时需带水操作，水温控制在 14～18℃。虾在运输过程中一般都匍匐底部，极少活动，若发现虾反复窜水或较多虾在水中急躁游动，表明水中缺氧。一般在此温度下充氧气贮运，可达到与无水低温保活相同的效果。无水运输在 9～12℃水温下使虾处于休眠状，装箱时先在纸箱里垫上吸湿纸，铺上 1.5～2cm 厚的冷却锯末，然后放虾 2～3 层，上层也盖满木屑，相对湿度控制在 70%～100%，以防止脱水，降低死亡率，同时还必须加入袋装冰块以防箱内外温度上升（图 10-1）。此外，采用添加物（如白酒、食盐、食醋、大蒜汁等）处理也能延长保活时间。短距离运输活虾可采用塑料袋充氧法，中国对虾、斑节对虾、白腿虾和大型淡水对虾常使用该方法。

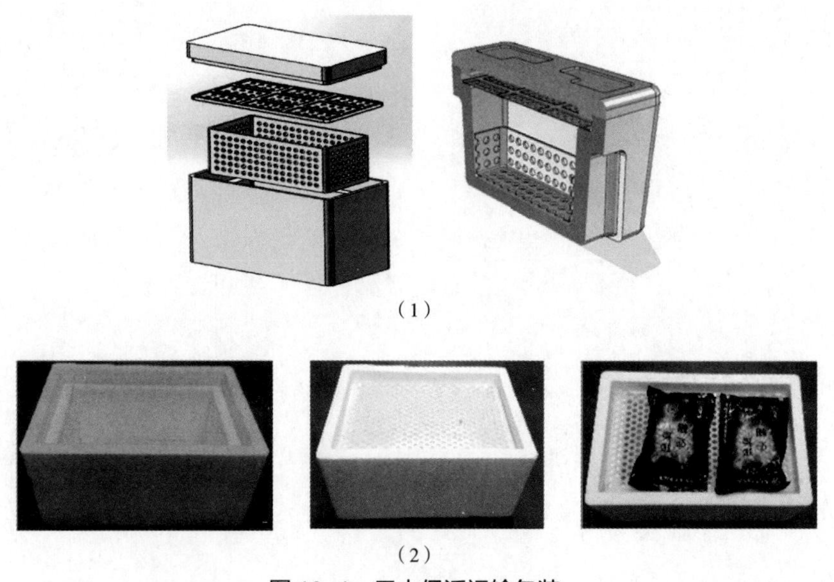

（1）

（2）

图 10-1　无水保活运输包装

（1）结构图　（2）实物图

蟹一般经暂养 24h 后用蟹笼、竹筐、草包装满，再用浸湿的草包盖好，加盖压紧或捆牢，不使河蟹运动以减少体力消耗，经 1~2d 的长途运输，存活率在 90%左右。深水蟹的理想水温为 0~5℃，暖水蟹可承受 27℃水的水温。最重要的是控制温度和湿度。湿度一般在 70%以上，温度则稍低于蟹生活的自然环境温度，这样可降低新陈代谢的速度以避免同类自相残杀。运输中采用低温保温箱，每一层都铺上潮湿的材料如粗麻布、海草、刨花等，最上层覆盖一层潮湿材料，无需提供饵料，一般可保存 1 周左右。春、夏、秋季收获后不能马上起运，要转入池内暂养一段时间（2~3d）使其排出粪便以减少污染，装载密度不宜超过 1.1kg/m^2，温度控制在 5~10℃，成活率较高（34℃时的脉搏为 60 次/min，14℃时为 2 次/min）。一般先在 20℃凉水中浸泡 10min 左右，以清洁皮肤，降低活动能力，然后装箱并以干净柔软的水草作为填充料（不能用稻草，因其浸水后呈碱性，容易损伤皮肤）。一般保活可达到 7~10d，而 2~3d 的短途运输无需特殊处理。

一、对虾活体贮运技术示例

1. 中国对虾亲虾

应选择健壮的对虾亲虾装运，活力弱的对虾亲虾不宜长途运输，以防在运输过程中由于抵抗力差死亡，从而影响水质。

（1）带水运输　一般采用帆布箱（240cm×240cm×40cm）或帆布桶（直径 80cm、高 100cm）盛水装虾运输。运虾密度除与盛装的容器大小有关外，还与运输途中换水和充气条件以及路程、交通工具有关。直径 80cm 的帆布桶，可装对虾亲虾 20~25 尾，如果能不断地交换海水或充气，就可以增加到 40 尾左右。亲虾运到目的地后，要立即放入暂养的网箱内饲养，网箱孔径一般 2~5mm，暂养网箱可暂养对虾亲虾 30~40 尾/m^3。

（2）活水船运输　采用动力船的活水船装运，由于活水船运输容积大，海水交换条件好，运虾密度可以增加到 80~100 尾/m^3，只要运输途中妥善管理，亲虾存活率一般可达 80%以上。

（3）虾笼运输　选择使用既能多装又能提高亲虾存活率的运输装置。一种有效而简便的方法是使用虾笼（图 10-2）。虾笼可以根据盛水容器的形状设计成圆形、方形或长方形等。如盛水容器是圆形的帆布桶，则可制成圆形的虾笼。虾笼的框架可采用木条或藤条，高度 15cm，直径依帆布桶大小而定，周围覆以大网目网片，上盖可启闭，这种虾笼可以在帆布桶里重叠放置，充分利用帆布桶的空间，增加对虾的运载量。同时，网片有利于水的流通和充气，避免对虾撞壁致伤。根据对虾的习性，注意控制运输中的水环境。方法是在盛放虾笼的容器内加适量冰块，使水温降至对虾生存的临界水温下限。这样对虾在容器内活力减弱，机体代谢降低，耗氧量减少，基本处于休眠状态。另外在每一个虾笼里放置 1~2 个气石，辅以充气。

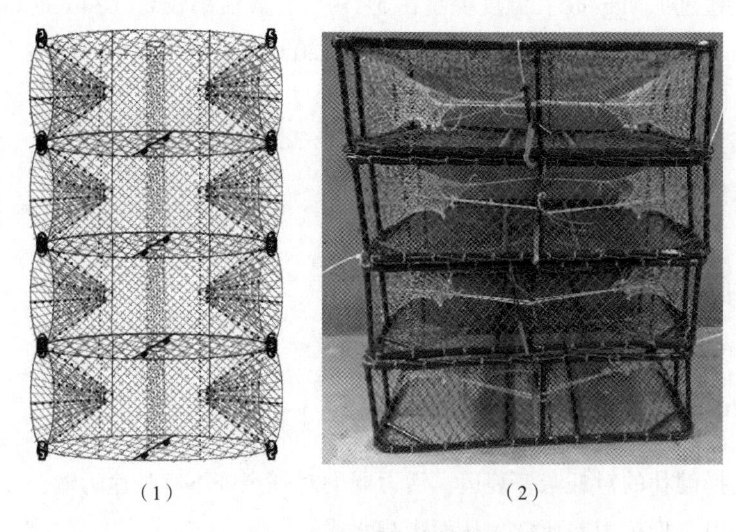

（1）　　　　　　　　（2）

图 10-2　捕捉运输通用型虾笼

（1）结构图　（2）实物图

（4）经长途运输后的亲虾入池处理和管养的方法　长途运输的亲虾到达育苗场后，先将暂养池水温调整到介于自然水温和运输水温之间，并且充气。然后把亲虾移入暂养池，在操作过程中必须小心快捷，避免亲虾受伤。亲虾入池后，开启进水开关，使暂养池水温逐渐回升。这时，亲虾从匍匐状态慢慢地恢复活力，随着水温回升到适宜范围，活力复原如初，游于暂养池周边。此时，再投以蛤肉或沙蚕、沙虫、蚯蚓等优质饵料，让亲虾能在较短时间内恢复和增强体力，以利产卵。此外，也可用塑料袋充氧的方法运输，但装载密度很小，运输前还需将亲虾额角套上软管。

为达到运输亲虾的理想效果，应注意几点：①相同容量的装载容器，其底面积大的要比小的好；②运输时水温稍低为好，一般以14～18℃为宜；③短途运输不投饵；④行程中，车辆适度颠簸对亲虾有利，但剧烈震动会引起亲虾惊跳，容易碰伤和疲劳；⑤长时间中途停车（没有充气和换水条件）和烈日下暴晒，易造成运输中亲虾死亡；⑥用活水船运虾，船速不宜过快，过有污水区，应迅速将活水船口关闭；⑦尽可能使用捕虾海区的海水运虾，改变水体时，要力求使水温、盐度控制在对虾能适应的范围之内。正常情况下，运输中的亲虾一般都匍匐底部，极少活动，如果发现亲虾反复蹿水或较多的亲虾在水中急躁游动，表明水中缺氧，需采取应急增氧措施，一时不具备条件，可用桶提水（运输容器中的原水）从高处倾泻的办法搅水或用手击水，以取得临时增氧效果。

2. 中国对虾成虾

中国对虾在贮运过程中采取降温措施是既方便又经济的方法。中国对虾可耐受9℃低温，若采取长途空运，可采用冷却木屑低温休眠运输法，将虾放在充氧的水箱内，在监测条件下缓慢降低水温（可用加冰法）。当水温降至14℃时对虾进入休眠状态。此刻，一层虾一层木屑装入内衬聚乙烯薄膜的纤维板盒中（木屑事先冷却）。包装时应使盒内温度保持在4～10℃，直到将盒子装满。包装用的木屑必须是树脂含量低、未经处理且不含任何杀虫剂的，也可用海藻、蛭石、稻壳代替木屑，采用隔热鱼箱保冷性能更佳。

3. 日本对虾

日本对虾可耐受14℃低温，可在冬眠状态下用冷却的木屑包裹后离水运输。运输前先将虾放入带有充氧装置的小水槽中，然后加入冰块，慢慢降低水温。降温用的冰一般应放在密闭的塑料袋中以防止海水被融化的冰水稀释。当温度降到4℃时，虾便进入冬眠状态。为保持虾的存活率，整个降温过程一般需要4～6h。已冬眠的虾沥水后可装入以聚氯乙烯薄膜作内衬的纤维板箱内，用干燥或稍湿润的木屑垫底，每层虾体间均用木屑分开，木屑厚度1cm左右。应选用树脂含量低、不含杀虫剂等任何人工合成化学试剂的木屑，使用前应于-15℃的冷库中冷却过夜，也可用新鲜的海藻代替木屑。

薄膜袋内虾的装入量取决于运输时间。美国、日本、东南亚各国以及我国台湾省的养虾场向当地餐馆销售的对虾均采用容积900～1600L的充气箱，活虾贮放密度较大，一般用货车在6~8h内送达用户。如果进行长途运输，在条件许可的情况下，途中换水充氧效果更佳，其存活率可高达97%，但要注意换水时温差不宜超过2℃，且操作要小心。

日本已开发了一种在盛夏高温季节运输40h后仍可使日本对虾保活的“活虾保鲜包装系统"。该系统所用的外装箱是由聚酯薄膜和喷铝蜡纸叠合制成的层压板，有较好的隔热性能，其导热系数仅为一般硬纸箱的一半。使用该系统时，先在涂石蜡的防水硬纸箱内充填已降温到5℃锯木屑，然后将在13℃冷水槽内经过预冷的活日本对虾和以硅酸质离子交换体为材料的保鲜剂装入，再盖上硬纸板，充入贮冷剂后关上箱盖，将箱子放入外装箱内即可运送。

日本还采用一种喷雾集装箱低温湿法运输日本对虾的方法，是在集装箱内把海水汽化成雾运输活对虾，海水用量和虾重相比接近于零，且采用低温喷雾法，使对虾代谢机能减弱，便于活虾运输。该部用装在2t卡车上的集装箱载300kg活日本对虾和70L海水，经24h运输，存活率达100%。

在运输前，应先将日本对虾装笼，放入驯化水槽中，杀灭海水中的细菌，恢复对虾活力，经蓄养驯化后方可装箱运输。

4. 南美白对虾

南美白对虾口味鲜美且营养丰富，主要养殖于我国东南沿海地区并向全国供应。目前主要以有水运输的方式实现活虾的调运，该方式以水作为载体，但水的载重消耗了大量的运力并且水质的恶化造成了运输途中对虾的大量死亡。

目前，已有研究针对南美白对虾在有水运输中调运成本高且存活率低的问题，开发了低成本高效率的无水保活运输技术，进一步研究了对虾在无水运输过程中的抗胁迫机制和肉质变化规律：对虾经过低温驯化（20℃，1h）再冷击（8℃，3min）处理后进入休眠状态，将休眠的对虾装入聚氯乙烯（PVC）塑料袋中并充入纯氧，然后在13℃条件下进行10h的模拟无水保活运输，其存活率可达96%。对虾经过上述条件（8℃冷击诱导休眠和13℃充氧运输）处理以及使用“控温暂养与冷击装置”“捕捉运输通用虾笼”和“鱼虾无水保活运输箱”作为运输设备（图10-3），再经过中长途保活运输（距离>300km，时间>5h）后，存活率可达90%以上。

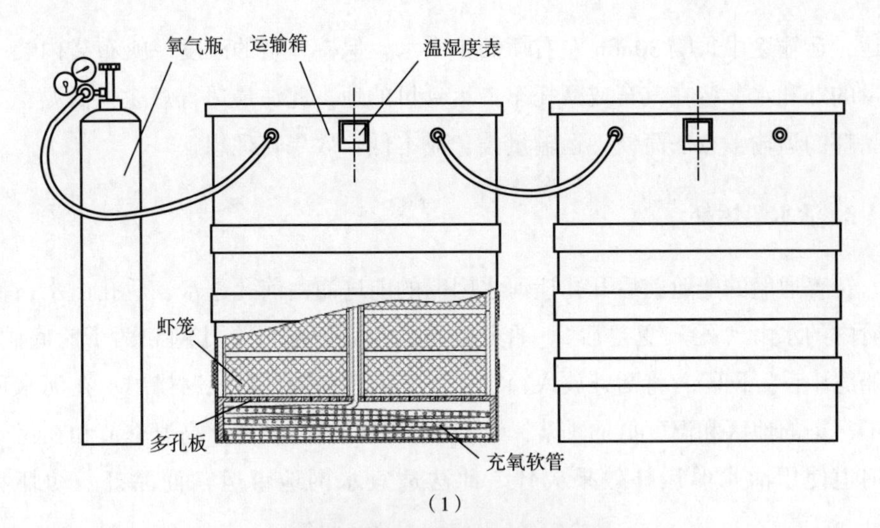

（1）

（2）

图 10-3　鱼虾无水保活运输箱结构

（1）示意图　（2）实物图

二、青虾活体贮运技术

1. 干湿法运虾

装虾工具有蟹苗箱、塑料盘和帆布袋等。蟹苗箱为杉木框架，以铁纱窗为底，四周开有气窗，用于通风和喷水，规格为 60cm 有蟹苗箱、塑料盘和帆，可重叠装运，上需加盖。塑料盘即普通的食品周转箱，四周有孔。蟹苗箱和塑料盘底部铺棕片、丝瓜筋或海绵，洒上清洁水，然后将活虾轻轻放在上面装车启运，运输途中每隔30min左右喷洒1次水，保持一定的湿度。帆布袋内装一定量的虾和水，装在汽车或摩托车上运到目的地。此法最适宜短途、低温季节商品虾的运输，方法简便，运输量大，成本低，效果较理想。

2. 活水船运虾

在普通船的船舱前后开孔让河水因船的前进而由前孔进水，后孔出水，使船舱内的水由“死”变“活”。船上设施简单，只有两个孔闸和两个舱底阀。在船舱中设置网箱，将活虾放入箱中，便于到达目的地后及时捞出。在河水环境不污染的地区和温度低的季节，装载密度和成活率较高。高温季节和在污染的河道使用活水船运虾效果欠佳。此法适宜水网地带运输商品虾、幼虾和亲虾。

3. 活水车运虾

这是用运鱼车运虾，由汽车、活鱼箱、增氧系统组成。一种是增氧系统以副机为动力，活水箱可以拆卸；另一种是增氧系统的动力来自汽车传动系统，通过助力箱带动水泵，也可一车多用。运输时要注意水质和水温，中途加水或换水一定要注意水质。此法运量较大，适应范围广，装载量大，灵活方便，而且能进行常年运输。

4. 尼龙袋充氧运虾

采取双层尼龙袋，规格42cm尼龙袋，规左右。运虾前先检查尼龙袋是否漏气，然后注入1/3空间的新鲜水，再放入活虾，接着充氧、扎紧、装车运输，并配制小型轻便携带式气瓶，同时准备备用尼龙袋及用水。在运输途中如发现氧气袋轻微破损，应及时用胶布贴好，如破损比较严重，要立即换用新的尼龙袋。此法适宜运输虾苗或亲虾，也可运幼虾，运输时间长，成活率高，可常年运输，但运输量受限制，装运密度过大影响成活率。

5. 运输青虾应注意事项

（1）避免蜕壳时装运　由于软壳虾极易死亡，应避免在幼虾大量蜕壳时装运。一般冬季水温低，幼虾不会出现大批蜕壳现象，但春季后水温升高，虾进入生长阶段。此时，若经捕捞等操作时机械损伤，或捕捞、暂养过程中遇较大的温差刺激，就会出现大批同时蜕壳的情况，运输时必须注意这个问题。

(2) 注意虾的体质 要挑选健壮、无病无伤的虾，因病虾和瘦弱虾对缺氧等外界环境变化的适应性差，经不起运输刺激，易造成死亡。对亲虾和虾苗在运输前要进行检疫，防止将疫病带入新的养殖区。

(3) 加强管理和检查 起运前和运输途中要检查装虾容器是否有破损现象；虾的活动是否正常，有无浮头或死亡现象；水温及含氧量有无显著变化。活水船还要检查水流是否畅通或水流急缓程度。

三、斑节虾活体贮运技术

斑节对虾可耐受19℃低温，对虾耐受低温的能力不如日本对虾，因此一般不采用离水运输方法，而用密闭的充氧袋或开口的充氧箱包装带水运输，即将斑节对虾和水一起装入气密性良好的塑料袋中，充入一定体积的高压纯氧，将袋口扎紧后，放入泡沫保温箱中运输。

斑节对虾可在规格为60cm×30cm的塑料袋中先放1/5左右的新鲜海水，虾的个体大小在每500g 5~6尾，一般每袋放4~5尾。装虾进袋前，先用市售的橡皮胶管截取2cm，小心套在头胸甲的额棘上，可防止因运输震动额棘刺破塑料袋而致漏气漏水，造成虾的死亡。斑节对虾运输采用橡皮软管套在额棘上，这一措施是提高存活率的关键。装虾后充氧，用橡皮圈把口扎紧，以防止漏气。然后，放进与塑料袋规格相当的纸箱中，用绳子把箱子捆紧。

也可将斑节对虾直接装入水的塑料泡沫箱中，运输过程中用软管向箱中输送氧气。当水体温度和对虾的装载密度控制适宜时，充氧运输可使斑节对虾在运输过程中存活6~8h。

四、河蟹活体贮运技术

河蟹大批量运输前需要包装。目前常用的包装工具有蟹笼、竹笼、柳条筐以及草包、蒲包、木桶等。商品蟹在包装时，应先在蟹笼、竹笼中垫入一层浸湿的稀眼草包或者蒲包，然后将挑选待运的商品蟹逐只分层码放在筐内，放置时，应使河蟹背部朝上腹部朝下，力求码放平整、紧凑；沿笼、筐边缘码放河蟹，码放时还应使其头部朝上。河蟹装满后，用浸湿的草包盖好，再加盖压紧捆牢，使河蟹不在筐内活动，尽可能减少体力消耗，以提高运输存活率。

河蟹大批量长途运输可用汽车、轮船或飞机。运输装运前，应将装好蟹的蟹筐在水中浸泡一下，或用人工喷水，使蟹筐和蟹鳃腔内保持一定水分，以保证河蟹在运输途中始终处于潮湿的环境中。装满蟹的蟹笼、蟹筐，在装卸时要注意轻拿轻放，禁止抛掷或挤压。用汽车长途装运，蟹笼、蟹筐上还要用湿蒲包或草包盖好，使两侧和迎风面不被风吹日晒。途中要定期加水喷淋。运输1~2d中转时，应打开蟹筐，抽查筐内河蟹存活情况，如发现死蟹较多，需立即倒筐，剔除死蟹，并用新鲜河水冲洗活蟹，以防途中死亡蔓延。

通常运输以夜间为好，天亮前送到销售处。只要运输得法，途中管理较好，一般经1~2d时间的长途运输，商品蟹的存活率均可在90%左右。当然河蟹运输的存活率还与商品蟹的质量、天气、气温等因素有关，一般前期的商品蟹中还有一部分刚脱壳不久的蟹，体质不够健壮，经不起长途运输，再加上气温偏高、天气闷热等因素，运输的存活率要低些，后期一般运输存活率均较高。

少量短途运输，通常可用蒲包、草包、蛇皮口袋等包装，捆紧扎牢，用自行车或摩托车装运，也可用木桶作装运工具。装运木桶，装好后加盖有孔木盖，以利通气。一般早晨3~4点钟起运，5~6点钟到达目的地，运输存活率可达100%。

五、梭子蟹活体贮运技术

活梭子蟹的运输，主要是利用降温处理方法使梭子蟹在整个运输过程中处于休眠状态，实现梭子蟹的无水活运。

1. 验收暂养

将收购的活梭子蟹逐只进行验收，要求螯足基本齐全，允许每侧缺失步足不超过1只，并剔除畸形和活力差的僵蟹。然后放入暂养池暂养。暂养池一般为水泥池，铺入10~20cm厚的沙子，注入40~60cm深的海水，海水深度根据气温变化可有所增减，水温一般应控制在15~20℃，暂养密度为4kg/m^2，如暂养时间短，可增到5kg/m^2。暂养时间不宜太久，一般不超过7d，否则会因缺乏饵料而互相争斗，造成伤残或瘦弱。正常情况下，活梭子蟹在暂养池内白天都潜伏在沙里，白天不能潜伏沙里的均属受伤或体弱蟹，应予以剔除。

2. 降温处理

将活梭子蟹从暂养池中逐只捞出，用橡皮筋箍住螯足，使之不能活动(如果处理得好，也可不用橡皮筋箍牢)。然后采取二次降温使其逐步进入休眠状态，第一次是将绑扎好的活梭子蟹放入10~15℃的冰水中约20min，使其适应这一温度变化（如果暂养池中的水温与此相差不大，亦可省去此步)，然后再捞出放入3~5℃的冰水中降温。待梭子蟹进入休眠状态，不再活动时取出称重，按每箱净重4kg，加适当水量，进行包装。

3. 包装发运

包装前先要备好包装箱中蟹与蟹之间的填料。这种填料一般都使用木屑，要求用作填料的木屑不要太细，否则透气性差，会使存活率降低。一般可用碎火柴梗大小的边角料为宜，不能使用含油脂较高的松木屑。填料在使用前应先曝晒杀菌，然后放入冷库中预冷至0~4℃，包装用的纸箱也应放入冷库中预冷至0~4℃。

经过休眠处理的梭子蟹称重后，逐只装入纸箱，背部朝上，蟹与蟹之间加入木屑填料，使它们不致互相碰撞而损伤，直到填满一箱，不留空隙为止。再用宽胶带把箱缝封严密，箱外标明品名、只数、净重、毛重和出口公司名称。全部加工完毕后，用保温车发运。

第二节　贝类的贮运方法

贝的种类很多，有的在岩石上栖息，有的在泥滩和沙滩上生活，有的固着，有的凿穴或自由生活，它适应环境的能力强，能忍受数小时甚至几天的干涸，而不至于死亡。每种贝类体腔内部含存一定量海水，当被捕捞后仍能起调节作用，不会立刻死亡，这给贮存带来一定好处，但不等于说，贝类就不会腐败和变质。同时包装、运输的情况好坏也直接影响贝类的贮存及其质量。

一、文蛤活体贮运技术

文蛤的双壳可紧密闭合，内部水分难以蒸发，外套膜与鳃能长时间保持湿润，使机体维持正常的呼吸，因此露空时间长，是双壳类水产品中耐干性很强的品种，可以实现无水活运。

1. 原料暂养

活文蛤有冬季深埋和潜居深水的习性，较难捕捞，而冬季却是日本市场活文蛤的销售旺季，这时如有大量活文蛤应市，其经济效益是较高的，但要在较短的时间内捕到足够数量的文蛤提供出口，不事先进行暂养是难以做到的。暂养的办法是在每年 9~11 月将收购的活文蛤集中放养在一个选定的海区，到冬季（12 月至次年 3 月）按照本单位的出口计划捕取，供适时加工出口。

由于文蛤生活于沙环境，其外套腔和消化道内会有细沙，为了不影响产品质量，在国内市场销售和出口前需经过吐沙净化处理。吐沙净化处理的方法很多，通常将起捕的文蛤放在吐沙槽内流水饲养或者放在水池中暂养，亦可盛于网笼或篓筐内悬挂于海中浮筏上暂养。在水温 20~25℃条件下，约经 20h 的暂养即可将沙吐净。

（1）暂养场地的选择　沿海渔民根据多年的实践经验，为提高二次返捕率，对暂养场地的选择十分重视，目前有海滩暂养和内塘暂养两种形式。海滩暂养场地必须满足以下四个条件：地势平、潮流缓慢；无沟汊、无污染；每天有一定的干潮间隙；沙与泥的比例达到 8 : 2。内塘暂养场地即在海堤内侧，必须用抽水机往内塘注入新鲜海水，形成人工潮汐，所以必须选择紧靠海堤、潮水能涨到的地方，底质泥沙比例与海滩暂养场相同。

（2）暂养时间　每年从 9 月中旬开始到 11 月上旬结束。这时的文蛤经产卵后复壮，肥度较好，抵抗力强，成活率高。由于这个时期气温不冷不热，渔民便于在滩涂上捕捞作业。如果过早暂养，肥度差，气温高，成活率低；过迟暂养虽然成活率高，但这时滩涂捕捞困难，成本较高。

（3）暂养密度　在滩涂上暂养一般每亩 1~1.5t；如果选用内塘暂养，每亩可达 5~6t，最多不得超过 8t。

（4）暂养方法　其一为海滩上划区暂养：用1.2～1.5m高、网目为4cm的长网把选定的海区围起来，根据当地潮流的方向和地势，可采用月牙形围网和圆周形围网：为了保证不使活文蛤随潮流逃逸，可以在潮流方向的前面再加1～2道网障，并可加设封锁井网。其二为内塘暂养：即用人工在海堤内围出一块暂养池，用抽水机在涨潮时抽入新鲜海水，落潮时把池内海水放尽，夏、秋季节每1～2d进行一次人工潮汐，冬季每3～5d进行一次人工潮汐。这两种方法各有利弊，前者成本较低，但暂养密度小，容易发生打堆，二次起捕率低，70%左右，后者虽然成本较高，但暂养密度大，二次起捕率可达90%以上，而且二次捕捞时可不受气候和潮汐的影响，随时可进行作业。

（5）暂养管理　管理工作的好坏是提高二次起捕率的一个重要环节，在海涂上暂养要有专人驻守，一方面检查围网有否被潮流冲倒：另一方面要经常疏散网脚处打堆的文蛤，因为文蛤有趋网的习性，如果不经常疏散，打堆文蛤就容易死亡。同时，在二次起捕上做到先放养的先起捕，一般暂养时间不得少于10～15d。内塘暂养的管理主要在换水上要做到及时，水深保持50～60cm。天下雨时，水质变淡，天晴时因水分大量蒸发，盐度增大，这些都不利于文蛤生长，要及时注入新鲜海水。

2. 二次起捕

暂养场的文蛤经过半个月的暂养，已能适应新的环境，并开始觅食复壮，体力得到了恢复，这时便可根据出口需要，有计划地进行二次起捕。捕捞方式各地有差异，江苏如东、启东沿海渔民，用铁耙耙松泥沙，然后用铁钩把文蛤集起来：江苏东台、大丰沿海渔民用木板拍击沙面，待文蛤受惊冒出，然后俯拾。活蛤在采捕过程中应小心操作，避免损伤，收获后必须洗净泥沙和其他污物。

3. 加工挑选

将捕到的文蛤及时送往加工厂进行加工。加工厂要求背北朝南，通风、采光良好，并有5cm厚的水泥地坪。在挑选前先用海水冲洗，把文蛤壳表面的泥沙及其他杂质冲洗干净，然后由外向里不断拨动文蛤，将破碎的文蛤挑出。同时，细听文蛤之间的碰击声，如有异常，要用手指甲进行插壳缝，将死亡的、衰弱的文蛤也挑出。文蛤运输存活率的关键在于文蛤活力，而且活文蛤一旦受到死蛤流出的体液感染，便会加速死亡。因此，验收时必须认真挑选，剔除死蛤、体弱蛤，然后将合格的产品按不同规格分开，清洗后包装。与此同时，还必须用特制的卡尺将不足 4cm 的幼蛤剔除。

经过挑选的文蛤装入竹篮，每次 10kg 左右，放入盛有海水的缸中清洗，没有海水的地方可用盐水配制。清洗时间不必过长，只要稍加搅动，即可提出沥水。

4. 包装贮运

文蛤耐干能力强，运输时可用筐或草包而不能采用通风不良的塑料袋。装载时应注意通风，同时避免阳光直射。运输途中特别是搬运时应防止碰撞，以避免闭壳肌错位或壳破损，影响存活率。运输过程中，活文蛤的温度应保持在 1~5℃，低于 0℃时蛤体将被冻伤以致死亡，同时要避免淡水浸入。

活文蛤的包装物宜用透气性较好的麻袋，规格为 70cm 包装物宜用。将沥过水的文蛤倒在干净的水泥地上进一步控干水分。然后用铁锨将文蛤装入麻袋进行称重，每袋净重 20kg，加水量 2%，称重后立即进行缝包。缝包时先卷紧麻袋口，然后用双麻线缝五道十字花，两端扎成耳朵，便于提携搬运。包装好的文蛤要放在保藏室内暂养，保藏室要求冬暖夏凉，通风干燥，地上有垫板，堆放高度不超过 10 个。

5. 中转出口

待加工场文蛤全部包装完毕，即可用汽车运往中转库，为了避免高温和严寒对文蛤造成影响，一般 9~11 月和 3~4 月采用夜间运输，避开阳光照射：12 月至次年 2 月，采用白天运输，避开冷峰，必要时加盖防护篷布或用保温车运输。尤其注意雨天运输要有防雨措施，以免淡水渗入文蛤体内，导致死亡。中转库温度控制在 3~5℃，根据气温变化，如秋季气温较高，到中转库温差较大，容易造成文蛤衰弱，可进行逐步降温，确保文蛤质量。

二、扇贝的保鲜与运输

扇贝的运输一般都在冬季。扇贝从海上收获后，用海水洗净贝壳上的浮泥、杂藻，然后装入蒲包（蒲包提前用海水浸泡），用草绳捆好，车或船运到市场销售。长距离运输时，可将扇贝装在编织袋内，然后将袋放入柳条筐中，筐的四周铺上海带草，袋不扎口，用海水浸泡的海带草盖住，然后盖好筐盖，捆好即可装车运输。从山东运往北京、上海，到达后的成活率，可保持在80%~90%。日本采用假眠法运输活扇贝，将扇贝放入有冰块降温的容器内，容器保持温度3~5℃，扇贝就进入假眠状态。冰融化的水不与扇贝接触，从底板下流走。待运输结束，将扇贝恢复到它本身所栖息的海水温度，就能苏醒并开始活动。由于扇贝在运输过程中一直处于假眠状态，体内代谢缓慢，所以不会瘦。用这种方法运输可使扇贝存活7d，与常规运输法（一般只存活3d）相比，大大延长了存活时间。

三、河蚌活体贮运技术

河蚌的运输宜在早春和晚秋，气温在5~20℃为宜。如果需要大量采捕，在短时间内又不能起运，则宜就地暂养，或分批起运较为妥当。

1. 运输方法

（1）干运法　干运省费用，但不适于炎热天气运输。干运前要严格检查河蚌是否过度脱水，如壳口微开、体重减轻，这种蚌不宜立即起运，需要暂养一段时间，待其恢复活力后运输。运输时先将蚌浸水几小时，再装入竹篓、草包或麻袋中，上面覆盖湿水草以保持湿度。干运时间一般以2~3d为限，如时间过长，还要中途浸水。干运途中忌烈日暴晒和剧烈震荡。

（2）活水船运法　将蚌浸在活水船中运输，不但存活率高，且适合于远程运输。船中进出水口要用木板隔一通道，使水流畅通无阻，并防止蚌堵塞水门。装运数量一般每吨位500kg左右，气温低时可适当增加，但以不超过750kg为宜。途中如遇污水区域，则要绕道经过或暂时关闭进出水口，以免河蚌中毒死亡。

河蚌运到目的地后即应下塘暂养。暂养最好在较肥池塘水中，也可以利用水沟、河浜等处。但不论养在何种水体中，都要设置竹箔拦护，以免散失。为防止河蚌潜埋泥下不便捕捞，池底应选硬泥底或沙泥底，暂养密度每亩500~1500kg。

2. 运输技术要点

装河蚌的容器高度不宜越过0.6~0.8m，途中忌暴晒和强烈震动，要求蚌体上带有部分湿润泥巴，以减少蚌体间的碰撞和摩擦。运输前后的过秤、装卸等操作要轻快细致，注意勿使贝壳损伤。运输时间不宜过长，否则会影响以后育珠的效果。运回后应立即放入暂养池中暂养。凡装运农药、化肥以及其他有害毒物的车船不能同时装运河蚌。

四、蚬活体贮运技术

1. 捕捞

活蚬原料应取自水质较好的湖泊，一般河流污染比较严重处，不宜捕捞活蚬用作出口。捕捞作业大都用挂桨船拖捕，每年从11月开始到次年3月结束，这时的活蚬也处于半休眠状态，比较肥壮，鲜活度较好。

2. 加工

将捕捞的活蚬堆放船舱，然后进行挑选加工。挑选时，两面手合捧活蚬，轻轻摇动，细听蚬与蚬之间的碰击声，以声音清脆为佳；反之，必有破、空、死、泥蚬，将那些不符合质量要求的破、死、空、泥蚬剔除。同时，按蚬壳宽度1.8~2.5cm的规格要求，剔除小的和过大的。另外，超过壳表面1/3面积的白头蚬和黄蚬也应一一剔除。

3. 包装

将经过挑选的活蚬装入麻袋内，麻袋规格为70cm，然后称重，每袋净重20kg，加水量5%。卷紧袋口，用双麻线缝扎两道十字花，两端扎成耳朵，便于提运。

4. 中转发运

将包装好的活蚬集中后用汽车运往中转库，中转库温度保持在3~5℃。然后一起装外轮出口。

第三节　其他名优水产活体贮运技术

一、商品鳖活体贮运技术

1. 运输工具

活鳖的运输可根据不同的运输季节，采用不同的包装工具，主要有以下几种。

（1）运输桶　这是一种低温季节的包装工具，为一椭圆形的木桶，其长35cm、宽55cm、高40cm，桶底有滤水孔数个，每桶可装运活鳖约20kg。

（2）低温运输桶　这是一种高温季节的包装工具，为一椭圆形木桶，其长宽规格与运输桶相似。但其桶身高为55cm，桶底较深，底板有出水孔数个，另外在离桶底约1/3处用木条制成隔板将木桶分隔成两层，下层可装活鳖20kg，上层可放冰块15kg左右，在桶内起降温作用，使鳖处于入工冬眠状态进行包装运输。

（3）活鳖箱　这是一种高温季节的包装工具，用木板或白铁皮制成，大小规格可根据需要而定：箱壁箱底凿有若干滤水孔：中间可嵌放大小不同的格板，其格子规格大小以每格内可放活鳖一只为度：格底铺以水草。装鳖后，上面再盖水草和箱盖。箱盖要钉牢或绑牢，防止逃跑。箱盖上也要钻若干个小孔，以便途中淋水。日本把这种运输方法称之为包装运输，不仅可进行运输，而且可进行邮寄。

（4）塑料周转箱　这是冬季和早春使用的一种代用包装工具，一般每箱可装活鳖6~8kg。

（5）蛋篓　这也是冬季和早春使用的一种代用包装工具，一般为竹篾制成的筐，其上口稍大，边长为40~45cm，下底稍窄，边长为33~38cm，高约36cm。空篓可相互重叠，装运时用水草垫底后，装活鳖一层，再填充水草一层，直至装满。然后淋水、加盖。一般每篓可包装5层活鳖重约20kg。

（6）布袋　把单个的鳖装入大小相同的小布袋中，装袋前先使鳖的头、脚缩进甲内。装后用线缝牢袋口，装入木箱或竹篓内，淋水湿润，途中也要不断淋水。如把这种袋装鳖再装入分格的木箱内则更好，这种运输方式可运输很长时间。

2. 运输方法

运输前先选好包装工具，并进行整理，保持清洁干净，里面要光滑平整。包装前应将活鳖挑选一次，及时剔除不健康与伤残鳖。如气温高，在运输前对饲养和暂养的鳖应停食2~3d，使其排出粪便，减少污染包装工具。然后将经过挑选的健壮鳖用20℃以下的凉水冲洗一次，并浸泡10min，以清洁皮肤和降低活动能力，再按规定将活鳖装入包装工具。包装的填充料以干净柔软的水草为好。春、夏、秋可采用新鲜水草，冬季用的水草可在秋天采集后晒干，用时再浸水泡发，一般不宜用稻草作填充料，因稻草浸水后呈碱性，容易损伤鳖的皮肤。搬运时小心轻放，防止损坏包装工具。要尽量缩短运输时间，运输途中要预先做好防冻、防晒、防高温、防风吹的工作计划，精心护理，减少损失，夏季运输最好采用空调车，车内温度控制在0~14℃。

3. 技术要点

包装用具内部应平整光滑，使用前应用漂白粉、高锰酸钾进行严格的消毒。内部衬垫物可用旱草、水草（如轮叶黑藻、苦草等）多铺少盖，以防鳖腹面摩擦受伤充血。在高温时运输，使用水草应注意防止发热、腐败，一般不宜使用稻草和木屑，以免刺伤鳖的体表，另外稻草和木屑淋水过程中会析出许多有害的化学物质。装运密度可根据运输时间的长短、气温的高低、鳖规格的大小而统筹考虑，灵活掌握。为防止运输环境污染，运输前应停食1~2d，长途运输中应定期清除包装工具中的排泄物，夏天高温季节应每日冲洗一次。

炎夏或初秋季节运输要严防暴晒，最好在夜间或清晨或阴天温度相对较低时进行，或途中采取降温、通风等措施。装运时，包装工具及内部衬垫物等应经冰水充分浸泡，使其潮湿冷却，也可将活整在冰水中浸泡片刻后再装运。运输途中要有专人护理，随时检查运输包装的情况，观察温度和水草的湿润程度，一般每隔数小时应淋水一次，使运输工具和鳖体保持湿润，在夏季高温季节运输尤其应注意，并经常检查运输包装物的牢固程度，以防因包装物的破损而导致鳖逃或因隔离物丢失而导致鳖相互撕咬。

运达目的地后将包装工具放在阴凉处敞开，把鳖移入木盆内。凡作为养殖对象的，无论稚、幼、老鳖都应进行整体消毒，通常用2%~3%盐水或漂白粉浸浴30min后，即可下池饲养。

二、鳗鱼的活体贮运

鳗鱼的活体运输，主要是通过停食暂养，排空其肠胃，降低其代谢水平，使鳗鱼能适应长途运输环境：通过低温将鳗鱼新陈代谢降到最低水平，使其活动、耗氧，体液分泌均大为减弱，防止运输过程中水质污染：通过充氧提高溶氧量，维持鳗鱼的生存需要。具体方法如下所述。

1. 停食

为了避免鳗鱼的排泄物在运输过程中污染水质，除未开食的白仔鳗苗外，黑仔鳗、鳗种及成鳗在包装运输前必须停食3d，使鳗鱼能够有充分的时间排泄肠内粪便，以利于筛选、包装、运输等各项工作的进行。

2. 筛选

停食一天后即可使用不同规格的鳗筛进行筛选。筛选工作量大、时间长，为避免鱼体损伤，夏季高温季节筛选要在气温较低的清晨进行。筛选时要随时注意网箱中鳗鱼的密度，及时将网箱中不同规格的鳗鱼分运到池中，防止网箱中鳗鱼密度过大而造成鳗鱼缺氧死亡。

3. 暂养

鳗鱼暂养方法很多，以专门修建的水泥小池（称暂养池、包装池或冲瀑池）暂养最为理想。暂养池设有进排水口，每个水池的面积以20m^2以下为宜。也可用塑料鳗筐进行淋水暂养成鳗、利用活鱼篓在河中暂养成鳗或用水槽进行流水暂养。在暂养过程中，要及时消除暂养池箱中的鱼体黏液和杂物，保持流水畅通，还要经常注意鳗鱼的活动情况，以防发生意外。成鳗经3~4d暂养后，一般体重减少7%~10%。

4. 降温

包装前要进行降温处理，鳗苗在5~8℃、成鳗在低于10℃的情况下，鱼体新陈代谢可降到最低水平，鱼体的活动、耗氧、体液分泌都将大为减少，使运输过程中水质不易腐败而提高运输成活率。黑仔鳗、鳗种和成鳗在包装前一般需经2~3次逐级降温处理，每次温差不宜超过5~7℃。白仔鳗对温度的变化敏感，在运输途中要特别注意温差的变化。鳗鱼最后在6~8℃的冰水中处理1~2min，待鳗体活动能力减弱，即可装袋。

5. 包装充氧

装鱼袋由双层聚乙烯塑料薄膜制成，规格有48cm×27cm×27cm和50cm×30cm×30cm两种；装冰袋规格为42cm×26cm；外包装纸箱用上过蜡的双瓦楞纸板制成，规格为67cm×34cm×33cm，箱底有衬板。装袋后还需充入氧气，充氧量以尼龙袋膨胀后无凹瘪为度，充氧结束后马上用橡皮筋扎紧袋口，使尼龙袋密封不漏气。

鱼袋内先装入适量的冰水，再装鱼，然后再装入适量的冰块。包扎前，先排出袋内空气，再充入适量的氧气，充氧量以尼龙袋膨胀后无凹瘪为度。白仔鳗、黑仔鳗、鳗种鱼体较小，不宜在鱼袋中直接装冰块。在气温较高的情况下包装，黑仔鳗、鳗种可以在鱼袋中或纸箱内加适量的冰袋降温。装鱼以及装冰水、冰块或冰袋的数量，还应根据当时气温状况、鱼的体质运输时间等适当调整。最后，将装鳗尼龙袋放入纸箱内待运。

6. 运输

在鳗鱼运输过程中，鱼袋水温保持在8~15℃为宜。长途运输最好用保温车使鱼袋不受外界气温变化的影响，并保持较低温度。若无保温车也可用一般的货车运输，但鳗鱼箱外必须用棉絮保温和篷布遮阴，以防太阳直晒或雨水将箱体淋湿。

三、鲟鱼的低温无水运输技术

商品鲟鱼的运输主要有带水运输和低温无水运输两种方式。活鱼带水运输是传统的运输方式，容量大，操作简便，适用于多数鱼类的大宗运输。近年来，由于运鱼箱体供氧、制冷、水质调控设施与水泵等系统设备的技术改进，再加上路况的改善，运鱼效果十分理想。但其运输器具价格昂贵、体积大，需专用运输车辆，且有一单向为空车运行，运输成本较高。低温无水运输是针对鲟鱼属亚冷水性鱼类，采用控温方式，降低新陈代谢，使其处于半休眠或完全休眠状态，以减少机械损伤，延长存活时间的原理，大幅度降低运鱼器具的体积和重量，方便进行车辆或航空运输，同时实现单向运输，极大地降低了运输成本。

鲟鱼属亚冷水性鱼类，极限生存水温较低。商品鲟鱼低温无水运输原理：将商品鲟鱼置于低温预冷水体中迅速降温，使其处于冷麻痹（冷麻醉）状态，新陈代谢降至极低水平，然后充氧装箱运输，到达目的地后经升温处理苏醒，从而达到无水运输的目的。鲟鱼的体质是决定运输成败的关键性因素，要运输的鱼必须健康、无病、无伤。伤病及体弱的鱼难以忍受运输过程中剧烈的颠簸和恶劣的水质环境，运输会加剧其伤病，导致鱼易于死亡。

1. 停食

运输前对商品鲟鱼（0.75~3.5kg/尾）停止投食2~3d，其目的是促使待运输鲟鱼排出粪便和代谢黏液，使其消化道排空，杜绝运输过程中粪便的排出，以避免运输过程中代谢产物的分解大量耗氧，同时产生氨氮等有毒物质恶化箱内环境，降低运输成活率。

2. 降温

将已停食、称重后的鲟鱼放入水温为1~2℃的冰水混合水体中迅速降温，降温时间为10~15min，实际操作视鲟鱼活动情况而定。预冷水体的容器最好能隔热、加盖。视密度大小可用气泵适当增氧。当预冷水体中的鲟鱼活动能力基本停止时用手握住鱼体尾柄，让鱼体头朝下，当鱼体不动或仅鳃盖微动时表明鱼体已处于冷麻痹状态，即可装箱。

3. 装箱

在泡沫箱中铺好尼龙袋，将处理好的鲟鱼首尾相间、腹部朝下放于袋中，鱼体紧挨但不能相互重叠，然后在鱼体上均匀撒上一定量的碎冰，最后将袋内空气赶出，充入氧气。为确保袋内氧气浓度足够，可将袋内气体赶出，再次充入氧气。充气完成后立即用橡皮筋扎袋，用胶带密封泡沫箱，即可进行运输。由于鲟鱼骨板粗糙，外表突起较多，操作时应小心谨慎，以免划破尼龙袋。

商品鲟鱼的低温无水运输可在袋内添减碎冰用量来适应运输的需要。碎冰用量的多少要根据运输时间的长短、气温的高低而定。如运输总时间为5~8h，气温为25℃时每箱鱼只需加碎冰0.25kg；运输总时间为18~20h，气温为30℃时每箱鱼需加碎冰1.5kg。

4. 解冻

鲟鱼的运输过程即是其解冻过程。运抵目的地后小心取出尼龙袋，将尼龙袋置于放（暂）养的池水中10~15min（池水温度在18~20℃为宜）进行调温。当袋内温度与池水温度接近时，即可开袋，将部分池水倒入袋中再次调温后鱼可入池。鲟鱼性情较为温和，在运输过程中一般不会出现剧烈运动，一般经15~18h部分鲟鱼已苏醒。运抵目的地后，此时袋中温度为5~7℃或更低，如果此时未经调温而将鱼直接放入放（暂）养池中，鲟鱼会因温差过大会大量死亡，故袋内温度与池水温度的温差不能超过3℃。入池后部分鲟鱼可能会出现腹部朝上的现象，将其扶正即可，鲟鱼短时间内可恢复正常体态。

参考文献

[1] 宁波市农村经济委员会组编；段青源等. 实用水产品加工 [M]. 北京：中国农业科技出版社，2000.

[2] 林洪，张瑾等. 水产品保鲜技术 [M]. 北京：中国轻工业出版社，2001.

[3] 彭增起，刘承初，邓尚贵. 水产品加工学 [M]. 北京：中国轻工业出版社，2010.

[4] 周本翔. 水产加工增值技术 [M]. 郑州：河南科学技术出版社，2009.

[5] 管维良. 南美白对虾无水保活及其生化和肉质的应激响应 [D]. 浙江大学，2021.

[6] 刘霆，杨兴，李道友，等. 商品鲟鱼低温无水运输技术 [J]. 贵州农业科学，

2010，（10）：149-150.

［7］关志强，张珂，李敏，等．不同解冻方法对冻藏罗非鱼片理化性能的影响［J］．渔业现代化，2016，43（04）：38-43.

［8］刘梦，史智佳，杨震，等．气体加压解冻对金枪鱼贮藏品质的影响［J］．肉类研究，2017，31（02）：33-37.

［9］倪晓锋，刘璘，丁玉庭，等．不同解冻方式对智利竹筴鱼船上冻品贮藏品质的影响［J］．食品工业科技，2013，34（19）：313-315+319.

［10］叶伏林，顾赛麒，刘源，等．反复冻结-解冻对黄鳍金枪鱼肉品质的影响［J］．食品与发酵工业，2012，38（01）：172-177.

［11］汤元睿，谢晶，李念文，等．不同冷链物流过程对金枪鱼品质及组织形态的影响［J］．农业工程学报，2014，30（5）：285-292.

［12］沈妮．带鱼低温贮藏蛋白氧化、组织蛋白酶活性及鱼肉质地结构的变化规律［D］．杭州：浙江大学，2019.

［13］张宁，谢晶，李志鹏，等．冷藏物流过程中温度变化对三文鱼品质的影响［J］．食品与发酵工业，2015，41（10）：186-190.

［14］Ahmad M，Benjakul S，Sumpavapol P，et al. Quality changes of sea bass slices wrapped with gelatin film incorporated with lemongrass essential oil［J］. *International Journal of Food Microbiology*，2012，155（3）：171-178.

［15］Cai L，Cao A，Bai F，et al. Effect of ε-polylysine in combination with alginate coating treatment on physicochemical and microbial characteristics of Japanese sea bass（Lateolabrax japonicas）during refrigerated storage［J］. LWT-*Food Science and Technology*，2015，62（2）：1053-1059.

［16］Hsu C P，Huang H W，Wang C Y. Effects of high-pressure processing on the quality of chopped raw octopus［J］. *LWT-Food Science and Technology*，2014，56（2）：303-308.

［17］Norton T，Sun D W. Recent advances in the use of highpressure as an effective processing technique in the food industry［J］. *Food Bioprocess Technology*，2008，1（1）：2-34.

［18］Sampedro F，Geveke D J，Fan X，et al. Effect of PEF，HHP and thermal treatment on PME inactivation and volatile compounds concentration of an orange juice-milk based beverage［J］. *Innovative Food Science & Emerging Technologies*，2009，10（4）：463-469.

［19］McArdle R A，Marcos B，Kerry J P，et al. Influence of HPP conditions on selected beef quality attributes and their stability during chilled storage [J]. *Meat Science*, 2011, 87 (3): 274-281.

[20] Tironi V, De Lamballerie M, Le-Bail A. Quality changes during the frozen storage of sea bass (Dicentrarchus labrax) muscle after pressure shift freezing and pressure assisted thawing [J]. *Innovative Food Science & Emerging Technologies*, 2010, 11 (4).

[21] Yagiz Y, Kristinsson H G, Balaban M O, et al. Effect of high pressure processing and cooking treatment on the quality of Atlantic salmon [J]. *Food Chemistry*, 2009, 116 (4): 828-835.

[22] Nasopoulou C, Stamatakis G, Demopoulos C A, et al. Effects of olive pomace and olive pomace oil on growth performance, fatty acid composition and cardio protective properties of gilthead sea bream (Sparus aurata) and sea bass (Dicentrarchus labrax) [J]. *Food Chemistry*, 2011, 129 (3): 1108-1113.

[23] Scapigliati G, Buonovore F, Randelli E, et al. Cellular and molecular immune responses of the sea bass (Dicentrarchus labrax) experimentally infected with betanodavirus [J]. Fish & Shellfish Immunology, 2010, 28 (2): 303-311.

[24] Luyun, Cai, Xuepeng, et al. Effect of Chitosan Coating Enriched with Ergothioneine on Quality Changes of Japanese Sea Bass (Lateolabrax japonicas) [J]. *Food and Bioprocess Technology*, 2013, 7 (8): 2281-2290.

[25] Shou K C, Chen S S, Li J W, et al. Effects of Water Temperature on Biochemical Characteristics of Mandarin Fish during Live Transportation [J]. *Advanced Materials Research*, 2014, 941-944 (5): 1092-1098.

[26] Fotedar S, Evans L. Health management during handling and live transport of crustaceans: A review [J]. *Journal of Invertebrate Pathology*, 2011, 106 (1): 143-152.

[27] Wendakoon C N, Sakaguchi M. Combined Effect of Sodium Chloride and Clove on Growth and Biogenic Amine Formation of Enterobacter aerogenes in Mackerel Muscle Extract [J]. *Journal of Food Protection*, 1993, 56 (5): 410-413.